DIETER RAMS

As Little Design as Possible

Sophie Lovell

DIETER RAMS

迪特·拉姆斯的设计之道

As Little Design as Possible

为存在而设计

后浪出版公司

Sophie Lovell

[英]苏菲·洛夫威尔 著　傅圣迪 刘泉泉 译

CNS | 湖南美术出版社

全国百佳图书出版单位

·长 沙·

目录

事实上，设计中唯一
能犯下的大罪，便是
漠视人，以及他们生活的
现实。

迪特·拉姆斯

序言

当刚开始写这本书时，我旅行去了一趟日本大阪，为了参加一场以20世纪设计为背景的迪特·拉姆斯的作品展。在开幕结束后的当晚，我们坐在一幢高层酒店顶层的酒吧里，透过高大的玻璃窗向外望，大阪这座密集的工业城市的夜景一览无余。经历了一整天漫长的记者会、开幕致辞、研讨会，以及随后为迪特·拉姆斯举办的日式晚宴，当下，我正享受着一杯睡前的日本威士忌，与这一小群人聚在一起，有这场展览的联合策展人克劳斯·克伦普（Klaus Klemp）、来自维索公司（Vitsœ）的马克·亚当斯（Mark Adams）和丹尼尔·纳尔逊（Daniel Nelson）、迪特·拉姆斯和他的夫人英格博格·拉姆斯（Ingeborg Rams），还有一位是拉姆斯的挚友兼顾问布里特·西彭科滕（Britte Siepenkothen）。

正当我们平静地讨论着白天的活动时，已经忙了一天且显露出倦意的迪特·拉姆斯突然开口说道："到底是为什么，我们还要写一本关于我的书？"现已年过九十的拉姆斯自25岁起便已经是一位著名设计师，虽然他承认，让人们了解他的作品和理念并无不妥，但是他仍然厌恶所有媒体的关注与曝光。"我完全不想和这台制造明星设计师的机器扯上关系。"他继续说着，并且显得有些激动。我们都看着他。作为世界上最受尊敬的工业设计师之一，不论拉姆斯喜不喜欢，事实上他本身就已经是个"明星"。放下这点且不谈，关于为什么世界需要另一本有关他的书这件事，在白天巨大的礼堂里已经体现得一清二楚，当时那里坐满了年轻的设计师与设计专业的学生，他们都仔细听着拉姆斯的每一句话。在研讨会中，日本设计师深泽直人发表了一篇美妙且到位的演讲，他恰当地用"正确的设计"来称赞拉姆斯的作品，并且还强调，如今行业内的顶尖专家依然十分推崇他的作品。克劳斯·克伦普首先开了口，"迪特，"他说，"你仍有工作要做，将你的想法带到年轻人中间吧。"当时在场的一众人都异口同声地表示赞同。拉姆斯平静下来，他同意这的确是再写一本书的好理由。"但是，"他盯着我说道，"这必须是一本空白的书，说出的是重要的话。"

有鉴于此，我或许没能完成这项任务。试问你如何能用一本空白的书，书写一位职业生涯横跨半个多世纪，设计了超过500种产品的设计师，同时还必须向读者说清楚这些产品诞生之时错综复杂的关系与背景？如果我能声称迪特·拉姆斯的作品与理念仅仅来自其自身，那么一切都会变得简单很多。但是，拉姆斯本人首先便会说，作为一名工业设计师，他的那些"作品"的构成元素，与生产它们的系统和网络密不可分。故而，将其作品赋予创作者的个人署名，从某种程度上来讲其实并没有意义。如果没有前人与同代人的种种思想，他不可能酝酿出他自己的概念。而在这些概念之中蕴藏着的正是那个全球都在发展与变化的非凡时代。缺少了博朗公司（Braun）的其他设计师，或是技术人员、管理人员、材料生产商、公司原所有者的眼界，甚至是市场部门这几者中的任何其一，他都无法创造出那些作品。这些道理同样适用于他为维索公司设计的家具，只是后者规模更小而已。再退一步讲，除去创造他的作品所必需的这些广泛的人际关系网，其设计本身也是模块化的，因而也与系统脱不了关系。几乎他的每件设计作品本身及其相互之间，都存在着复杂的关系，例如，某些组件的改进，某件产品如何与其他产品相配合，它们在美学与实用性上如何相互联系，以及它们在家中的功能为何。最后，同样重要的一点是，拉姆斯的产品，事实上还包括他的整体态度与理念，都是面向最终的使用者的：它们必须融入各类社会体系，融入各种各样的人的家庭与生活，并分别提供无比可靠又舒心的服务。若将迪特 · 拉姆斯的作品从这些背景中剥离出来，同时还用一堆文字和图片来解释它们，那无疑是错误的。我相信他会原谅我没有写出一本空白的书，他非凡的一生与杰出的作品有太多可书之处，这些都是为了传递他的那句名言“少，却更好”（less but better）所蕴含的精髓。

前言

乔纳森·伊夫

P.305

我在伦敦长大。当我还是一个孩子时，我父母曾买过一台绝妙的榨汁机。那是博朗 MPZ 2“橙汁机器”（Citromatic）榨汁机[←]。我当时根本不知道迪特·拉姆斯，或是他提出的好的设计的十项准则。我只是一位对榨汁兴趣索然的少年，但却尤其清楚地记住了他和他的团队为博朗公司设计的这款“橙汁机器”。它是白色的，冰冷且沉重。它的表面毫不掩饰、大胆而纯粹，比例完美、整体感十足，且看起来轻松自得。其无暇的表面与制成它的材料之间存在着实实在在的联系。显然它是以最好的材料制成的，而不是最便宜的那种。没有任何部分被隐藏或强调，每一处都被完美地考量，并且恰如其分地各居其位，实现着这件产品的细节与特征。只需一眼，你便知道它是何物，以及如何使用它。这台榨汁机体现出了制作果汁的物品的精髓，它本身精准刻画出了使用它的流程。它既完备又恰当。诚然，我的这些回忆已是旧事，而此产品如今依然保有这些特质。当时我为它心醉不已，而现在我惊讶地发现，我竟与这件物品产生了如此深刻的共鸣，以至于 40 年已过，我依然清晰地记得它当时带给我的感受。

20 世纪 80 年代，我在学习设计时，从书中认识了迪特·拉姆斯与他在博朗公司的团队。然而阅读远不如直接看到与使用他的产品来得有力。拉姆斯设计的产品众多且理念一致，人们了解他，更多的是通过他的所做而非所言。他和他的博朗团队精妙地构思并设计了数百件作品，这些产品的制作工艺精湛、数量庞大，并且受众十分广泛。他定义了工业设计应当如何，告诉人们现代工业可以负责地为大众提供实用且经过周全考虑的产品。

从许多角度看，迪特·拉姆斯的作品都不仅仅是一种改进。诚然，新的科学技术一直都会带来新的机遇，然而他的设计并没有受到其所处时代的科技的制约。比如可以防止你的手指滑开的内凹式按键，它们来自早期的机械开关，但并不是指向过时的机械原理。相反，它告诉我们，形式本身便能让人立即凭直觉认识到一个物体的功能，以及我们该如何使用它。他设计的音乐播放器、照相机以及厨房电器都精妙绝伦，在一定程度上甚至超越了技术层面的功能，其中一些产品已问世逾 50 年。

拉姆斯为产品设计的造型都能清晰、简洁且直接地传递出它的意义，这种能力卓越超群。其作品不论是造型与结构，还是材料与工艺的关系都十分完备，这种至今依然卓越不群的稀有品质定义了他的作品。尽管一致性本身不是一种美德，然而他长期追随其信念的行动与决心，也在其职业生涯中赋予了其设计一种非凡的凝聚力。

他的作品显得如此浑然天成，让人不禁怀疑是否还有可能存在另外一种合理的方案。其作品的简洁与纯粹传递出了这种浑然天成和轻松自得的感觉，而这正是他作品的特色。例如，CSV 12 放大器的旋钮就非常完美。它几乎不可能变得更好、更简洁、更明确或是更美。它为使用者可能无法想象的复杂问题带来了秩序和解释。诚然，简洁并不意味着抛弃复杂性。只是移除杂乱或许可以化繁为简，然而产品可能便因而变得毫无意义。拉姆斯的天才在于，他能看透每件物品的本质，并赋予它造型，这几乎等同于给出了它存在的意义。我的童年记忆中的那台“橙汁机器”榨汁机便是一个完美的例证。

略显讽刺的是，他一方面将这些产品降级为工具，另一方面又通过赋予它们清晰、简洁以及随之而来的美感来提升它们。他以此重新定义了物品与使用者的关系。他和他的团队创造的物品，既不是为了自我表达而存在的器物，也不是纯粹的赚钱工具。他指出了人类与人造环境之间存在的问题，阐明了使用者与产品二者互动的重要原则。

对一位设计师而言，只要在一生中设计过几件拥有这样重大意义和影响力的作品，便能定义一种潮流了。而创造超过 500 件这样的作品，简直是天方夜谭。这点或许应该归功于拉姆斯的合作能力，此能力虽然也许不那么明显，却至关重要。我们对拉姆斯的了解主要来自他的设计精美且大规模量产的产品，而非他关于优秀设计的信条——这一事实充分体现于他与博朗公司的非凡合作中。他在定义每件产品的同时，也定义着博朗。他不是一位现代主义的学院派实验家。他每天都生活在他与其团队共同设计的物品所造就的商业现实与成果之中。同样，他也生活在他与其团队的工作方式所架构起来的机构与体系之中。提起博朗，人们一定首先便想到它的产品，而绝不会是抽象的宗旨或章程。我们对这些产品的印象便是我们对这一品牌的印象。在这样一个存在着过多花言巧语的行业里，通过为器物造型，以及最终将他的理念与大规模生产相结合，迪特·拉姆斯成功地阐述了他的哲学思想。他创造的这些作品有着始终如一的美妙，十分恰当且易于使用，直至今日，这依旧无人能与之匹敌。

迪特·拉姆斯是何人?

BRAUN

迪特·拉姆斯的童年属于第二次世界大战。与大多数同龄人一样，他的童年充斥着极权主义、炸弹、分离、混乱与艰难困苦。然而在少年时期与青年早期，他沉浸在一个充满了新希望与乐观主义的时代中，当时的许多人都充满激情地相信，他们手握着新的机遇，能够去建立起一个更好、更平等、更现代的世界。这个新世界充满了光明与新的建筑，所有人都能用上冷热自来水，都能使用各式节省劳力的工具，它将尽可能地远离不久之前还存在的那个黑暗世界。

1932 年 5 月 20 日，拉姆斯在德国的威斯巴登城降生。他的母亲玛尔塔·拉姆斯（Martha Rams）与父亲埃里克·拉姆斯（Erich Rams）在他尚年幼时便分开了。他的父亲是一位电气工程师，长期行走于德国的各个城市之间，安装在山顶的无线电台。拉姆斯是独子，他的童年一直都在父母亲与祖父母之间左右辗转，还一度在别人家寄养过。甚至在年幼时，拉姆斯已经显现出了某种任性与固执。“我当时就是一个绝对的异类。”他这样回忆道，并且当时他还经常会惹上权威人物的麻烦。因为战争与频繁地搬家，他早期的学校生活有些许混乱。他说起在某段时间里，他曾被送去过一所军事化管理的少年团[1]寄宿学校，然而他拒绝融入其中，特别反感所有军事演习与野外训练，这些行为在战时极权主义政府的统治下往往没有好日子过，他因而被降级处理，并且逃离了学校。

拉姆斯的童年回忆绝不美妙，不过还好，因为本很容易变得更糟。13 岁时，他的年龄尚不够，刚好没有被征召进入人民冲锋队[2]，因而未在战争末期进入战场。他的祖父海因里希·拉姆斯（Heinrich Rams）对他的早年有着巨大的影响。海因里希是一位威斯巴登的细木工大师，年轻的迪特·拉姆斯长时间与祖父待在工坊里，学习制作传统家具，并手工抛光它们。因为他的祖父，拉姆斯一生都喜爱实在、简朴的手作木家具。“我的祖父不使用机器。他抵制机器。他偏爱独自工作。工人干的活无法达到他的要求……他会时不时地制作小家具，以及一些小器物。他会在专门的供货商那里精心挑选要用的木料，开料和刨料都由手工完成。这种完全自然的加工方式带来了些许率直感，这正符合他作品的气质……自不必说，我当时并没有刻意地记住这点，然而我却学到了它，并且直至今日依然坚持如此。我一直认为，物品就应该朴实、率真。

1 德国少年团（Deutsches Jungvolk）是希特勒青年团（Hitler Jugend）的一个下属部门，面向 10—14 岁的少年。

2 人民冲锋队（Volkssturm）是依据希特勒于 1944 年末颁布的法令所成立的民兵部队。此民兵部队征召所有 1884—1928 年期间出生的男性公民。

从我记事起，这就是我想要的感觉。”[3]

1946 年，拉姆斯的父亲在战俘营短期关押归来后，便立即开始为美国人工作，帮助他们架设媒体使用的无线电天线。他一定认识到了自己年轻的儿子创造性的天赋，因为他帮他在恢复了教学的威斯巴登工艺与艺术学院（Handwerker-und-Kunstgewerbeschule）争取到一个名额。故而拉姆斯在青涩的 15 岁进入了学校开始学习建筑与室内设计，与他一起学习的还有一帮退伍老兵与战争幸存者，他们共同经历了这个国家历史上最为动荡的时期。

这所学校的校长是汉斯 · 泽德（Hans Soeder）教授。泽德参照包豪斯（Bauhaus）的模式，为威斯巴登引入了一种全新的治校理念，他强调建筑与设计的关系，这完全抛弃了纳粹时期对待设计的态度，后者或多或少已然将设计等同于手工艺。学生们必须完整地经过手工艺方面的训练，才能继续修读接下来两年的高级课程。1948 年，泽德让学校被重新分类至工艺美术学院（Werkkunstschule）。德国的其他几间学院都遵照了他的做法，因此作为实践这一教育改革的先驱，泽德可以被视作促进战后德国设计教育发展的一位重要人物。[4]

拉姆斯先在威斯巴登完成了两个学期的课程，随后做了 3 年的木匠学徒，1951 年结业时他获得了整个黑森州的“年度最佳”称号。他接着返回威斯巴登（当时已是工艺美术学院）继续修读了 4 个学期。这期间他开始学习德国现代主义，涉及艺术、建筑与设计领域，师从格哈德 · 施拉默（Gerhard Schrammer）、胡戈 · 屈克尔豪斯（Hugo Kückelhaus）以及曾在包豪斯学习过的汉斯 · 哈芬里希特（Hans Haffenrichter）等人。1953 年 7 月，拉姆斯以优等生成绩毕业，获得室内设计的硕士学位[5]，此时他已然决心从事建筑行业。“我当时想待在建筑行业中，”他这样回忆道，“我曾经想成为一名城市规划师。说实话如果我能从头再来，我会想要去做景观规划，处理整个系统（Gesamtkonzept），而非单独的元素，比如恢复工业区的景观，或是治理不受控的城市发展。这些仍然非常无序。”[6]甚至尚在学生时期，他已然意欲整顿这个世界，让它变得更好。

在职业生涯初期，迪特 · 拉姆斯一直在建筑领域工作。他曾在一个小型的当地公

3　Dieter Rams, ‘Erinnerungen an die ersten Jahre bei Braun’ (‘Memories of the first years at Braun’), an open letter to Erwin Braun (July 1979), reprinted in *Weniger aber Besser / Less But Better* (Hamburg, 1995), 13. 作者对英文翻译进行了修改。

4　Klaus Kemp et al., eds, *Less and More: The Design Ethos of Dieter Rams* (Osaka, 2008), 317.

5　此处硕士学位指的是德国的传统学位“Diplom”，不区分本科与硕士，一般需修读 4—6 年，毕业后相当于硕士学位。——译者注

6　来自与作者的对话（2009 年 6 月）。

司暂驻过一阵，随后在 1953 年便进入了奥托·阿佩尔（Otto Apel，1906—1966 年）的事务所。阿佩尔是当时法兰克福“国际风格”（International Style）建筑的代表性领军人物。拉姆斯尤其受到了工业化导向的战后现代主义的影响。当时阿佩尔与芝加哥的 SOM 建筑设计事务所（Skidmore, Owings and Merrill）合作，建设德国的美国领事馆，这种战后的现代主义便通过这样的合作从美国回到了德国。这些年“对我具有决定性的重要意义”，他在 1979 年这样回忆道：“在这里我能以我所想象的方式工作。而且我还能拓展有关高层建筑的知识。阿佩尔与 SOM 建筑设计事务所的合作当时才刚开始，然而我必须强调，它对我产生了重大的影响。我认为这种影响让我能够应对我后来在博朗公司和工业设计中遇到的问题。”[7]

本书剩下的篇幅将考察迪特·拉姆斯的生活与工作、他的思想与产品，以及他的精神与影响。他在开始工作时想要成为一名建筑师，然而几乎完全出于巧合，他进入了战后的工业制造业，并且迅速成为 20 世纪最重要的工业设计师之一。事实上，迪特·拉姆斯的名字几乎就是德国家用电器制造商博朗的代名词。自 1955 年进入该公司直至 1997 年退休时，他独立设计或参与设计的产品超过 500 件，从吹风机、咖啡机到高保真音响系统与电视机，这些产品有许多已经被推崇为当代产品设计的杰作。与此同时，拉姆斯还为一家名叫维索的小型公司设计家具，其中的一款储物系统最初上市于半个多世纪之前，如今依然在生产而且有着可观的销量。英国设计师贾斯珀·莫里森（Jasper Morrison）称维索公司的 606 万用置物柜系统（606 Universal
P.202 Shelving System）[←] 是“储物架的最终形式”，它已经竭尽所能地接近于一项完美的设计。

令迪特·拉姆斯的作品脱颖而出的正是它们纯粹的、相对阳刚的特质，这也是他的作品被大量模仿的原因。对细节的关注、在精简操作界面方面的天资，以及那近乎诗意的和谐感与均衡感，他在这些方面所达到的高妙程度至今都少有人能企及。它们融入了上百件产品之中，在世界各地始终如一地长年服务着成千上万的消费者。他留给了我们一笔财富，那便是一种完全以用户舒适性为导向的设计，这种设计以细微却又重要的方式，改善了使用者的生活。迪特·拉姆斯便是好设计的全部。

7 Rams, ‘Erinnerungen’ in *Weniger aber Besser*, 15. 作者对英文翻译进行了修改。

迪特·拉姆斯，1957 年

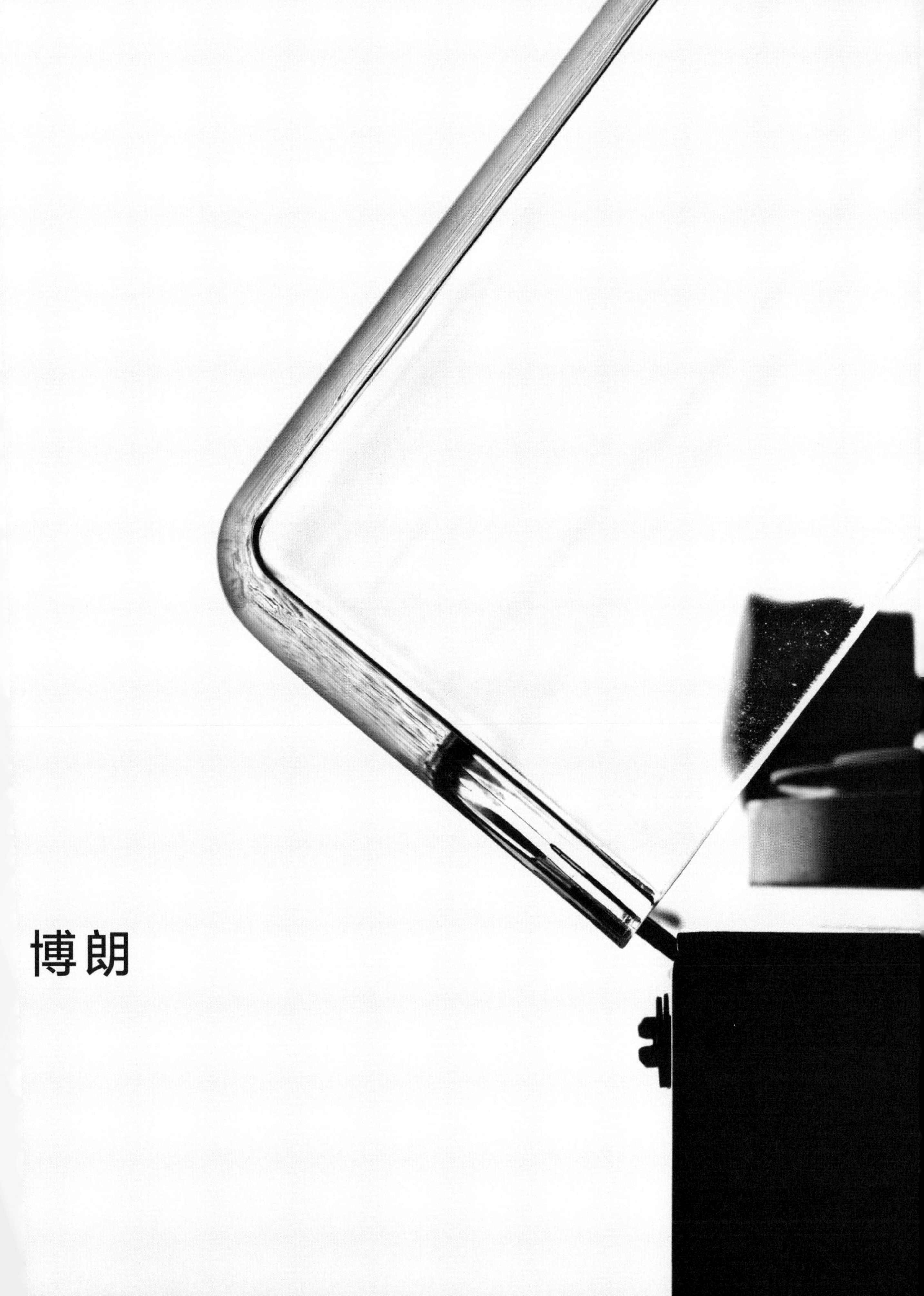

博朗

博朗的发端

马克斯·博朗（Max Braun）的一生，听着就如同我们经常能听到的那种企业家的创业故事。作为农民和水手的儿子，他仅凭借一颗进取心与好的理念出发，将博朗一步步打造成了 20 世纪最著名且最成功的家用电器品牌之一。但就在这种看似老生常谈的话题中，却蕴含着值得一说的故事。它让我们得以一窥德国某些工业门类成功的秘密，尽管德国之前还经历了战争的创伤、极权主义的盛行与经济的衰退。它还代表了一类独特的工业家族企业模式，它鼓励不受公司等级制度限制的、非功利性的实验与创业风气，在某些情况下，这种风气能带来真正的创新与进步。

1921 年，一位来自东普鲁士的年轻人马克斯·博朗在法兰克福开设了一家名叫“马克斯·博朗机械与仪器制造”的小型工坊，生产一种他自己发明的小工具。此工具能修理当时在许多制造机械上使用的大型传动皮带。他这个小发明十分畅销，其他的想法也就随之而起。至 1929 年，博朗已经建立起了一家有着 400 名工人的现代工厂，专门生产家用收音机，这在当时是一个增长迅速的市场。1933 年，他推出了一款极具独创性的“777 型超级声-宇宙留声机”（Phonosuper Cosmophon 777），这是最早结合了收音机与留声机功能的机器之一。成功接踵而至：公司参照德国的模式，在比利时与英国开设了多家工厂，同时，专卖店也开始出现在荷兰、法国、西班牙、瑞士、突尼斯和摩洛哥。凭借这些在德国之外的商业扩张，博朗成了首批跨欧洲的制造商之一，而由威尔·明希（Will Münch）设计的有着特大号字母“A”的那款著名的博朗商标，也完成了它的首次亮相。1935 年，博朗推出了首款使用电池供能的 BK S 36 便携式无线电接收机，一举斩获 1937 年巴黎世界博览会的两枚金牌与一项大奖，同时也获得了国际上的关注。[1]

到 1938 年，博朗已经雇用了 1000 名员工，并忙着研发他所构思的首款开创性的电动剃刀。这款电动剃刀配有振动式刀片与金属箔制成的刀头。与当时绝大多数像剪毛机一样的机器相比，这绝对是一项重大的改进。但随着第二次世界大战的爆发，公司被迫开始生产战时产品，包括地雷探测器和便携式双向无线电收发器。博朗并没有与纳粹统治者建立什么友谊[2]，因此当局对他多有阻挠：他的住宅被查封，他的工厂被搜查，他本人也多次遭受软禁。不过，由于他的工厂被认为对经济有着重要作用，因而仍在继续运作。

然而，至 1945 年德国战败，法兰克福的工厂已然被盟军的轰炸摧毁殆尽。不屈

1 Hans Wichmann, *Mut zum Aufbruch: Erwin Braun, 1921–1992* (Munich, 1998), 34.

2 Klaus Kemp et al., eds, *Less and More: The Design Ethos of Dieter Rams* (Osaka, 2008), 323.

不挠的马克斯·博朗却依然心念着他的电动剃刀创意。他与 150 名员工一起，准备着P.31手重建公司。他的两个儿子埃尔温（Erwin）与阿图尔（Artur）[←] 也加入进来，开发出了新型家用产品，公司的生意再次兴隆起来。至 1948 年，工厂已经重建，公司的雇员增长到了 600 人。他们还首次打入了厨房电器市场，开始生产果汁机兼搅拌机[这便是“万能搅拌”（MultiMix）系列]。1950 年，马克斯与阿图尔共同设计了博朗历史上第一款电动剃须刀 S 50，这款剃须刀发布于同年的法兰克福博览会（Frankfurt Fair），为公司成功开辟了另一个意料之外的市场。然而，这也是马克斯在这个故事中的最后一次登场。1951 年，他因心脏病发作，在办公桌前猝然离世，年仅 61 岁。他把这家处于剃须刀行业最前沿的欣欣向荣的公司留给了他的两个儿子：时年 30 岁的埃尔温原本打算做一名医生，他接管了公司的商业运营部分，而时年 26 岁的阿图尔则负责技术与工程部门。

20 世纪 50 年代的博朗

在经商以及发明创造方面，埃尔温与阿图尔·博朗无疑继承了他们父亲的天赋。公司的产品目录中新添了一系列照相机的电子闪光灯，不仅如此，在 1954 年，博朗凭借“豪华”（De Luxe）剃须刀的升级版与美国朗声公司（Ronson）签订了价值 1000 万美元的授权费用（这在当时是一笔巨款）。这些产品与其他新产品一起，在 20 世纪 50 年代初期为公司贡献了大量营业额[3]。但是，尤其是埃尔温，他所感兴趣的不只是经营一家赢利的公司。他自有超前的理念，这特别体现在产品设计与营销上。P.36父亲去世后不久，他便开始实施公司的转型，推出了以设计为导向的新方式[←]，扩展产品种类（特别是在音频设备的领域），而同样重要的是，他还开始与那些理解并相信现代经商模式的志同道合者建立起联络与合作的网络。这股重新出发的劲头也反映在了公司的商标上。1952 年，平面设计师兼摄影师沃尔夫冈·施米特（Wolfgang P.34Schmittel）重新设计了公司商标，使之成为大众所熟知且被沿用至今的造型[←]，它也是 20 世纪最著名的商标之一。

埃尔温还认为，公司需要对其工人负责。法兰克福的工厂在当时便配备了员工餐厅，提供有机且健康的食物，还提供员工健康服务，设有公司诊所、网球场、桑拿房，以及其他各式公共设施，并以此为豪。所有这些都囊括在埃尔温对博朗公司的综合治理之内。他视员工、产品与公司为一个整体，将“健全的心灵寓于健康的身体”这句

3 Marlene Schnelle, ‘Braun Design-ein Beispiel des Industrial Design in der BRD nach 1945’, thesis manuscript (University of Bochum, 1978), Dieter Rams archive, 3.3.1.

格言推行到这三者构成的整体中，并且认定，不论是人、家电还是公司，只有内部先变得健康与安适，才能对外做出最佳表现。

在 20 世纪上半叶包豪斯建立之前，工业产品的设计并没有受到多少重视，许多家电的设计都由公司的工程师包办。甚至在 20 世纪 50 年代，提起工业设计师这个概念，人们既不认为它是一个职业，也不认同它是产业链条中的关键环节。战争打断了德国境内的许多活动。包豪斯关闭了，它的许多成员都逃往海外，特别是去往美国，以继续他们的事业。不过战后，留在德国的一些设计师、建筑师与教师重新拾起了曾被搁置的功能主义的思路，这次，他们采用了一种更为清晰、理性、实用，甚至偏政治性的做法。他们认为，设计不再关乎做出漂亮的东西，它亦不是一种似乎深奥的消遣；他们的真正目的是创造出大量具备实际功能的产品，并提升所有人的生活品质，至于美学则是后话。

1954 年，埃尔温在达姆施塔特参加了一场讲座，主讲人是前包豪斯教师、设计
P.32 师威廉·瓦根费尔德（Wilhelm Wagenfeld）[←]。这场讲座对其公司的设计方向产生了深远的影响，它挑战了制造商在当时已被公认的角色，并且简略提出了一种完全不同的综合性方法：在此，产品的质量取决于其创造者的态度与行动，同时它也是功能主导的产业链条的自然产物，在这个链条上，许多不同领域的工作者在同一个公司的框架内各司其职。“（更好的产品）需要睿智的生产商，他应该从产品的目的、功能与使用寿命等方面对每件产品进行全面彻底的考量，然后再考虑如何以最少的生产与成本支出，来制造出所需的正确的产品，并将其投放至市场。”瓦根费尔德说，“制造商与市场往往把创造性的输入理解为装饰性的配件，一种依照最新样式进行的潮流设计……其结果就是，我们城市的街边商店橱窗内充斥着一成不变、毫无意义的垃圾……商品变得更鲜亮、更扎眼、更繁复，而不是更好。为了卖出产品，人们变得想要‘赶时髦’。我们的工业生产很大程度上依赖于专家、制造商与管理人员，他们或许知道如何生产与销售，但他们只能从利润的多少来判断产品的品质，当考虑到这一点时……这种欲求其实不难理解。”

瓦根费尔德指出，生产消费品的工厂在决定产品的品质与实用性上有着至关重要的作用。这种品质蕴藏在物品之内，它是所有可见与不可见的付出共同作用的结果。瓦根费尔德在演讲的结尾还提出，工业产品越简洁，生产它的难度就越大，这是因为简洁源自设计师的自信。一件“简单”的工业产品包含着一种明确性，它完全跳脱出了它的所有创造者的欲求与束缚。他说道：“一件由我自己所创造的工业产品，只有满足这个前提才会符合我的标准，即当它离我很远时，对我来说它看起来几乎是陌生的。它必须为了自己而存在，做它自己，完全摆脱来自产品创造者个人的影响。它应该体

现公司的整体成就、共同的研究与探索。”[4]

事实上，瓦根费尔德提倡的是一种客观的以设计为主导的产品的生产方法，在此，设计不是为了增加利润，而是为了服务消费者。他所讨论的这种实践绝不是专制的：产品的创造者如果投入过多的自我，那么只会对最终结果产生负面的影响，因为产品身上反映出的更多是创作者的突发奇想，而不是目的。只有整个公司的意志与行动都做出相应的调整，瓦根费尔德对时尚与装饰的反对才能奏效，他提出的将造型、功能与随之而来的品质相整合的提议才能实现。这一思想契合了埃尔温的想法。在这场演讲结束之后，他立即邀请瓦根费尔德与他一起，帮助博朗公司找到一种全新的产品语言，而这种探索就从收音机与唱片机开始。

同年，埃尔温委任他先前的战友兼创意导师、艺术史学家、戏剧与电影导演弗里
P.61 茨·艾希勒（Fritz Eichler）[←] 接手公司的影院广告业务。这开启了一段长期且硕果累累的合作。艾希勒引领了公司的创意观与文化观，他与博朗公司的合作一直延续到20 世纪 70 年代。与瓦根费尔德一样，他也发展了一套系统的方法，并且坚定地想要为新的当代生活方式创造新一代的产品。一开始，他只是细心观察并提出建议，然而不久之后，他便与阿图尔一起，开始对公司的整个设计部门进行现代化改造。阿图尔
P.37 与艾希勒共同设计了首款“超微”（Kleinsuper）系列 SK 1 与 SK 2 收音机[←]，它们的外壳为酚醛树脂材质，正面的面板打有小孔。这款产品与汉斯·古格洛特（Hans Gugelot）重新设计的诸如采用槭木作为外壳的 G 11 超外差收音机等其他电器一起，
P.37 共同开启了一个全新的博朗产品世界。[←] 在博朗，艾希勒是一位关键人物，他帮助公司走向了践行“真诚、低调、功能性设计”的道路，并引导创建了反映这些价值观的企业形象。

依然是在 1954 年，埃尔温把当时新近成立的乌尔姆设计学院（Hochschule für Gestaltung Ulm）拉进来与博朗合作。“乌尔姆人”同样是一群理性、客观设计的坚
P.33 定支持者。学院的联合创始人奥托·艾舍（Otl Aicher）[←] 也参与了博朗企业形象的
P.33 建立，他为公司设计了印刷材料以及展销会的展位。汉斯·古格洛特[←] 这位极具天赋的建筑师与设计师，同样在乌尔姆设计学院教学，他给公司带来了系统化设计的概念，以及其他诸多极其重要的创意，包括收音机与唱片机外壳的全新造型与材料。

这个时期另一位值得一提的博朗早期的合作者是赫伯特·希尔歇（Herbert Hirche），他当时担任斯图加特艺术学院（Academy of Art in Stuttgart）室内与

4 Wilhelm Wagenfeld, ‘Kunsterlische Zusammenarbeit mit der Industrie’ lecture at the ‘Bund Deutscher Kunsterzieher’ convention at the Technical University of Darmstadt (18 September 1954), reprinted in Wichmann, *Mut zum Aufbruch*, 178–180.

家具设计系系主任，也做出了值得肯定的贡献。希尔歇曾师从密斯·凡德罗（Mies van der Rohe），并与埃贡·艾尔曼（Egon Eiermann）和汉斯·夏隆（Hans Scharoun）一起工作过。他为博朗的音响设备设计了一系列箱体，它们同时也是优雅的家具，其清晰的线条与简练的造型旨在完美融入现代的室内设计。通过这些设计，希尔歇在家用电器中融入了实实在在的功能性，但同时又兼有魅力不凡的美感。他的P.286作品中最引人瞩目的便是 1958 年的博朗 HF 1 电视机[←]。

博朗仅在六个月之内就完成了所有这些设计师的招募工作。当时，埃尔温、艾舍与古格洛特都正值三十出头的年纪，而希尔歇四十四岁，艾希勒四十三岁，瓦根费尔德五十四岁。他们都是为博朗设计做出贡献的关键人物，但除了艾希勒，其他人都不在公司常驻办公，这意味着在公司内部的设计依然有限，并且没有连续性。

作为家族中的工程师，阿图尔与他的父亲一样着迷于技术创新，并且他完全有能力自己来实现它，因而他成了支持埃尔温的创意构想的绝佳搭档。数量不断增多的设计师为公司输送着设计，阿图尔和他的技术团队则与每位设计师都紧密合作，将新技术运用到产品中，并使用新材料来帮助解决某些设计上的问题。由此，瓦根费尔德曾经设想的那座工厂逐渐成型了，在这里，产品本身以及对理想的功能性造型的追求永远优先于各部门、管理和自我。得益于公司所有者的大力支持与前瞻性的态度，博朗成了一座巨大的实验室，海纳百川地测试着各种设计理论。现在仅剩的问题是，购买者是否也有兴趣加入其中。

在极短的一段时间内，博朗研发了一系列新产品，它们首次亮相于 1955 年 8 月 16 日至 9 月 3 日在杜塞尔多夫举办的“德国收音机、电视机与唱片机展会”（Rundfunk-, Fernseh- und Phono-austellung，简称“收音机展会”）。在稍早的 6 月，奥托·艾舍与乌尔姆设计学院接到了一项委托，为这场展览设计新的会展展位、海报以及产品目录。艾舍与乌尔姆设计学院的学生汉斯·G. 康拉德（Hans G. Conrad）共P.38同设计了会展展位 D 55[←]，它由一套钢架与胶合板系统组成，能组装成多种造P.38型[5]。这套风格极简、富有几何感的系统多次被用于之后的展览中[←]，直至 1970 年。如今它被陈列在克龙贝格（Kronberg）的博朗总部。这套展位看似是一个空间的骨架，就像一幅建筑草图那样。轻薄的钢架与其划定的空间创造出生活区域，其中配以诺尔国际家具公司（Knoll International）出品的各色家具，如哈里·贝尔托亚（Harry Bertoia）设计的长椅 400（Bench 400），以及苏黎世住房需求公司（Wohnbedarf Zürich）的家具，如古格洛特设计的 1963 扶手椅（1963 Armchair），还

5 Jo Klatt and CC Cobarg, ‘Der “ungewöhnliche” Braun-Messestand auf der Düsseldorfer Funkausstellung 1955’, *design + design* magazine (undated), Dieter Rams archive 3.3.3.

有栽种在罗森泰公司（Rosenthal）的花瓶中的盆栽植物。整套系统配以功能性的嵌入
P.40 式天花板，完美地衬托了由瓦根费尔德、希尔歇与古格洛特重新设计的博朗产品[←]，包括 TS-G 与 G-11 收音机、G-12 唱片机、FS-G 电视机以及 PK-G 音箱。当时一起展出的还有 MS 1 音箱、乌尔姆设计学院设计的带有操作面板的 FS 1/2 电视机，以及阿图尔与艾希勒合作设计的 SK 1 与 SK 2 收音机。[6]

古格洛特之后曾如此描绘这个新鲜的展位对展会参观者的影响："展会上，被照得闪亮的产品直接摆在展位正中央，周围配以喷泉和花环，带来了强烈的震撼。"[7] 不过当时仍然很难判断，这种震撼是否会变为一场轰动。虽然媒体对博朗的新产品及企业形象的反应都是正面的，并且国际上也出现了强烈的反响，但这些并没有立即反映在销量上。博朗不得不投入相当大的精力对销售部、门店与顾客进行培训和宣传，让他们了解基于设计品质与技术理念而诞生的产品的诸多优点，特别是依此原则生产的产品往往价格并不便宜。不过归根结底，能否说服公众还是要看市场营销部的本事了。自
P.42 1956 年起，艾舍与康拉德为门店和展示厅[←]设计了类似 D 55 展位的风格的特殊展
P.43 示系统，在其中一并配有印刷宣传材料[←]以强化品牌形象。埃尔温努力寻找着与他们志同道合的公司，比如诺尔国际与罗森泰，并与他们结成同盟。然而在最初的岁月里，博朗在一片从未有人踏足的市场中独自打拼。用这样一种直白且质朴的方式来强调功能性的品质和产品定位并不是它的竞争者的做法。这便是"博朗设计"的发端，也就是将公司的企业形象建立在"好设计"的基础上，如果没有公司股东全身心投入的实践精神，这一设计理念就不可能实现，他们已经准备好了要暂时冒险将产品质量置于利润之上。

1957 年，即"收音机展会"两年之后，博朗参加了在柏林举办的西德的"国际建筑展览会"（Interbau[8]），在此，博朗设计的电器所依托的那种现代主义与家居环境的背景得以展现。这次国际建筑展览会是战后世界范围内各种乌托邦式现代主义居住实验中最有趣的之一。此展会在一片全新的城市街区，即"汉莎小区"（Hansaviertel）上展开，这是一片未来生活的实验场，被称作"明日都市"（City of Tomorrow），到处都是光和空间，展示着所有现代生活的便利。53 位来自世界各地的知名建筑师受邀参与这个项目，其中包括阿尔瓦·阿尔托（Alvar Aalto）、勒·柯布西耶（Le Corbusier）、埃贡·艾尔曼、瓦尔特·格罗皮乌斯（Walter Gropius）、阿尔内·雅各

6 Klemp et al., *Less and More*, 341.

7 Hans Gugelot, lecture in Stockholm (May 1962), reprinted in Wichmann, *Mut zum Aufbruch*, 63.

8 Interbau 即德语 Internationale Bauausstellung 的缩写，现在人们也称这场展会为"IBA 57"。——译者注

布森（Arne Jacobsen）以及奥斯卡·尼迈耶（Oscar Niemeyer），而希尔歇与古格洛特则作为室内设计师参加了该项目。

第二次世界大战期间，约三分之一的柏林城毁于战火。至 20 世纪 50 年代中期，城市中心的大部分区域依然是经过轰炸后的寸草不生的景象。柏林被两大意识形态阵营所分割，两边均面临着严重的住房危机。西柏林需要为家庭提供新的住房，不过它还必须在意识形态上设立标准，即与过去决裂，开创一种基于自由、民主与国际化准则的全新生活方式。除去这些，还有一层不言自明的目的，那便是在象征意义上与东柏林斯大林大道周围的社会主义风格公寓与纪念性建筑形成对比。

当 36 座或为低层独栋住宅或为高层公寓楼的委托建筑项目拔地而起时，超过 100 万的参观者慕名而来，并惊叹于那些样板房，它们配有地暖、热自来水、功能性的模块化厨房、垃圾倾倒槽以及不可思议的大窗户。“如今你可能很难理解，” 1959 年买下第一批的庭院住宅的住户汉娜·克内布施（Hanna Knebusch）这样说道，“但是我们当时都非常惊讶，我们从未见过如此巨大的窗户玻璃！” [9]

参观者可以前往“国际建筑展览会”的信息中心并参观各种展览，其中便包括德国设计协会（German Design Council）策划的博朗产品的展览。人们在这个展览中可以查看家具的新风格，并了解如何在这种现代的体系中生活。对博朗来说最为重要的是，大约有 60% 的展示公寓都配上了博朗的家用电器 [10]。将这些电器放置在现代房屋内部的确合情合理：它们构成了一个“天然的栖居地”。这种植入式的产品陈列方式让人们看到了简洁的室内设计所蕴含的潜能，并且让他们明白这种家居空间就是为自我表达而设，其中使用者占据着重要位置。此次“国际建筑展览会”对德国与国际公众所产生的影响不容小觑。这幅蓝图描绘了一种新的生活方式，它继承了过去包豪斯的理念，同时囊括了所有前沿的技术与材料，它们都是未来的一部分，而博朗就稳稳当当地处在这个新家的中心。从此之后，“博朗设计”一词的意义开始与“德国设计”合并。迪特·拉姆斯于 1955 年加入博朗，他清楚地记得年轻的自己在这场展览中受到的冲击：“那是我第一次坐飞机旅行，去的这座城市可以说是一片废墟，虽然做过了一些清理，但是依然到处是断壁残垣。城市中央便是这些国际建筑展览会的房屋，它们内敛的室内设计只关注居住本身，与过去的那些满是装饰、繁复不堪、只在乎炫耀财富的室内环境形成了鲜明对比。” [11]

在参加“国际建筑展览会”不久之后，博朗带着它的新产品亮相于 1957 年的第

[9] ‘Modern Love’, *Wallpaper** magazine, no.104 (November 2007), 144–149.

[10] Klemp et al., *Less and More*, 351.

[11] 来自与作者的对话（2007 年 8 月）。

博朗在柏林展会的展位，1954 年

马克斯·博朗

阿图尔·博朗与埃尔温·博朗

威廉·瓦根费尔德

奥托 · 艾舍

汉斯 · 古格洛特

4

0.1. Firmensignet
Das Firmenzeichen soll auf allen werblichen Kommunikationsmitteln erscheinen.
Es darf in seiner Zeichengestalt nicht verändert werden.
Es darf weder im laufenden Text noch in Verbindung mit anderen Zeichen erscheinen.

0.1.1. Konstruktion

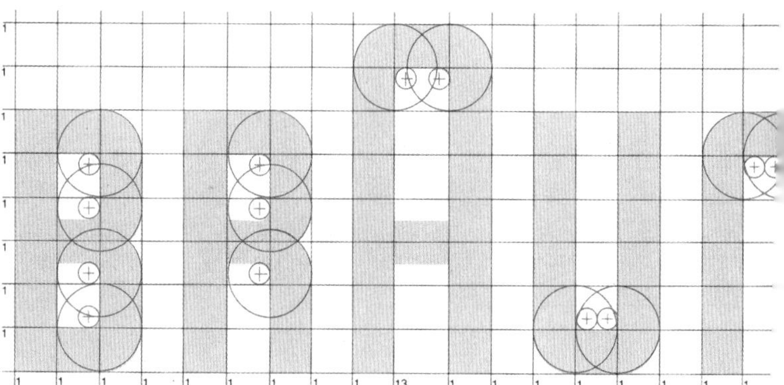

Balkenstärke und lichte Weite der Buchstaben sowie die Buchstabenabstände haben ein Verhältnis von 1 : 1. Die Konstruktion kann somit auf einem Quadratnetz angelegt werden. Eine Ausnahme ist die lichte Weite des Buchstabens A; sie steht in einem Verhältnis von 1 : 1,3. Die Höhe der normalen Buchstaben ist 6mal die Balkenstärke. Die Höhe des Buchstabens A 8mal die Balkenstärke. Die inneren Rundungen haben ihren Einstich auf den Schnittpunkten einer gedachten Vierteilung des Quadratnetzes. Die Zirkeleinstiche der äußeren Rundungen liegen auf den Schnittpunkten des Netzes.

博朗商标，1935 年

博朗新商标的绘制指南，沃尔夫冈·施米特设计，1958 年

5

0.1.2. Größen und Proportionen
Zur besseren Lesbarkeit auch in den kleineren Größen wurde das Braun Zeichen in 3 Schnitten angelegt, wobei die Schnitte 2 und 3 in ihrem Duktus lichter sind.
Der erste Schnitt, wie er in der Konstruktionszeichnung angelegt ist, darf nur dann verwendet werden, wenn die Länge des Zeichens größer ist als 22,5 mm.
Der Zweite Schnitt ist für die Größen 17,5 · 20 und 22,5 mm, der dritte Schnitt für die Größen 5 · 7,5 · 10 · 12,5 und 15 mm angelegt.

BRAUN BRAUN BRAUN BRAUN

35 30 25

RAUN BRAUN BRAUN BRAUN

22,5 20 17,5

RAUN BRAUN BRAUN BRAUN BRAUN BRAUN

15 12,5 10 7,5 5

Diese Schnitte dürfen fotografisch nicht verkleinert oder vergrößert werden. Sie sollen bei ähnlichen Drucksachen-Formaten in gleicher Größe verwendet werden.

博朗的销售手册，1956 年

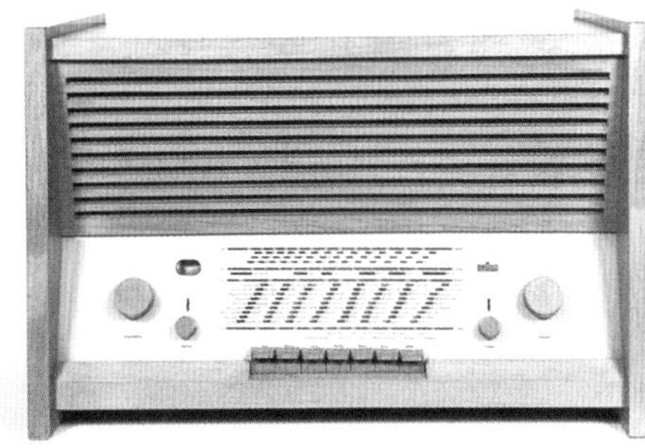

左上：FS 1 电视机，1955 年
左下：SK 2 收音机，阿图尔·博朗与弗里茨·艾希勒，1955 年

右上：G 11 超外差收音机，汉斯·古格洛特，1955 年
右下：PK-G 收音机 / 唱片机，汉斯·古格洛特，1956 年

博朗 D 55 展厅的模型，乌尔姆，1955 年

BRAUN

使用中的博朗 D 55 展厅，约 1964 年，
正在展示的音频产品包括 TP 1、SK 4、RT 20、T 22、T 52，以及“录音室 2”（Studio 2）

上图：D 55 展厅，杜塞尔多夫的“收音机展会”，1955 年
左下：D 55 展厅，苏黎世，1962 年

右下：D 55 展厅，法兰克福博览会

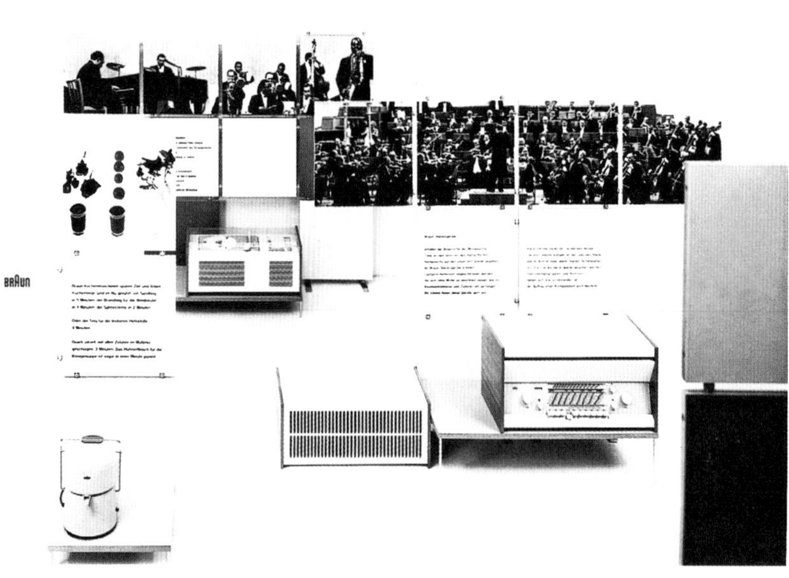

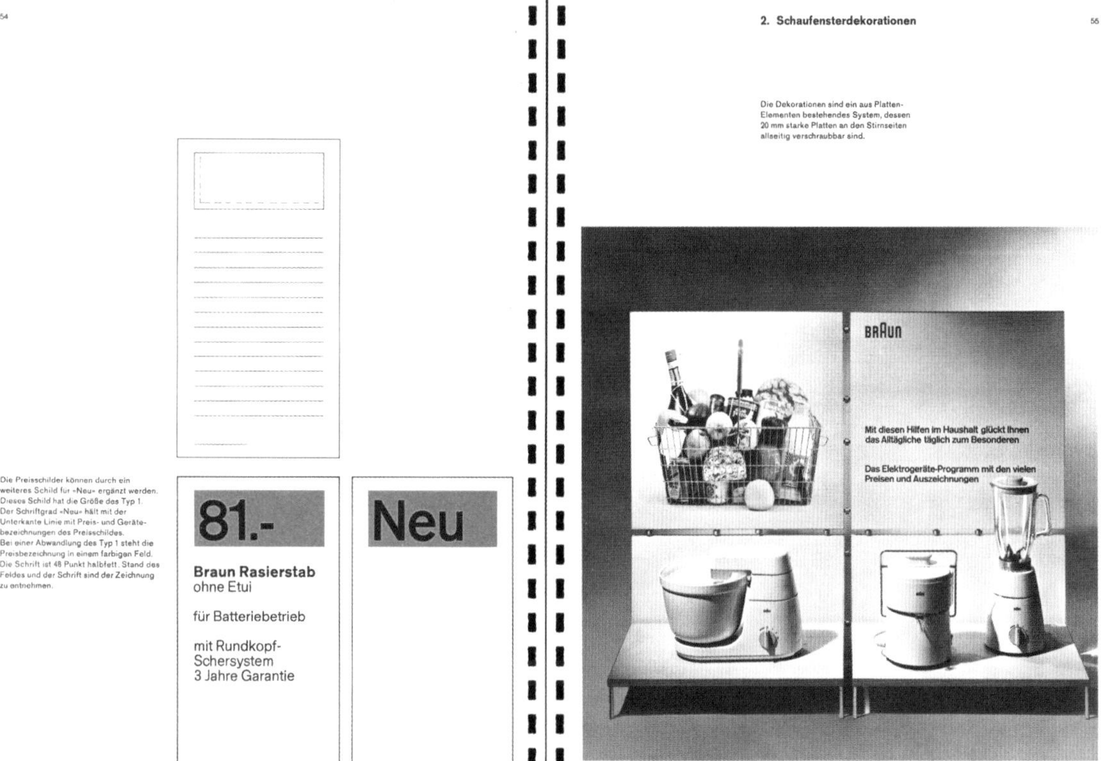

54

Die Preisschilder können durch ein weiteres Schild für »Neu« ergänzt werden. Dieses Schild hat die Größe des Typ 1. Der Schriftgrad »Neu« hält mit der Unterkante Linie mit Preis- und Gerätebezeichnungen des Preisschildes. Bei einer Abwandlung des Typ 1 steht die Preisbezeichnung in einem farbigen Feld. Die Schrift ist 48 Punkt halbfett. Stand des Feldes und der Schrift sind der Zeichnung zu entnehmen.

2. Schaufensterdekorationen 55

Die Dekorationen sind ein aus Platten-Elementen bestehendes System, dessen 20 mm starke Platten an den Stirnseiten allseitig verschraubbar sind.

上图：博朗的展示厅采用的展示系统，约 1965 年

下图：展示系统的使用指南

56

2.1. Aufbauelemente

Das Grundmaß von 29 × 29 cm bildet die kleinste Platteneinheit. Zwei dieser Platten plus 2 cm Zwischenraum für die Verschraubung bestimmen das Maß der nächsten Einheit von 29 × 60 cm. Sie kann hoch und quer verwendet werden. Zwei dieser Platten plus Zwischenraum ergeben das Maß für die große Platte von 60×60 cm. Verkleinerte Darstellung - die Maße sind in cm angegeben.

Die Platten können an allen Seiten miteinander verschraubt werden. Es können beliebig viele Platten in der Breite und bis zu fünf 29 cm-Einheiten in der Höhe zusammengestellt werden.

Zum Aufstellen der Platten werden in den unteren Schraubbuchsen Fußbügel eingeschraubt; oder Verlängerungsstangen, die sie über die Tischfläche heben.

57

Im Normalfall stehen die Tische höher als die Unterkante der Dekorationsplatten. Wenn die ganze Fläche der unteren Platten benötigt wird kann die Dekoration durch ein Zwischenstuck erhöht werden, so daß die Tischkante mit der Unterkante der Platten abschließt.

Eine weitere Ausstellungsfläche kann durch Aussparen einer oder mehrerer Einheiten innerhalb einer Plattenwand gebildet werden. An der Unterkante der Aussparung werden an die Schraubbuchsen Tischflächen angeschraubt.

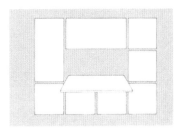

58

2.2. Kombinationsmöglichkeiten

59

十一届米兰三年展。这次展会的反响极其强烈：瓦根费尔德以他设计的全部作品获得了当年的“大奖”(Gran Premio)，而博朗因其全新的产品系列也被授予了“大奖”。在随后的几年中，公司的国际声誉与影响力持续攀升。1958 年，16 件博朗家电亮相布鲁塞尔世界博览会的德国馆，包括全新的“录音室 1”(Studio 1)，它融合了收音机与唱片机的功能。同年，纽约现代艺术博物馆将 5 款博朗的产品纳入其永久的设计收藏中，这些产品就是“SK 5 超级唱片机”(SK 5 Phonosuper)、KM 3 食品处理机、“晶体管 2”(Transistor 2)便携式收音机、T 3 口袋式收音机，以及 PA 2 放映机，它们都被陈列在一个关于 20 世纪杰出设计的展览中。博朗的实验似乎开始展现出卓越的成果了。

— 迪特·拉姆斯加入博朗

迪特·拉姆斯从未想过要成为一名设计师。他选择了建筑师作为自己的职业，而在此领域之外，他的兴趣倾向于环境设计与城市规划，也就是说，他更倾向关注全局，而非单独的元素。然而在 1953 年，由于无法负担继续学术深造的昂贵费用，21 岁的拉姆斯取得了室内设计的毕业证书后便离开了学校。不久之后，他在法兰克福的奥托·阿佩尔的建筑师事务所得到了一个职位，在那里工作了两年。他加入博朗完全出于巧合。事务所的一位同事在当地的报纸上发现了博朗公司招聘常驻建筑师的广告。“我当时完全不知道博朗，”拉姆斯在 1979 年写给埃尔温的公开信中这样回忆道，“但我还是申请了。我的同事也一样。这是一个赌局，赌我俩谁能收到回复，我赢了。”[12]

在面试中，拉姆斯见到了埃尔温，后者向拉姆斯表达了他对公司规划的理念。埃尔温还给拉姆斯展示了一些产品原型，这激起了他的兴趣：“这些一定就是在 1955 年杜塞尔多夫的收音机展会上展出的电器模型。我为古格洛特的这些作品心醉神迷，就像我之后的许多建筑师一样。”在下一轮面试中，通过预选的候选人们得到了一个
P.54
任务：设计公司的待客室。拉姆斯便画好草图提交了上去[←]。弗里茨·艾希勒在他 1980 年写给拉姆斯的一封信中提及了这个故事[13]。他提到，他和埃尔温·博朗、汉斯·古格洛特以及奥托·艾舍在审阅那些候选人的草图时，看到有些方案确实很吸引人，也有一些十分刻意，就是为了让会客室显得尽可能有门面，他写道：“你的设计仅

12 Dieter Rams, ‘Erinnerungen an die ersten Jahre bei Braun’ (‘Memories of the first years at Braun’), an open letter to Erwin Braun (July 1979), printed in *Weniger aber Besser / Less But Better* (Hamburg, 1995), 15. 作者对英文翻译进行了修改。

13 ‘Dear Dieter’, letter from Fritz Eichler, *Design: Dieter Rams &* (Berlin, 1980 and 1981), 11–16. 作者对英文翻译进行了修改。

有两张 A4 纸，画出了简单的平面图和立面图，这些草图非常写实，毫不浮夸，所用的都是同样的简单疏淡的线条，这与我今天走进你的办公室，在你办公桌上看到的你为新家电绘制的第一份草图上的线条一模一样。当时我们一致认为：他和我们很合拍。”[14]

拉姆斯得到了这个职位。他被安排在平面设计部门，就在沃尔夫冈·施米特隔壁的绘图桌上工作，后者重新设计了博朗的商标。在 1980 年离职前，施米特一直致力于帮助公司定义其企业形象。他创造出了简洁且强调功能性的平面设计风格，这种风格定义了公司的形象，比如那些向用户阐释公司产品的配有图片的印刷材料，它们通常是单色的且注重排版。与博朗的产品一样，这种方式与其竞争对手的做法截然不同。博朗鲜明的企业形象使其脱颖而出。

在为博朗所做的设计中，施米特只使用过一个不羁的元素，那便是爵士乐的意象。爵士乐对博朗来说有着重要的意义：战争之后，具有某种颠覆性的爵士乐在法兰克福幸存了下来，在盟军接管当地之后，它便蓬勃发展起来。20 世纪 50 年代，这种爵士乐的活动中心在一个名为“Jazz Keller”的地方，埃尔温与他的追随者（当然包括博朗的许多员工）都曾在很大程度上参与其中。施米特也是一名摄影师，在此期间，他拍摄了大量著名的爵士乐手在法兰克福演出时的照片，其中有不少被用于公司音响产品的宣传。爵士乐非常符合博朗公司的形象，它富有冒险精神、大胆，而且另类，但同时又极为规律、严谨；它受到既定的模式与规则的制约，但同时还能完全自由地在它们之间游走，寻找新的道路；它既知性又无疑非常狂放、酷炫且现代。将博朗与爵士乐联系起来，不仅对于正在定义公司形象的人们来说是自然而然之事，而且为公司的产品提供了一个绝佳的视觉对照，来补足它多少有些枯燥且强调技术的极简主义形象。

最初，拉姆斯投身于各类室内设计项目之中，包括博朗的工厂综合体与埃尔温的私人住宅（随后由古格洛特接手）。然而没过多久，他就被公司内整体上的那种创造研发新产品的激昂氛围所影响。由于当时“工业设计师”这一职业还不存在，故而许多博朗家电产品的设计师都有建筑学背景，并且，博朗这种新鲜的模式倾向于模糊当时既存职业之间的界限。对于那些受埃尔温邀请加入这种氛围的人，还有那些与博朗很“合拍”的人来说，那里可能弥漫着一种“全员出动”的感觉，拉姆斯很快就参与到了 TS 2 收音机的再设计，以及 SK 1 与 SK 2 系列的色彩概念之中。

P.57 博朗公司的第一款全自动幻灯片放映机 PA 1[←] 是拉姆斯独立设计的首款电器，

14 'Dear Dieter', letter from Fritz Eichler, *Design: Dieter Rams &* (Berlin, 1980 and 1981), 12。作者对英文翻译进行了修改。

它于 1956 年面市。在他的这第一个作品中，他的所有标志性语汇都有所体现，包括淡雅的色泽、柔和的边角、精湛的细部、使用色彩区分的按键，以及强调制成家电的材料所带来的表面触感。它在当年科隆的世界影像博览会（Photokina）亮相时获得了大量的关注。如果博朗兄弟之前还没有意识到，那当时也一定明白了，他们聘请的这位新建筑师有着极佳的天赋，来设计制造尺寸很小的物件。

仍然是在 1955 年，阿图尔正在寻找一位模型师，能使用石膏来帮助他研究发展厨房家电。拉姆斯推荐了他在威斯巴登工艺美术学院（Werkkunstschule Wiesbaden）就读时的同窗好友——格尔德 · 阿尔弗雷德 · 米勒（Gerd Alfred Müller）[←]P.53。米勒那年晚些时候加入了团队。1956 年，另一位威斯巴登的毕业生罗兰 · 魏根德（Roland Weigend）[←]P.60也加入进来，参与模型的制作并分担拉姆斯日益增加的工作量。因此，虽然在加入博朗的最初几年里，拉姆斯几乎不认识从乌尔姆来的设计师，但也很快有了一些熟悉的面孔来陪伴他工作。这三人被分配到了同一个工作室，并且在之后的岁月里成为博朗常设的驻地设计部门的中坚力量。

— SK 4——白雪公主之棺

1956 年，拉姆斯开始设计一款产品，这款产品后成为博朗的传奇并极大地提升了他的知名度。SK 4 超级唱片机[←]P.58别名“白雪公主之棺”（Snow White’s Coffin），融合了收音机与唱片机的功能，它的问世被公认为标志着现代家用音乐播放系统的诞生。与博朗的其他产品一样，SK 4 是团队合作的结晶。唱片机部分的设计基于威廉 · 瓦根费尔德先前设计的一款旧型，而其余部分则是全新的。相较于隐藏在产品里面的设计，此机器的操作面板与功能区域不仅完全暴露，而且还是整个设计中的主角。在弗里茨 · 艾希勒的指导下，拉姆斯被任命为 SK 4 研发团队的主要设计师。他设计了一个木盒，配以金属表面，并且将唱盘与操作面板置于顶端。据说，当时，埃尔温让艾希勒带着原型机去乌尔姆设计学院展示给汉斯 · 古格洛特看。因为在此之前，古格洛特曾提议使用木质侧板以及弯曲金属板制成的全金属外壳，包括顶部的盖子，而由于影响音效，盖子后来被舍弃掉了。[15] 博朗兄弟当时并没有百分百地认可这个设计，直到后来回到法兰克福后，拉姆斯提议使用最近市面上被用于广告展示的新型塑料制作一个透明的顶盖。这是个灵光一现的想法，它赋予了唱片机轻盈感，正好能平衡底座上的金属与木头，同时也能够保证机器的音响效果。它也成了之后出现的

[15] See CC Cobarg and Dietrich Lubs, ‘Wie entstand der SK 4, wer gab ihm den Namen Schneewittchensarg?’ (2005), Dieter Rams archive; quoted in Klemp et al., *Less and More*, 345.

所有唱片机的标杆——缺少有机玻璃防尘罩的唱片机在如今几乎无法想象。

博朗设计部

20 世纪 50 年代末，博朗加大力度，着重培养自己的驻地设计师团队。这其中最重要的原因，或许是出于实用性的考量。诚然，乌尔姆设计学院为公司的产品线做出了巨大的贡献，但公司的生意增长迅猛，而乌尔姆却在 300 公里开外。“我时常在问自己，我们在博朗的设计师是如何成功地培养起自己的专长，渐渐脱离了乌尔姆的设计师，并最终做到了让博朗的设计部完成所有的设计工作的。”迪特 · 拉姆斯在 1979 年写给埃尔温的信里这样说，“这完全是一个有机的过程。我刚到博朗的时候，乌尔姆人无疑占据着主导地位。和他们的合作持续了一阵子。我并没有过多参与其中……不过我逐渐找到了状态。我有驻地办公的优势。”[16]

拉姆斯继续补充说，他完全明白技术部门的重要性，因此也致力培养与他们的关系，他用心地让技术人员明白，设计师并不会抢走他们的工作，而是来支持他们的。“当遇到紧急问题时，技术人员更容易找到我，这自然也是一种优势。与外部的设计师相比，我可以与他们一起走到绘图板前，更快更容易地共同找到解决的方案，我如今依然这么想。”他写道，“这种合作中的决定性因素往往是人们的共识……然而这种共识的达成是建立在诸多基础之上的，包括你完全了解对方的工作，尊重他们的工作成果，以及不断熟悉他们的想法……我依旧认为，博朗直至今日仍然依赖这样的人际关系。没有这些，合理的设计无法出现。这种关系无可替代，甚至那种最取巧的营销策略也不行。”[17]

博朗将两位乌尔姆的毕业生纳入了设计部常驻成员的团队，他们是赖因霍尔德 · 魏斯（Reinhold Weiss）与理查德 · 费舍尔（Richard Fischer），他们分别于 1959 年与 1960 年来到博朗，与他们同时加入团队的还有罗伯特 · 奥伯海姆（Robert Oberheim）[·]，这是另一位威斯巴登的毕业生。拉姆斯当时已经为公司做出了许多重要设计（更不用提他为维索 + 察普夫公司 [Vitsœ+Zapf] 设计家具体系这一成功的独立“副业”），他亦有能力将不同学科出身的设计师培养成一个有凝聚力的团队，因此，他成了领导博朗设计团队的自然人选。1961 年，博朗变为股份制公司，他的职位也有了官方头衔：首席设计师兼博朗产品设计部总监。

P.60

[16] Rams, ‘Erinnerungen’ in *Weniger aber Besser*, 19. 作者对英文翻译进行了修改。

[17] Rams, ‘Erinnerungen’ in *Weniger aber Besser*, 20. 作者对英文翻译进行了修改。

博朗设计团队

在任何公司中，团队合作都是至关重要的；博朗设计团队内部的合作以及他们与其他部门（诸如技术部和营销部）的合作，为公司接下来持续多年的成功做出了至关重要的贡献，即便后来博朗兄弟离开了也是如此。公司坚持设计驱动的理念，而设计团队在公司内部的角色进一步巩固了此理念；迪特·拉姆斯领导的部门在公司里处在非常高的地位。它独立于其他部门，并且仅对管理层负责，而自 1968 年起，拉姆斯便已是管理层的一员。

博朗的设计团队也非常稳定。在最初的人员增减变动过后，剩下的大部分员工都在团队里待了很长时间。拉姆斯本人从 1955 年至 1995 年都在博朗设计部工作，这几乎是他的整个职业生涯。这个团队的规模也相对较小，人员最多时也仅有 17 人。每个设计师都倾向于专长某个特定的产品领域，并且经常与其他团队成员合作设计产
P.60 品[←]，拉姆斯本人亦是如此。尽管他可以轻松地退居管理层，但是纵观拉姆斯的整个职业生涯，他一直亲自设计博朗的产品，并总是积极参与决策过程，同时监管其他的工作。虽然媒体经常容易将“博朗设计”与“拉姆斯设计”混为一谈，但是他本人一直坚称，他任职期间创造的产品是团队合作的结晶。重要的是，当我们为某个产品署明作者时，一定要提醒自己它其实诞生自合作设计。然而在这里将所有应当提及的人名都列出，不仅在时间与篇幅上不大可能实现，而且也很难有完整的原始记录。
P.62 1955—1995 年，拉姆斯与他的团队为博朗设计了超过 1000 件产品[←]。本书有限的篇幅无法将它们的设计者一一列出，也无法将每件产品都展开阐述。故而本书所涉及的是团队的一些主要成员，而在“设计细节”一章，我选择了一些拉姆斯直接参与的重要的博朗产品，那里有更为详尽的分析。

博朗设计团队最早的关键人物之一是格尔德·阿尔弗雷德·米勒（1932—
P.53 1991 年）[←]，他曾与拉姆斯一起在威斯巴登学习室内设计。拉姆斯首先向阿图尔推荐他去模型制作部，后来他也成为公司中一位重要的设计师。米勒用雕塑的方式做设计；他在设计产品时总会先制作一个实体，而不是把它们画出来。在他为博朗设计的
P.66 第一批产品中，1957 年的 KM 3 食品处理机[←]或许是他最著名的作品。随后他还设计了许多厨房电器（这也成了他的专长），包括初版的 MP 3 榨汁机（1957 年）、
P.67 MX 3 搅拌器（1958 年），以及 M 1 手持搅拌器（1960 年）[←]。米勒还与拉姆斯合作研发设计了 DL 5“联合”（Combi DL 5）剃须刀（1957 年），与古格洛特合作设计了著名的 SM 31“六分仪”（SM 31 Sixtant）剃须刀，这款亚光黑色的镀铬剃须刀于 1962 年上市。米勒是团队中少数几个选择离开博朗发展的成员中的一位。他于

1960 年转为自由职业，并且在靠近法兰克福的埃施博恩（Eschborn）开设了自己的工作室，在此，他于 1966 年为凌美公司（Lamy）设计了一系列钢笔，其中的 2000 系列钢笔如今依旧在生产，并且理所当然地赢得了德国“设计经典”的地位。

与拉姆斯一样，赖因霍尔德·魏斯（生于 1934 年）先学习了木工，然后又转学建筑。他后来就读于乌尔姆设计学院，并在此完成了他的毕业作品——一个有创新手柄的熨斗，以增强使用的便捷性，这个设计随后被博朗买下。魏斯于 1959 年加入公司，为公司做的首个设计便是 HL 1 电扇[←]P.76，这是一台极富开创性的新型台式电扇，于 1961 年面市。他还设计出了一款无可争议的博朗经典产品，即选用黑色塑料并镀铬的 HT 1 烤面包机[←]P.65，这是博朗推出的首款该类型产品。他于 1964 年设计的 HLD 2 吹风机造型紧凑且极具革命性，不过由于使用者有可能会无意用手遮挡进风口，所以会产生过热的问题，拉姆斯于 1970 年重新设计了这款产品。魏斯的许多设计都有极高的创新性，不仅体现在造型上，也体现在工程学上，并且被竞争者大量模仿。烤面包机便是一例，HE 1 电热水壶（1962 年）[←]P.65则是另一例。造型优雅的 KSM 1 与 KSM 11 咖啡磨豆机也是如此。魏斯于 1967 年离开了博朗，前往美国的益茂国际设计公司（Unimark International）担任产品设计的副总监，并于 1970 年成为自由设计师。

理查德·费舍尔（生于 1935 年）是另一位来自乌尔姆设计学院的学生。他于 1960 年加入团队，参与设计过种类繁多的产品，涵盖了厨房家电、摄影器材（包括与拉姆斯合作设计的 EA 1 摄影机）以及剃须刀。他于 1968 年离开公司，选择成为一名自由设计师，并从事学术研究工作，他曾作为教授在附近的奥芬巴赫设计学院任教。

罗伯特·奥伯海姆（生于 1938 年）于 1960 年加入博朗，一直在公司任职至 1994 年。他从拉姆斯和费舍尔手中接过了电影摄影机产品线的研发工作。他设计的第一款产品 Nizo S 8 摄影机（1965 年）[←]P.73造型诱人，操作简便，外壳选用磨砂铝材，手柄喷以黑漆，操作键非常明晰。这款设计异常成功，虽然随后历经多次型号升级，但基本设计几乎没有改动。1981 年，电影摄影机与闪光灯的生产被卖给了罗伯特·博世（Robert Bosch），同时便携式摄像机技术的出现也开始让它显得过时。奥伯海姆还设计了一款魅力经久不衰的电影放映机，也就是 1971 年的 FP 30 放映机[←]P.72。它与摄影机同样采用了磨砂阳极氧化铝与黑漆饰面，电影胶片卷筒则选用透明塑料材质。与博朗同时期的很多产品一样，FP 30 放映机就算与苹果麦金塔电脑这样的当代设计一起摆在家中也绝不逊色。

迪特里希·鲁布斯（Dietrich Lubs，生于 1938 年）[←]P.60是首批设计师中最后加入博朗的一位。他在东德长大，1953 年脱逃至西德后，在科隆学习船舶工程。在德国杂志《工业设计意念》(*Form*)中读到有关博朗的文章，并且在杜塞尔多夫的展览上亲眼见到和诺尔国际家具公司一起展出的博朗产品之后，他决定向博朗提交求职申请。1962 年拉姆斯面试并录用了他。鲁布斯最初被安排与罗兰·魏根德合作，负责产品的版式设计。在初到公司的几年，他沉浸在公司的氛围中汲取养分，边工作边学习，用公司专用的小写的无衬线 Akzidenz-Grotesk 字体为产品以及操作面板做上标签。1971 年，鲁布斯已主管产品版式设计的工作，不过与大多数其他员工一样，这并不是他唯一负责的领域。1972 年，他设计了一款电源供电的闹钟，即“相位 3”(Phase 3)闹钟，而 1975 年他还设计出了独具一格的电源供电的“机能”(Func-
P.79 tional)系列电子闹钟[←]。它们标志着一系列产品大爆发的开始，包括时钟、腕表、带时钟的收音机，以及旅行用闹钟，这些产品不断为公司夺得史上最高的产品认可度，甚至高于剃须刀，而有时与拉姆斯合作的鲁布斯设计了它们中的绝大多数。其中最知
P.80 名的产品有 AB 1 闹钟、ABR 313 旅行收音机闹钟，以及 AW 10 腕表[←]。鲁布斯的闹钟甚至赋予了博朗一个“企业声音形象”，试想一下全世界成千上万的人曾听着博朗旅行闹钟独特的“哔哔哔”声醒来。

鲁布斯在时钟这个产品领域可谓如鱼得水。在当时，几乎没有任何一种家用电器像时钟这样，其中字体排印在产品的功能上扮演着如此重要的角色。尽管鲁布斯最初的时钟设计是电子时钟，然而讽刺的是，对这样一个在技术上具有前瞻性的公司而言，反而是他们的模拟时钟产品最受欢迎。鲁布斯对此的解释是：“人类是一种模拟生物。”博朗设计时钟的方式与研发其他产品的方式一样，它们的设计初衷并非为了装饰，它们是以显示时间为首要目标的精密计时器。

拉姆斯与鲁布斯还于 1975 年为博朗设计了首款袖珍计算器，并且在 1976 年迅速将它改进为 ET 22 计算器。随着技术的进步，他们不断对产品重新设计，而 1987
P.80 年问世的 ET 66 计算器[←]或许是其中最精妙的一款。与时钟一样，ET 22 计算器在版式与造型上有着无比精妙的比例感，以及清晰且内敛的色彩搭配，这使它不仅用起来令人愉悦，而且看起来也赏心悦目。

博朗公司内部的设计氛围极大地启发了鲁布斯。他曾这样描述 20 世纪 60 年代初的工作氛围：“非常严肃，但又蕴藏巨大的能量。”他补充道，部门就如同公寓一样，“你需要按响门铃才能入内”。团队的每个人对他们各自的项目都非常用心，而他们之间的交流却一刻都没有停歇，因此甚至都没必要召开团队研讨会。鲁布斯记得，虽然拉姆斯是领导，但是每个人都有话语权。工作室更像是大学的工作坊。他回忆道：“如果迪特不喜欢某个东西，他会说‘这个好吗?’，或是‘你认为它已经完成了吗?’。”“在工作后，大家还会聚在一起社交，”他补充说，“带上他们的女友，一起

出去喝酒，听爵士乐，一起庆祝生日…… 虽然公司存在等级制度，但它有着开放的环境。大家不断地进行讨论，收获并给予，所有人都心怀同一个目标。”[18]

博朗变成了吉列

在博朗成立的最初十年内，在此担任一名设计师不仅是一门职业，也是一种生活方式。整个 20 世纪 60 年代，博朗公司的生意增长迅猛。至 1964 年，它的营业额高达 1.73 亿德国马克，员工将近 5000 人。[19] 虽然规模很大，但是公司持续推行高福利政策并提供高薪、养老金计划、盈利分红，以及全面的医疗与健康服务给员工们，他们努力工作，为一个他们明确认为值得相信的体系而奉献自己。因此，当 1967 年博朗兄弟将博朗卖给美国的吉列公司时，他们必定十分震惊。博朗兄弟之前就多次前往美国寻找合作伙伴。然而，这些努力事实上成了一场寻找买家的旅程，而且当时突然有新闻爆出，美国总统林登·贝恩斯·约翰逊（Lyndon Baines Johnson）将于 1968 年 1 月 1 日通过一项法案，禁止美国公司直接投资某些国家，其中就包括德国。有鉴于此，1967 年，吉列公司很快决定买下博朗。

迪特·拉姆斯不能再依靠之前与志同道合的老板们的良好关系。他必须巩固自己的角色以及设计部在公司内的地位。设计史学家克劳斯·克伦普称：“除去他自己的设计作品，这便是迪特·拉姆斯最伟大的成就：他在公司内建立起了一个设计部门，在数十年内成功地坚守并不断推进着自己独特的工作方式，并且没有受到多变的市场的影响。”[20] 他所言不虚，这确实是了不起的功绩。在这样一个瞬息万变、充满短期抉择的企业世界里，沿着一条不那么悦人且又充满艰辛的道路，坚定地执行一个长期不变的目标，这需要非凡的韧性与信念。

虽然事情发生得非常快，但是博朗所有权的改变似乎是一件友好的事情，特别是对设计团队而言，这是因为新股东所感兴趣的恰恰是设计的品质。据迪特里希·鲁布斯称，设计团队最大的挑战其实是，他们必须与市场部不同的优先级别做更激烈的斗争，并且还要面对公司主管几年一换的事实，“这意味着我们需要一次又一次不停地说服他们”。在这场永无止境的任务中，设计师与技术人员之间的深刻理解是一份极其重要的帮助，这种理解一般很难在创作团队中存在，不过得益于拉姆斯从一开始便致力于建立的跨领域合作模式，博朗拥有了它。

[18] 作者所做的一次采访（2009 年 5 月）。

[19] Wichmann, *Mut zum Aufbruch*, 113.

[20] Klemp et al., *Less and More*, 437.

在 20 世纪 70 年代，拉姆斯以各种方式巩固了设计团队的地位。他更频繁地出差、讲演，成了博朗的大使，更重要的是，他代表着“好的设计”。当被问及博朗的“哲学”时，他会更多地谈论他自己以及他的设计团队的“哲学”：“我们在造型与色彩上非常内敛，首选简单的造型，避免不必要的复杂性，抛弃装饰。取而代之的是，（我们有）秩序与清晰。我们在审视每个细节时都在问自己，它是否为功能服务，是否令操作更为便捷。”[21] 每当公司获得了新的设计奖项或是受到了赞誉，作为博朗的代言人，拉姆斯总是将公司的理念与设计团队的目标融合在一起——他的团队就是博朗。

P.84 在装有门铃的门后，这个团队一如既往地继续着他们的工作[←]。在有点斯巴达式的环境中，团队的成员绘制着技术图，用以与技术人员交换想法；他们用木头、塑料、石膏制作模型，以便互相交流并将每个新的想法兜售给管理层、销售部与市场部。然而随着公司产品系列在 20 世纪 60 年代末期不断壮大，产品设计部也继续扩张，每位设计师的分工需要变得更加精细化。为了应对这些，1977 年，仍以拉姆斯为首的设计部拆分为了三部分：产品设计（PG-P）由罗伯特 · 奥伯海姆领导，产品图文（PG-G）由迪特里希 · 鲁布斯领导，而模型工作室（PG-M）由罗兰 · 魏根德领导。

弗洛里安 · 赛费特（Florian Seiffert，生于 1943 年）曾于埃森的福克旺学院（Folkwangschule）学习设计。他于 1968 年加入团队。在此之前，他刚刚与他人共同获得首届“博朗奖”（BraunPrize），这是德国境内颁发的首个国际工业设计奖
P.69 项。色彩丰富的“香气大师”（Aromaster）KF 20 咖啡机[←]便出自他手，并且直至 1972 年离开博朗前，他一直负责着剃须刀产品的研发。博朗的另一位福克旺学院的毕业生是哈特维希 · 卡尔克（Hartwig Kahlcke，生于 1942 年），他将“香气大师”
P.69 的设计改进成了更成功的 KF 40 咖啡机[←]。赛费特与卡尔克之后都离开了博朗，并且一起在威斯巴登开设了他们自己的设计工作室。团队中第三位福克旺学院的毕业生是路德维希 · 利特曼（Ludwig Littmann），他赢得了 1972 年的“博朗奖”，并且领导了手持搅拌器产品的研发，以及之后的蒸汽熨斗系列产品。

与之前的拉姆斯一样，于尔根 · 格罗贝尔（Jürgen Greubel，生于 1938 年）也是一名威斯巴登的毕业生。1967—1973 年，他都是博朗的全职设计师，在为诸如伦敦交通局（London Transport）等其他客户做完设计之后，他转为了自由职业者。他与拉姆斯合作设计了“橙汁机器”系列榨汁机，随后还设计了几乎如同雕塑一般的
P.71 HLD 6 吹风机[←]，之后他与利特曼一起，专门设计蒸汽熨斗产品。

[21] In response to the question: ‘What is the Braun philosophy?’ in an interview with Hans-Hermann Kotte, taz magazine (29 August 1989). Reprinted in Uta Brandes, ed., *Dieter Rams, Designer. Die leise Ordnung der Dinge* (Göttingen, 1990), 190.

格尔德·阿尔弗雷德·米勒与迪特·拉姆斯于法兰克福，约 1950 年
他们身后可见战时留下的废墟

迪特·拉姆斯与格尔德·阿尔弗雷德·米勒于西柏林，约 1980 年

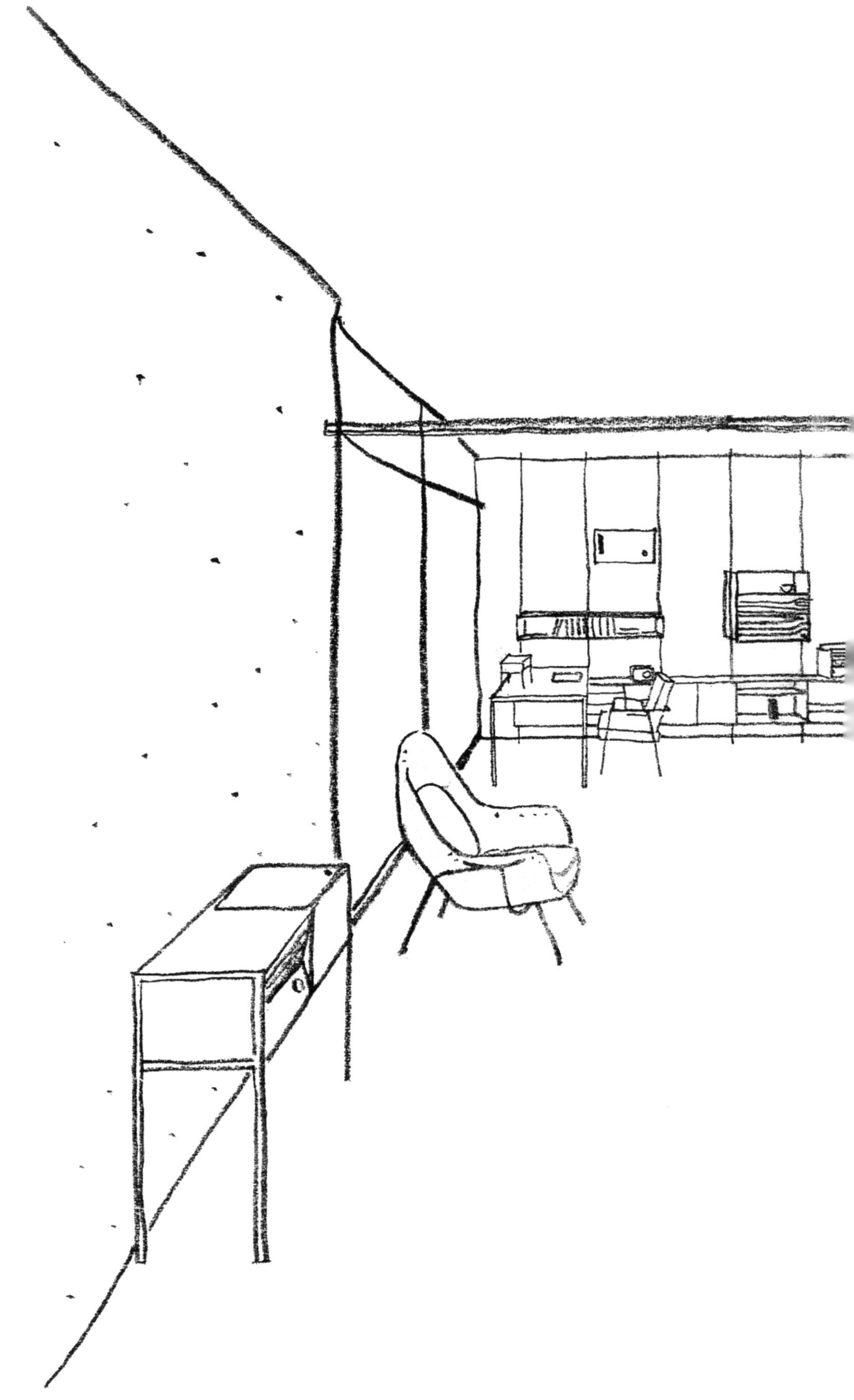

迪特·拉姆斯绘制的首幅博朗展示厅草图，1955 年；诺尔国际家具公司的家具
后墙上可见置物柜系统的概念

PA 1 幻灯片放映机的模型，迪特·拉姆斯，1956 年

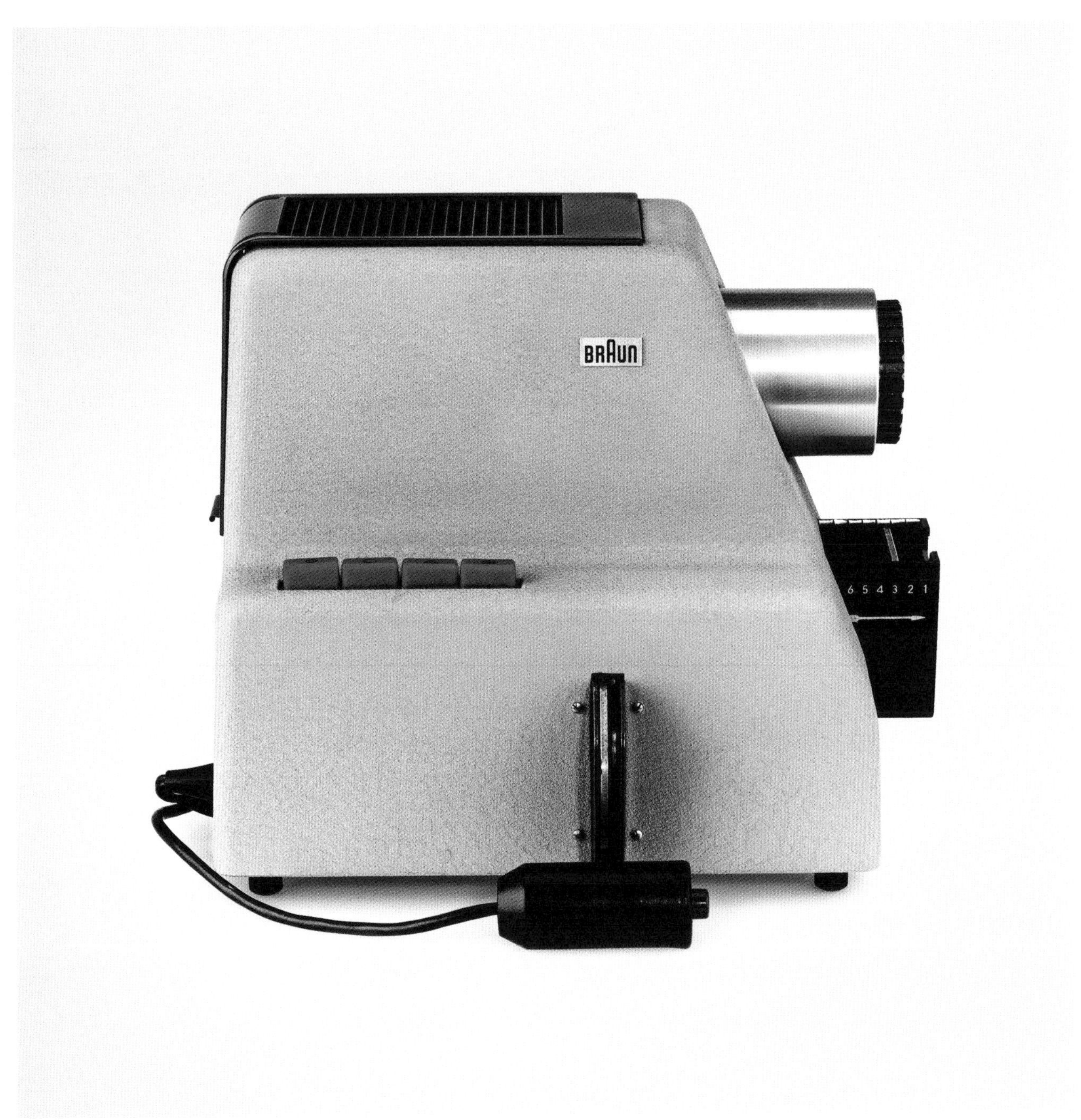

PA 1 幻灯片放映机

SK 4 唱片机，迪特·拉姆斯与汉斯·古格洛特，1956 年

沃尔夫冈·施米特、迪特·拉姆斯与弗里茨·艾希勒，约 1964 年

左上：格尔德·阿尔弗雷德·米勒，约 1957 年
左下：罗伯特·奥伯海姆，约 1970 年

右上：迪特里希·鲁布斯，约 1979 年
中图：罗兰·魏根德，约 1970 年

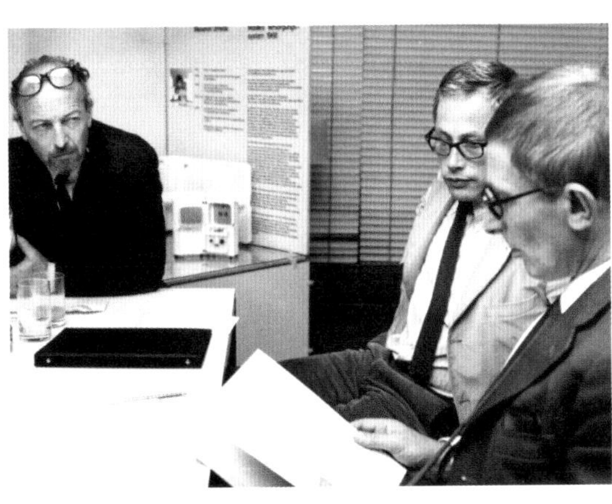

上图：弗里茨·艾希勒与迪特·拉姆斯，约 1968 年
下图：迪特·拉姆斯（中）与弗里茨·艾希勒（右），约 1964 年

中图：迪特里希·鲁布斯，约 1979 年

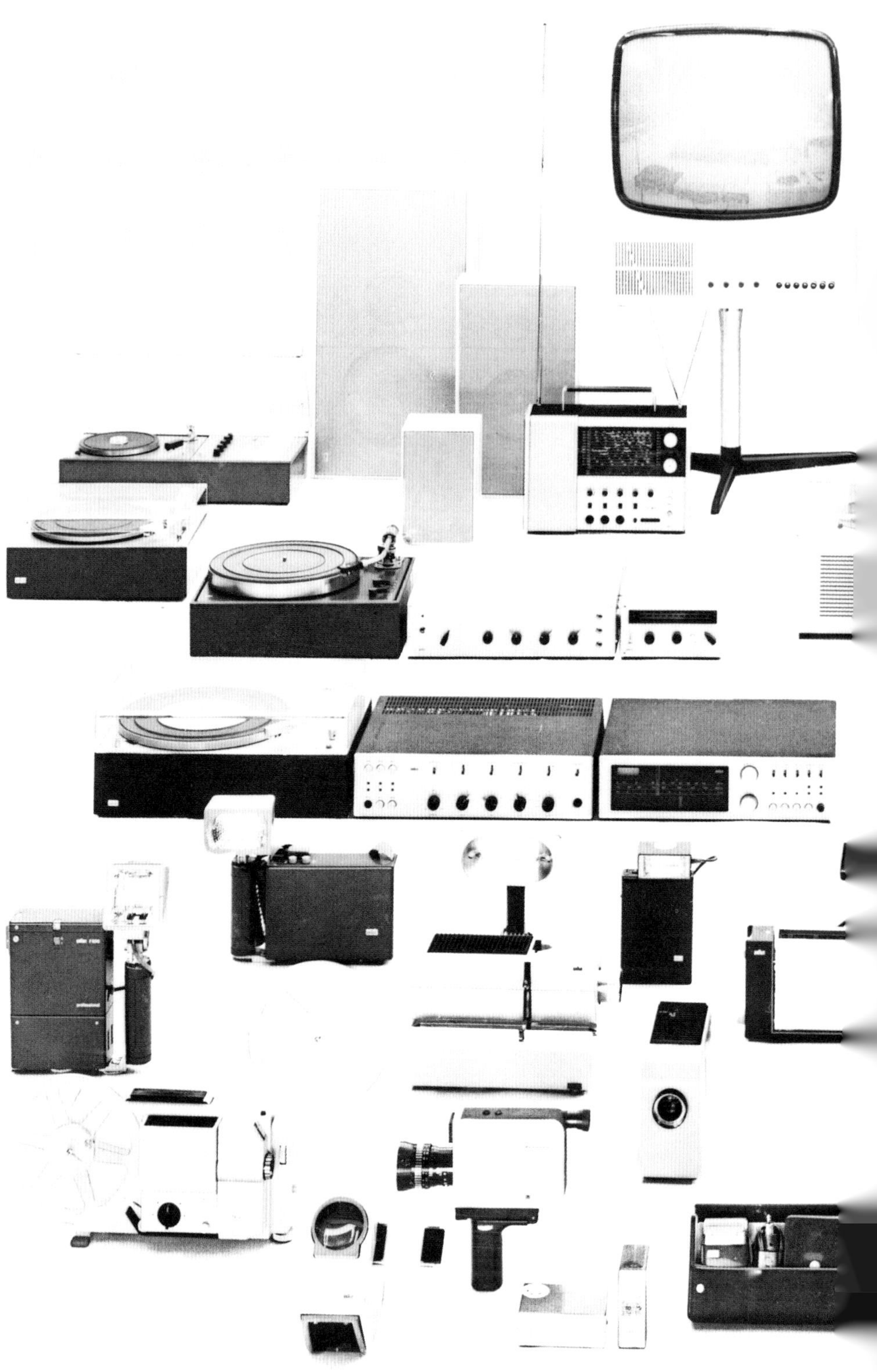

博朗产品系列，约 1970 年

Braun Multiwerk
Braun Multiquirl M 121

博朗产品系列，约 1963 年

HE 1 电热水壶，赖因霍尔德·魏斯，1962 年

HT 1 烤面包机，赖因霍尔德·魏斯，1963 年

KM 3 食品处理机，格尔德·阿尔弗雷德·米勒，1957 年

M 1 搅拌器，格尔德·阿尔弗雷德·米勒，1960 年

MPZ 2“橙汁机器”榨汁机，
迪特·拉姆斯与于尔根·格罗贝尔，1972 年

KMM 2 咖啡磨豆机，迪特·拉姆斯，1969 年

KF 20 咖啡机，弗洛里安·赛费特，1972 年

KF 40 咖啡机，哈特维希·卡尔克，1984 年

HLD 4 吹风机，迪特·拉姆斯，1970 年

HLD 6 吹风机，于尔根·格罗贝尔，1971 年

FP 30 放映机，罗伯特·奥伯海姆，1971 年

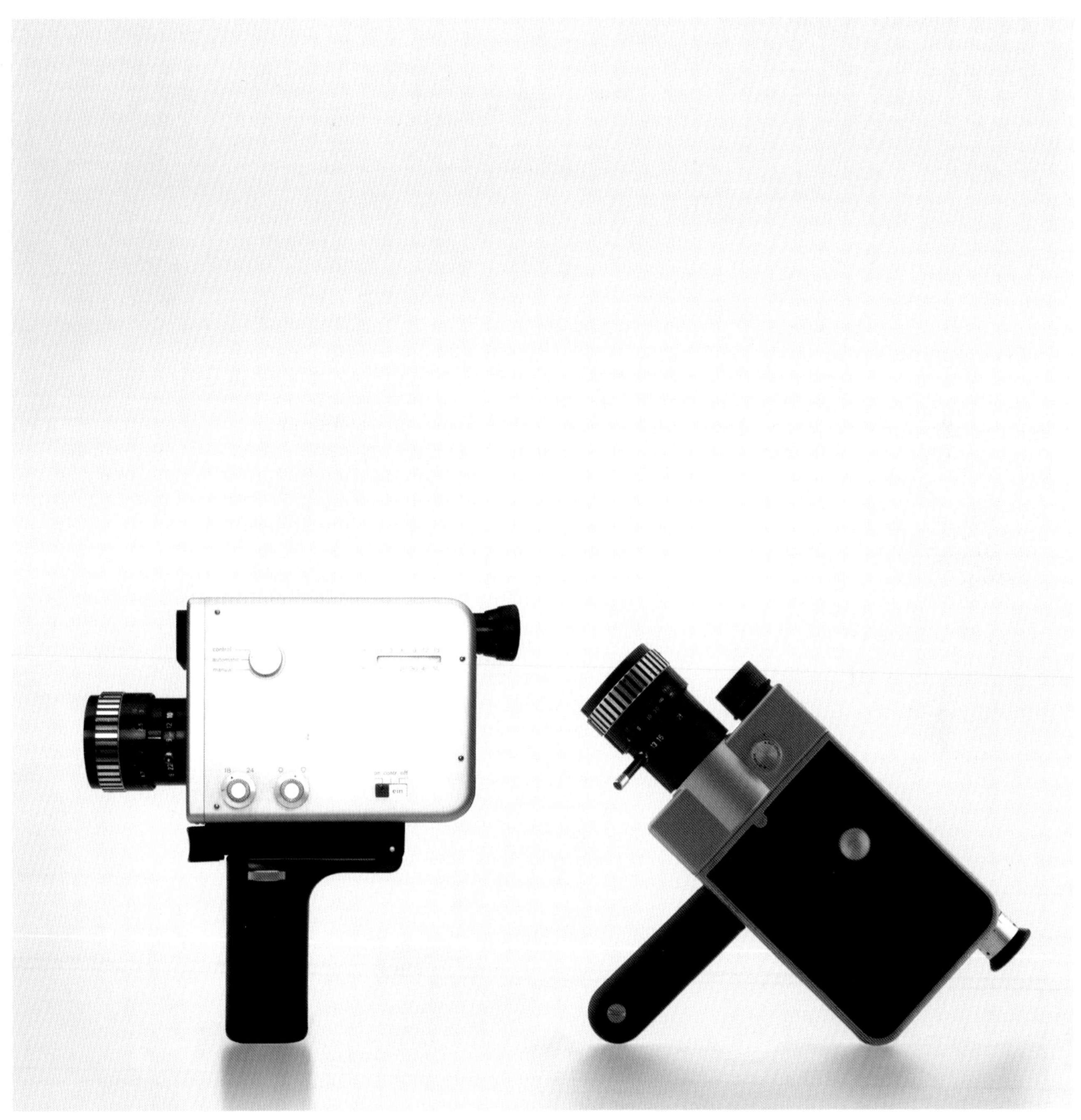

Nizo S 8 摄影机，罗伯特·奥伯海姆，1965 年

EA 1 摄影机，迪特·拉姆斯、理查德·费舍尔与罗伯特·奥伯海姆，1965 年

8008“六分仪”剃须刀，
迪特·拉姆斯、弗洛里安·赛费特与
罗伯特·奥伯海姆，1973 年

DL 5“联合”剃须刀，
迪特·拉姆斯与格尔德·阿尔弗雷德·米勒，
1957 年

“微米”剃须刀，
罗兰·乌尔曼，1976 年

“多米诺”打火机，
迪特·拉姆斯，1976 年

T 2/TFG 2 打火机，
迪特·拉姆斯，1968 年

F 1“马克特龙”打火机，
迪特·拉姆斯，1971 年

HL 1 电扇，赖因霍尔德·魏斯，1961 年

H 1 电暖器，迪特·拉姆斯，1959 年

H 6 电暖器，理查德·费舍尔与迪特·拉姆斯，1965 年

EF 1 闪光灯，
迪特·拉姆斯，1958 年

F 111 闪光灯，
迪特·拉姆斯，1970 年

EF 300 闪光灯，
迪特·拉姆斯，1964 年

AB 31 闹钟，
迪特里希·鲁布斯，1979 年

“相位 3”闹钟，
迪特·拉姆斯，1972 年

“机能”电子闹钟，
迪特里希·鲁布斯，1975 年

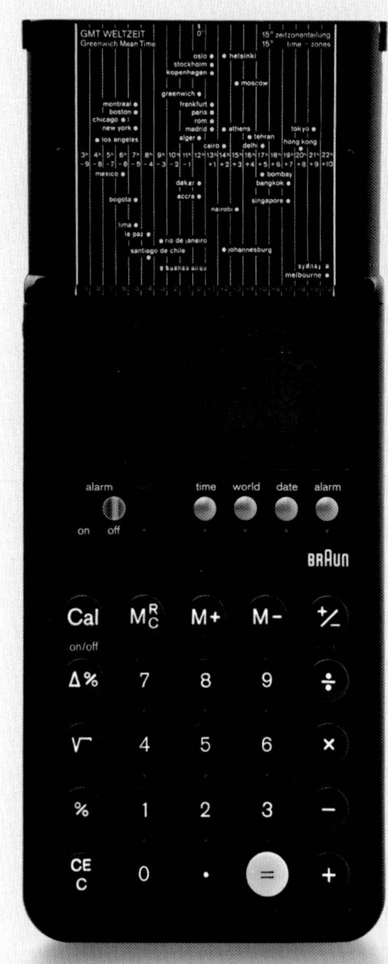

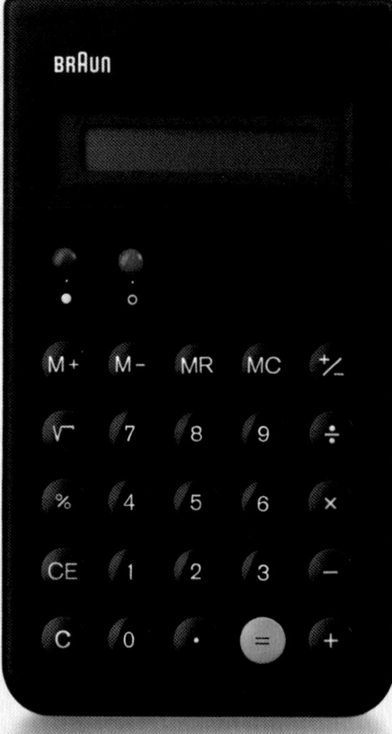

左上：ET 88 “世界环游者”
计算器，
迪特里希·鲁布斯，1991 年

中上：ET 66 计算器，
迪特·拉姆斯与迪特里希·鲁布斯，
1987 年

右上：ET 55 计算器，
迪特·拉姆斯与迪特里希·鲁布斯，
1983 年

下图：AW 10 腕表，
迪特里希·鲁布斯，
1989 年

罗兰·乌尔曼（Roland Ullmann，生于1948年）于1972年加入博朗，他几乎专门负责电动剃须刀的设计，这也是博朗一直以来最强的产品。他最著名的设计或许当属1976年问世的“微米”（micron）电动剃须刀，它那表面凹凸不平的握把采用软塑料和硬塑料结合制成，此产品持续生产超过了15年。

彼得·哈特魏因（Peter Hartwein，生于1942年）于1970年加入博朗。他学习过木工与建筑学，拉姆斯一定喜欢他这样的背景。最初他负责照相机的技术问题，然而很快就被调至高保真系统与音响系统领域，此领域最初仅由他的上级一人负责。在研究音乐播放系统期间，哈特魏因与拉姆斯发展出了非常成功的合作关系。对音响领域的科技党而言，博朗后来出品的高保真音响昂贵且品质顶尖，堪称科技迷的梦想机型：与那些简单、平价、仅为满足日常需求的工具截然不同，它们在设计与技术的结合上可谓极其精进。纵观拉姆斯的整个职业生涯，音乐播放系统的发展异常迅猛，从早期的唱片机（如SK 4），到第一批装在整洁的方盒子里的米白色系统组件（如1959
P.278 年推出的“录音室2”）[←]，还有近乎科学的、通体钢制的壁挂式系统（TS 45，TG
P.268 60和L 450）[←]，以及最终推出的可叠放的黑色模块化系统，如“工作室”（Atelier）、“录音室”（Studio）、“导演”（Regie）和“音频”（Audio）系列，尽管它们布满了旋钮，然而却又不可思议地简洁有序。如今的高保真系统中许多我们习以为常的设计特色都来自拉姆斯，例如系统的组成、银色或黑色的外壳，以及可叠放的各个组件。没有人如拉姆斯这样，定义了20世纪家用音响设备的造型。

最后一位加入拉姆斯团队的是1973年到来的彼得·施奈德（Peter Schneider），这意味着在随后的22年间，团队都没有发生更大的人员改变，这令人难以置信。施奈德生于1945年，他也是一位“博朗奖”的获奖者。他接手了最后一代的电影摄影机的设计，改变了把手的位置，令抓握更为容易，同时升级了操作面板。之后，他负责吉列公司的外包设计项目，包括欧乐B（Oral-B）牙刷、美妆品牌嘉福拉（Jafra）的项目，以及为德国汉莎航空设计航空餐具做的竞赛设计。1995年，施耐德接替拉姆斯成为博朗的产品设计负责人的职位，并于2009年退休。

拉姆斯一边领导一家国际公司的设计团队，大力维护它的地位，监管上百个产品的研发，一边还为另一家公司设计家具，除此之外，拉姆斯甚至还有时间独立设计出惊人的作品，特别是在高保真音响领域。他设计了一系列便携式收音机，例如1961
P.258 年的T 52收音机[←]，以及1963年的T 1000“世界接收者”（World Receiver）收
P.262 音机[←]；还有一系列的照相机电子闪光灯，其中最知名的便是1958年推出的EF 1“爱
P.78 好标准”（Hobby Standard）闪光灯[←]；以及一系列打火机，包括F 1“马克特龙”
P.75,75 （Mactron）打火机[←]和T 2“圆柱体”（Cylindric）打火机[←]；同时他还设计了

P.68,70 KMM 2“香气”（Aromatic）咖啡磨豆机[←]，以及 HLD 4 吹风机[←]。早在 1959 年，P.261 拉姆斯还研发了 TP 1[←]，一台便携式晶体管收音机与唱片机，如今他深情地称之为“第一台随身听”，这比索尼推出的第一款微型立体声系统早了 20 年，而后者是现在公认的微型 MP3 播放器的先驱。

— 博朗设计的独特之处何在？

试图找到成功的原因总是件非常不容易的事。让“博朗设计”大获成功的因素数不胜数，包括历史上正确的时间、卓越的公司领导者、英明的决策、忠诚的员工、热忱的顾客、优秀的设计师，以及稳定的设计团队（由一位不仅天赋异禀，并且不可思议地坚定履行完美主义原则的设计师引领了 40 余年之久），当然除去这些，还要加上一大把运气。少了它们当中的任何一个，博朗都无法拥有这样的成就。

当谈论博朗设计时，迪特 · 拉姆斯时常喜欢引用一个比喻，据他说这个比喻来自埃尔温 · 博朗：“我们的家电应当像谦逊的仆人那样，尽量少被见到与听到。在理想状态下，它们应当处在背景之中，就像从前的贴身男仆，人们几乎不会注意到他。”他用同样低调的话来描述自己的设计方法：“我一直在努力为日常使用而设计家电，它们绝不会伤害双眼（或是其他感官）；同时，我一直致力于确保它们在生产与销售时都能保持平价，这样普通的消费者都能买得起。就是这样，真的。”[22] 但是这样低调的说法却带来了一些非常实际的问题：难道一切真的就那么简单？是否只要你是一个理想主义者，同时在社会层面认识到要去做一个好的设计，你就能成功呢？在拉姆斯的手下，博朗设计就是关于简化和简约，然而其代价是高昂的时间成本与艰辛的付出。拉姆斯那句更简单的“少，却更好”的座右铭就意味着努力创造出尽可能轻巧且不费力的设计结果。

说服顾客因为产品的“好”，而为它的“少”花更多的钱，这也是巨大的成就。博朗的设计很昂贵，并且，拉姆斯第一个公开承认，“好设计”注定花费更多的成本，因为它涉及更多的工作。博朗的有些产品的价格，特别是那些高保真音响产品，对普通消费者来说就超出了他们的预算范围。能负担起豪华轿车的人并非多数，更不用说与它同样价位的一套立体声音响系统。总体而言，购买博朗产品的顾客想要的是工具，而不是玩具。然而顾客同时也倾向于做出明智的选择，并且能为“更好”的东西买单。你或是非常富裕可以负担得起博朗的产品，或是如公司的创始人，以及特别是拉姆斯那样，将目光放长远，明白高质量产品的使用寿命更为长久。

[22] Brandes, *Dieter Rams*, 115.

博朗设计的美感绝不肤浅。如果说，由于博朗摒弃了时尚，转而不断追求功能与使用上的完美，因此它的美感是一种偶然，这绝对是错误的。拉姆斯时期的几乎所有产品，不论在比例还是材料上都具有非常强烈的美感。它们拥有“内敛的美感”，他这样说。正是由于这种谦逊感，这些家电从竞争者中脱颖而出。然而美感一般仅指视觉上的感受。拉姆斯与其团队设计的博朗产品还同时具备触感的美学：当你拿起它们，把它们放在手中，并且以它们被设计的那样将它们当作工具使用时，你便能体会到所有那些背后的努力都用到了何处——它们在抓握时的舒适感、它们的材质、重量、平衡，还有操控按钮时令人满意的按键感。

不过，这些家电身上也有严肃与坚定的元素。它们显然出自一个系列，且认同一个精确、严谨、高度有序的系统，此系统追求的是经济、和谐与秩序。它们拥有同一种声音。设计团队的成员都是男性，并且拥有相似的教育背景与成长经历。他们用同样的方式工作，且持有相似的观点与品味。拉姆斯非常认真地选择了为他工作的人、和他一起工作的人，可以说他选的人都与他很相似。

博朗从来没有兴趣为产品设计漂亮的包装盒，或者在产品上设计装饰。他们的设计方式更为深刻，那便是将使用者的需求置于首位（不论使用者是否知晓这种需求）。它需要从单独的组件以及家电的内部构造入手，随后提出经过深思熟虑的解决方案，同时关注功能性与技术品质，所有这些都导向了简练的美学语汇。博朗的家用电器都是从内而外被设计出来的。因此，与其说它们能够充分适应现代的家庭生活，不如说它们更多的是帮助人们顺利过渡到现代生活，而这种现代生活正不断地在几乎各个层面与科技用品交织在一起，包括听音乐、剃须、烹饪、吹头发，以及用照片与影片记录生活。博朗的设计方式属于它的时代，并且，一些人成长于苦难之中，他们向往着更好的产品，但依旧珍视品质与耐用性，对于那一代人而言，博朗产品所指向的全新的生活方式蕴含着强大的吸引力。

你或许听过一个老笑话，说的是某委员会原想设计一匹马，最后变成了一头骆驼。时至今日，当你审视许多其他厂家，甚至是博朗生产的某些产品时，你依然能发现许多骆驼的存在。或许这些公司的管理太过分散，做出决定的人处于错误的位置，抑或他们一直在做出错误的决定而没人去阻止。他们在设计产品时，脑海中只有短期的目标，用时髦的色彩、夸张的线条或是奇异的表面来吸引购买者的目光。他们可能只聘请了外部设计师，也许最为重要的是，这些品牌的形象是根据市场决定的，而不是设计本身或者与使用者紧密相关的问题。如果一所公司坚守原则、思想灵活、把握时机，同时不懈努力，而且同样重要的是，拥有天才的员工，那么长期贯彻为他人着想的设计方式可以带来巨大的成功，这便是博朗教给我们的一课。

迪特·拉姆斯，约 1979 年

罗伯特·肯珀（Robert Kemper）与罗兰·魏根德，约 1970 年

迪特·拉姆斯，约 1979 年

迪特·拉姆斯，约 1979 年

下列图片拍摄自博朗档案馆，如无特殊标注，所有产品皆为博朗出品。

BRAUN
BRAUN
BRAUN
FUJI
BETACAM SP
20M
10pcs.
7
8
H
G

14 15
16 17
18 19
20

Rasierer-Zubehör
BRAUN
Silk·épil comfort
BELEGMUSTER

BRAUN
BRAUN
BRAUN
BRAUN
BRAUN
Ponal
tesa
DURACELL

BRAUN

U-musik
BRAUN
BRAUN
LTV
BRAUN
LTV

BRAUN
TS 501
BRAUN
regie 350
BRAUN
BRAUN

Braun Aromaster
Braun Aromaster
Braun
Braun Aromaster
Braun Traditional 2
Aromaster
BRAUN

audio system P4000
audio system PC4000

Messe
114
olivetti
49.10
49.11
49.12

ATELIE 2
TC 40
#012486
37.01
L 200
#34101
36.00
L 200
#34102
36.00
2581
CB11
ATELIE 2
#114370
35.01
Werbelager
PEGEL 1
PEGEL 2
PEGEL 3
PEGEL 4
PEGEL 5
PEGEL 6
PEGEL 7
PEGEL 8
32.11
32.12

BRAUN
PQ 10
Power Plate 80
Power Plate 120
Plate 120
2 HIFI-AUTOLAUTSPRECHER
50/100 WATT.
BRAUN

mw
lw
BRAUN
clip
0
3
6
11
16
on
record
selector
input
phono 1
tuner
phono 2
tape 1-2
tape 2-1
aux
phono 1
tuner
phono 2
tape 1
tape 2
aux.
A 1
volume
BRAUN
1 2 3 4 5 6 7 8
9 10 11 12 13 14 15 16
cd
tape 1
tape 2
phono
fm
– tune +
R 2
volume
BRAUN
pause
slider
+ 6 2 0 2 7 15 –
C2³
record level
BRAUN
PA 4
BRAUN
PA 4

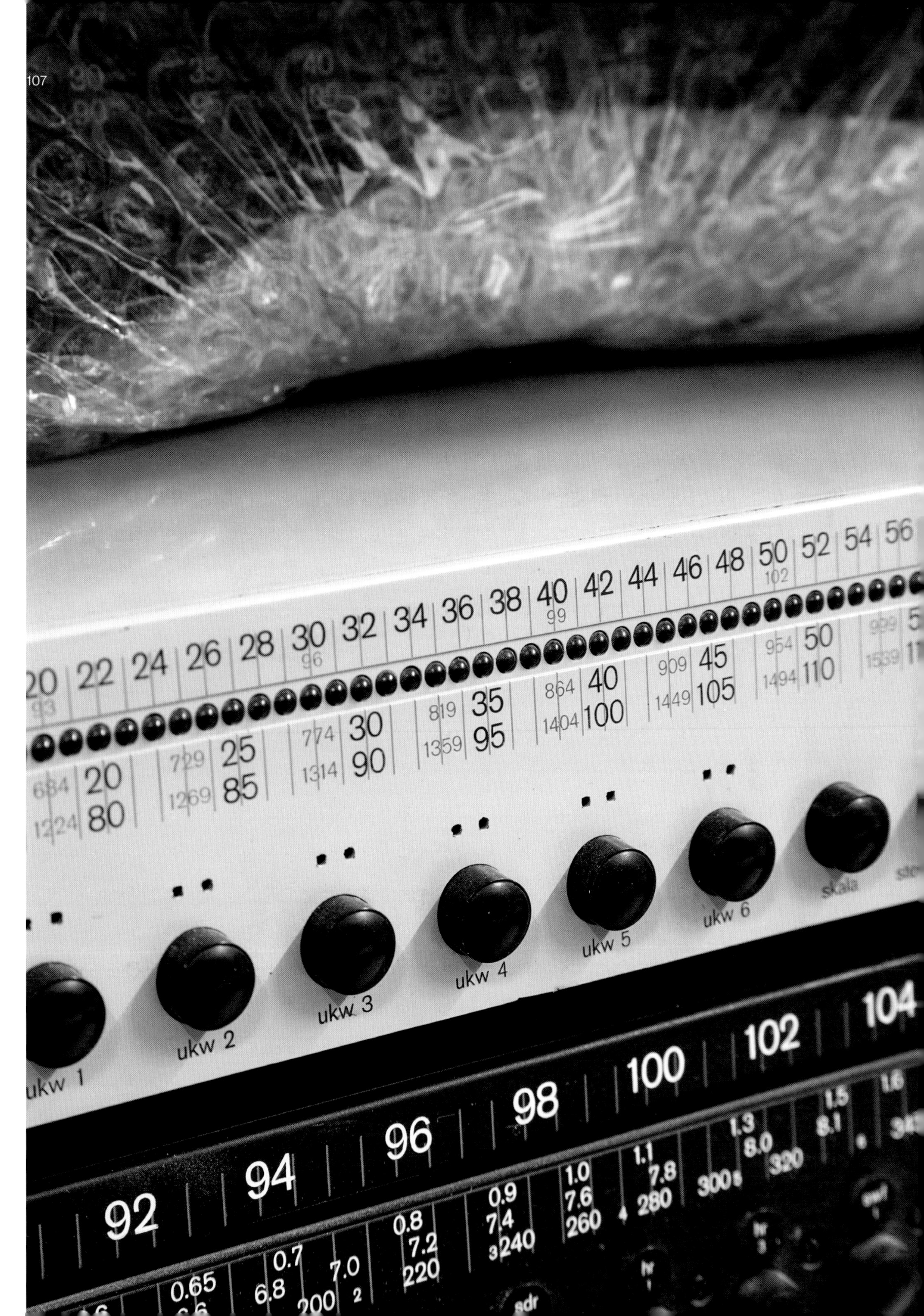
ukw 1
ukw 2
ukw 3
ukw 4
ukw 5
ukw 6
skala
92
94
96
98
100
102
104

BRAUN
höhen
tiefen
volumen
ein aus
phono
lang
mittel
ukw
sender

TS 501
BRAUN
regie 350
BRAUN
regie 501
phono
fm
res.
lw
mw
afc/ferrit
stereo
fm
am

21.20
21.21

BRAUN

POP
PS 350

Wer Haare hat,
muß „Hair"-hören...
BRAUN
smoothy
EINE KOSMETISCHE

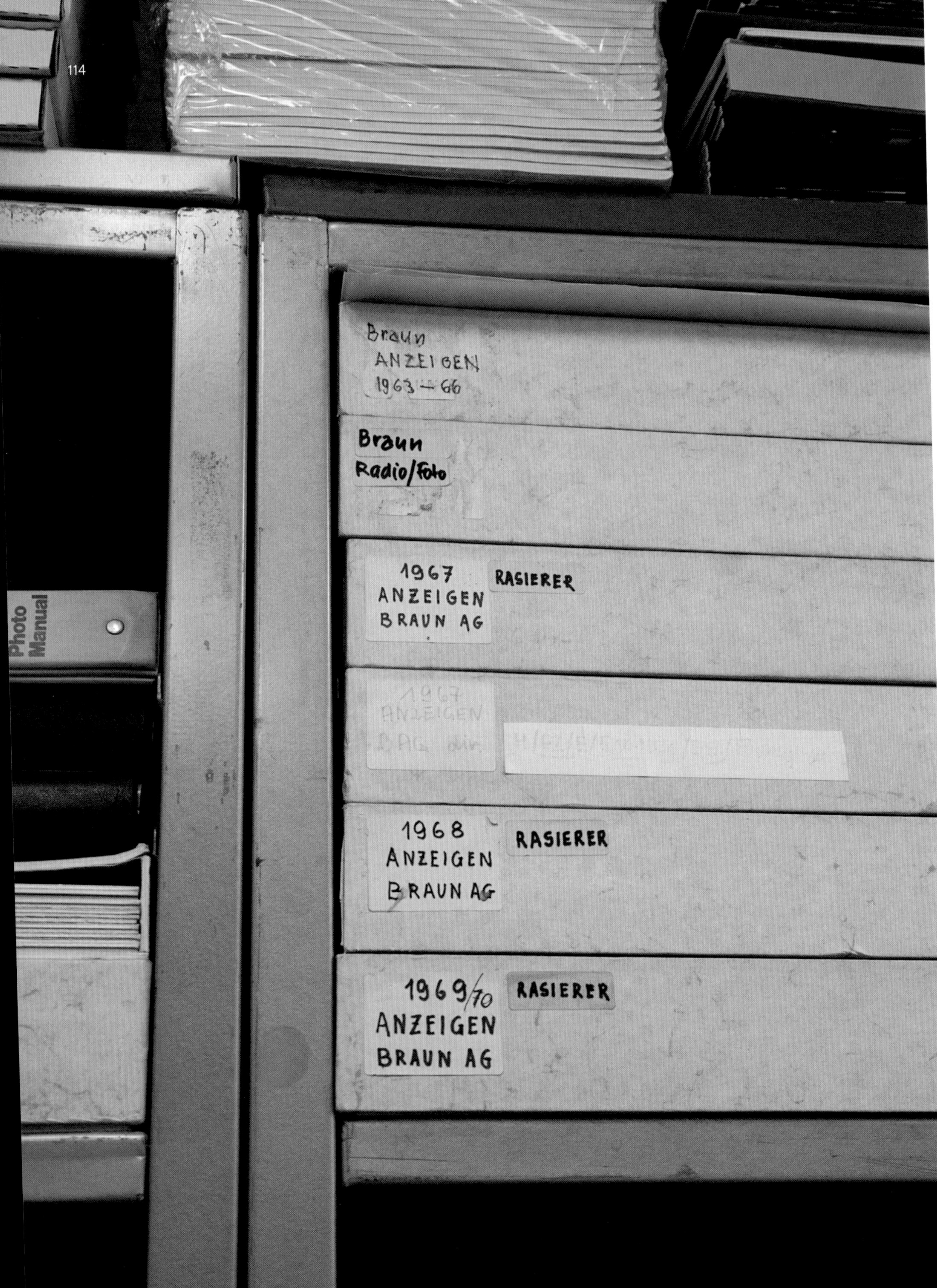
Braun
ANZEIGEN
1963–66
Braun
Radio/Foto
1967
ANZEIGEN
BRAUN AG
RASIERER
1968
ANZEIGEN
BRAUN AG
RASIERER
1969/70
ANZEIGEN
BRAUN AG
RASIERER
Photo Manual

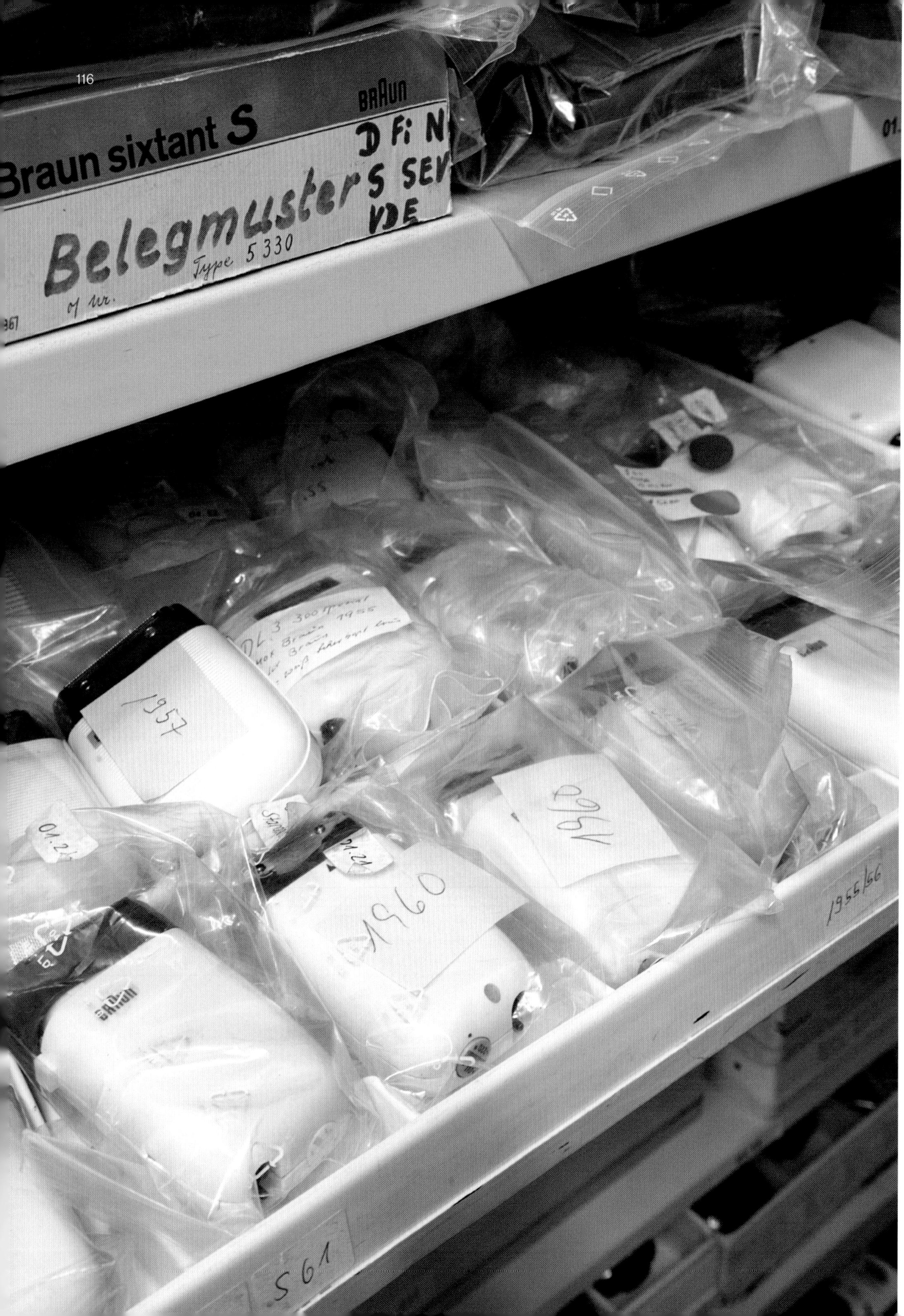
BRAUN
Braun sixtant S
D Fi N
S SEV
VDE
Belegmuster
Type 5330
1957
1960
1955/56
S61

BRAUN
Braun HLD 4
1970
BRAUN
BRAUN
Haartrockner-Styler
Hairdryer/Styler
Sèche-Cheveux/Coiffant

BRAUN

M

BRAUN

MP2
11.13
BRAUN
MULTIPRESS
BRAUN
MULTIPRESS
15.26
MP 2
MP 2
11.14

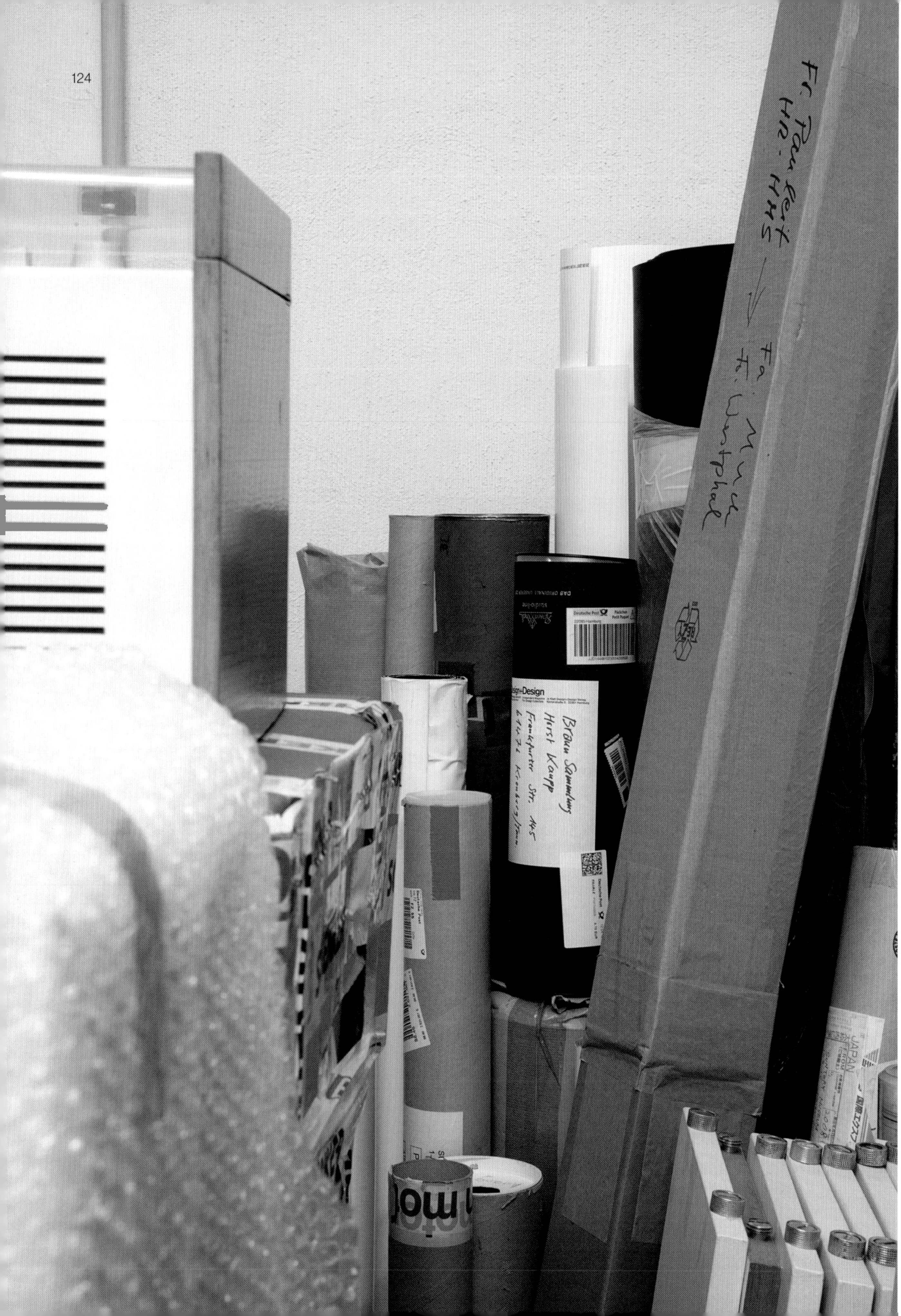
Deutsche Post
Design+Design
JAPAN

77 700
ETS 77

6
√
7
8
%
4
CE
1
C

20.45

22.12
Nizo S 480
Nizo
561
Schneider Variogon 1:1,8/7-56 mm
BRAUN
Nizo
professional
Schneider Macro-Variogon
1:1,8/7-80 mm
22.16
BRAUN
22.13
Nizo
S126
Nizo 116
Nizo 116
BRAUN
22.14
Nizo 4080
Nizo 4080
BRAUN
Nizo 2056
sound
Schneider Macro-Variogon
1:1,4/7-56 mm

BRAUN
Braun control
ET 55
BRAUN
ET 55
4835/1981
Braun control
ET 55 LCD
BRAUN
ET 55
weiß
4835/1983
BRAUN
ET 66
4776/1987
BRAUN
4776
BRAUN
4776

BRAUN
BRAUN
BRAUN

1

BRAUN
Extra doux extra blanc brillant
Extra soft extra white glossy
Extra suave extra blanco brillante
PAPIER-SINGLE WEIGHT

Katalog
BEN HUR
compact quartz
signal radio
ABR 11
phase 3
special
megamatic

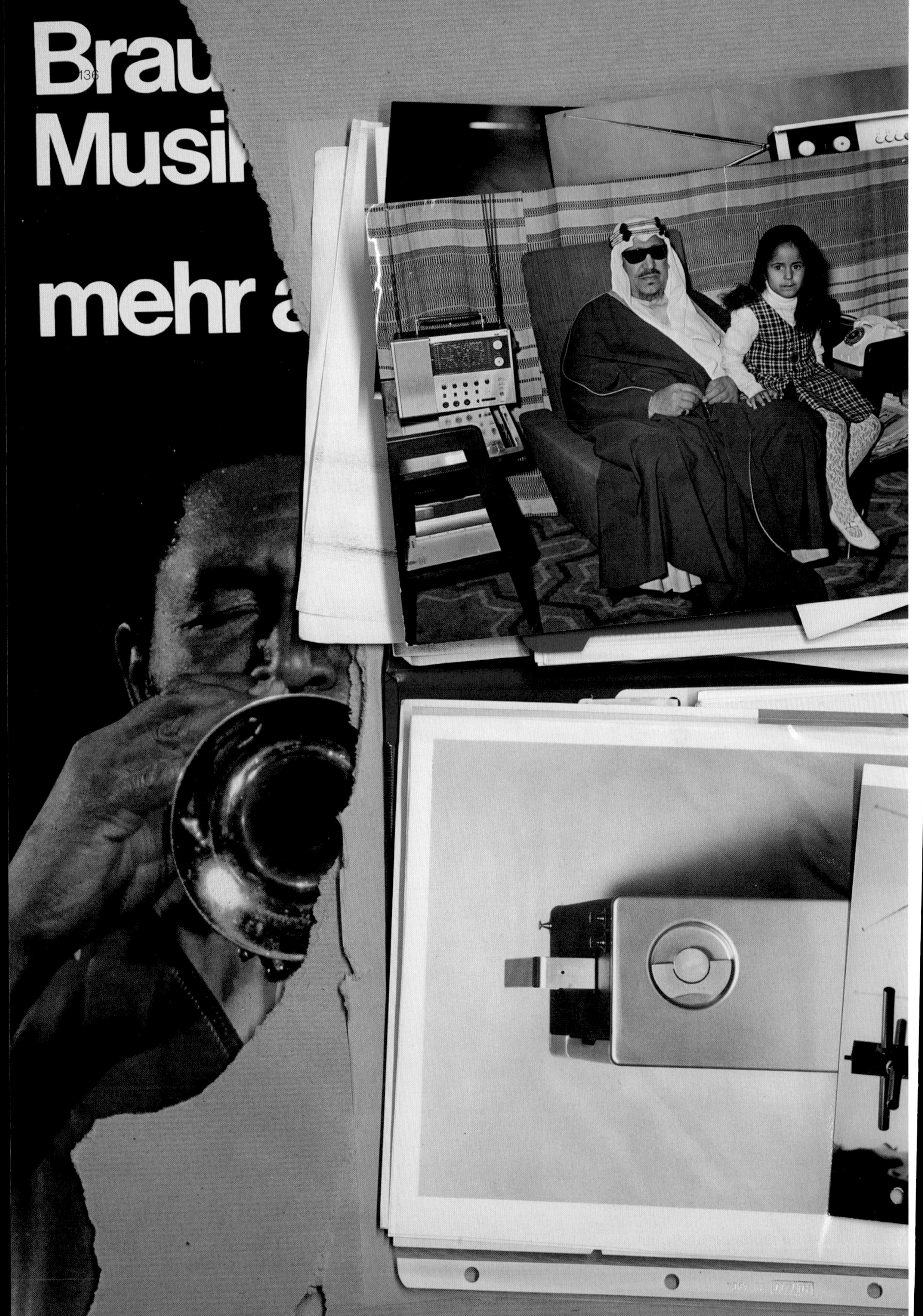
Brau
Musi
mehr a

克龙贝格住宅

埃尔温·博朗为员工提供的生活、工作与事业上的整体福利，不仅体现在养老金计划、盈利分红、健康中心、文化体验以及员工餐厅上，还包括了房屋建筑。1958年，公司已有约3000名员工，年营业额高达1亿德国马克[1]。博朗于是买下了位于克龙贝格的一大片土地，这是一座距法兰克福不远的小镇，坐落在陶努斯山区内。起初，埃尔温委托乌尔姆设计学院来设计一个可容纳3000个居住单元的总平面规划图，然而，最终在此落成的巨大建筑群却并非出自乌尔姆学院之手。阿佩尔-贝克特-贝克尔建筑公司（Apel, Beckert and Becker）等其他公司后来设计了该方案中的公司建筑。

埃尔温还委托汉斯·古格洛特为他自己与弟弟阿图尔设计两处私人住宅，地点就在上述地块附近的柯尼希施泰因（Königstein）。它们均为模块化预制建筑，颇具实验性。埃尔温对设计成果并没有十分满意。他把自己的房子给了弗里茨·艾希勒，并且让赫伯特·希尔歇再设计了一座更大的、拥有四个居住单元的单层别墅综合体，以及一间理疗所。迪特·拉姆斯与他的夫人英格博格·拉姆斯在1962—1971年间都住在此处。他们的邻居包括维尔纳·库普里安（Werner Kuprian）及其家人，还有彼得·西彭科滕（Peter Siepenkothen）及其妻子布里特。前者是博朗的健康总管和理疗所运营负责人，后者于1965—1969年在博朗工作（其中1965—1966年担任博朗北美总部的主管）。埃尔温·博朗一直保留着他在此地的住所，直到1967年将公司卖给吉列。随后他搬去了瑞士，创办了一家预防医学诊所。

埃尔温还买过一块名为"罗滕汉"（Rothen Hang）的土地，就在克龙贝格的公司总部附近，与陶努斯（Taunus）森林相接。在此，他计划为他在博朗的朋友与同事建造一片住宅区。坐落于瑞士伯尔尼附近的哈伦定居点（Halen Estate）曾给拉姆斯留下了极其深刻的印象。它由五人工作室（Atelier 5）[2]于1955—1961年间设计，配有自己的加油站与公共游泳池，虽然建筑布局密度很大，然而亦不失私密性。拉姆斯向埃尔温提议，由自己设计一处与它类似的住宅区，而埃尔温对此表现出极大的热情。乌尔姆设计学院与阿佩尔建筑师事务所（拉姆斯先前就职的公司）也提交了设计方案，不过最后此项目还是委托给了拉姆斯，这也是他的首个正式建筑项目：此方案包含有多处公共设施，包括地下停车场、中央供暖系统以及休闲空间。

然而，建筑师拉姆斯并不像工业设计师拉姆斯那样幸运。虽然他已经完成了最初

1 Hans Wichmann, *Mut zum Aufbruch: Erwin Braun*, 1921–1992 (Munich, 1998), 99.

2 1955年由5位建筑师在瑞士伯尔尼成立的建筑师事务所。他们分别是埃尔温·弗里齐（Erwin Fritz）、萨穆埃尔·格贝尔（Samuel Gerber）、罗尔夫·黑斯特贝格（Rolf Hesterberg）、汉斯·霍斯泰特勒（Hans Hostettler）和阿尔弗雷多·皮尼（Alfredo Pini）。其中四人都曾在汉斯·布雷希比勒（Hans Brechbühler）的事务所工作过，而后者曾在20世纪30年代跟随柯布西耶工作。——译者注

的方案，但是在博朗兄弟交卸了公司的所有权后，此项目便搁置了。一家私人投资公司随后接手了这个项目，将详细规划交给了他们自己的建筑师，尽管拉姆斯的一些设计还有迹可循，但是改动依然非常大。为了不完全失去自己的设计理念，拉姆斯在这个地方购买了两处相邻的地块，开始按自己的设计建造自己的房子，他先前的邻居西彭科滕一家则买下了他隔壁的地块[3]。

P.144 拉姆斯在克龙贝格的自宅是他唯一重要的已实现的建筑项目[←]。这幢双层 L 形别墅竣工于 1971 年，其入口与街道在同一水平面，其后整个建筑沿着向下的坡地布置。P.145 住宅的两翼部分地围合成一处日式庭院[←]，从两层都能进入其中。为了最大限度地实现室内与室外的交流和互动，住宅上层的墙面几乎全部由落地玻璃组成，并配以巨大的推拉门。住宅的庭院不会被任何其他建筑俯瞰，这种私密性使它成了夏季的户外起居室。这幢平顶的白色住宅紧密地镶嵌入庭院景观之中。从某种程度上来说，拉姆斯的建筑几乎不可见，引人注目的并非房子本身，而是它所容纳的空间。

到访者需沿着山顶的一条私人小道行走才能抵达这幢房子，乍看之下它似乎没有窗户。它的前门（事实上连同整幢房子）几乎都被精心打理的高大灌木所隐藏。通过一扇小门，沿着青苔覆盖的小路便到达了黑色的正门。这样进入住宅的方式与接下来的景致将会形成巨大反差：人们经过紧凑的门厅，便能直接进入开放式的厨房与主起P.147 居室[←]，在这里，所有墙面都漆成了白色，并且有着充足的光线。由于它的后墙几乎满是玻璃，这紧凑却又十分开阔的室内空间显得比入口大了很多。天花板则相对较低，建筑随着山势向下流动，融入了错层式庭院花园，这平衡了这幢棱角分明的建筑醒目P.149 的水平线条。主卧和浴室则隐藏在通向地面层主要空间的几扇门后。[←]

正如人们所期望的那样，整个室内空间的装潢设计非常精确，且极其注重细节。拉姆斯自己的维索家具当然是其中的主角。虽然还是有几件其他的家具，如索耐特餐椅，然而除此之外的一切，甚至是门的装配都有很明显的拉姆斯印记。所有的装饰都没有丝毫轻浮的成分。事实上，这栋住宅在尽可能地不做装饰。多亏了大面积的观景玻璃窗，来自庭院植被的有机的柔和感、花纹、色彩和质地融入了家宅空间之中，使其成了一个极具魅力的空间。室内的盆栽与墙上大量的艺术品进一步模糊了室内与室外的界限。这些艺术品包括他的摄影师妻子英格博格拍摄的黑白照片，德国艺术家 A. R. 彭克（A. R. Penck）、荷兰的“无为团体”（Nul Gruppe）的联合创始人扬·斯洪霍芬（Jan Schoonhoven）等艺术家的作品。书架上的一个银色小相框里有一张快照，展现了迪特与英格博格共同度过的众多滑雪假期之一，这是屋里少数透露出个人信息的物品之一，从中能窥见拉姆斯在设计之外的私人生活。甚至连深色边框的南向

3 自 20 世纪 90 年代中期开始，布里特·西彭科滕成了拉姆斯在商业上的顾问兼经纪人。

窗户的垂直百叶遮阳织布，也令人想起拉姆斯早期设计的木饰面搭配金属材质的音响设备的通风口。

P.151

拉姆斯的办公室与工坊位于房屋的下两层。[一] 这里冷调的白色室内塞满了拉姆斯的产品与原型，包括一套 606 万用置物柜系统，它由各代的组件拼合而成。许多物品摆放在楼下拉姆斯的 570 书桌上或分散放置在房间里，与其说它们是装饰品，不如说是灵感来源。这其中包括一部 iPhone 手机与一台笔记本电脑（它们都未被使用过）、一套制作精美的日本盒子、一把曾经属于他的祖父或外祖父的老式计算尺，以及一些座椅还有许多博朗打火机与烟灰缸的概念模型。一面墙上装着一套拉姆斯早期的标志性银色外壳音响系统——它使用的是卷对卷卡带播放器，而不是 CD 播放器，从而暴露了它的年代。显然，这幢房子属于一个生活与工作合为一体的人。这里的地形、比例、家具与配件，所有的一切都属于拉姆斯。但无论如何，它仍是一处舒适的居住与工作空间。当人们在展示区观看那些单独展示出来的拉姆斯的作品时，大多数人都会觉得它们似乎阳刚有力且稍略缺乏情感。然而在这里，在它们的“天然栖息地”中，它们有了意义，那便是拉姆斯所有设计作品之间的“家族”关系，以及它们那极具治愈性的色彩与造型。拉姆斯的自宅清楚地告诉我们他对连接界面的深入理解：不论是室内与室外、自然与科技、公共与私人，还是使用者与环境之间。

—— 迪特·拉姆斯讲他的自宅

我位于克龙贝格的住宅与陶努斯森林相邻，它属于我最初参与规划的一个集中住宅开发项目的一部分。这座住宅的建造与室内装修完全依照我自己的设计进行。自 1971 年起，我与我的妻子一直住在这里。毫无疑问，我们使用的是维索公司的家具系统。首先，因为我只会设计我想要拥有的家具；其次，通过日常的使用，我能了解它们，从而能更好地认识到如何改进与进一步研发它们。而遇到维索公司还未完成的家具项目时，我便从其他的制造商那里选择了一些有着相似设计出发点的家具，比如我选择索耐特 214 曲木椅作为餐椅，搭配维索 720 桌；以及使用弗里茨·汉森（Fritz Hansen）设计的凳子搭配位于厨房与起居室之间的早餐吧台。

在起居室中央，松散地摆放着一组 620 扶手椅，这是我自己设计的座椅景观。这片区域使用频率极高且热闹非凡，还能看到庭院的景色。在这里，我们坐在一起、相互交谈、招待朋友、看看电视，植物、书籍与照片增添了氛围。这些房间的构成代表了我的设计背后的基本理念：简洁、本质和开放。这些物件绝不张扬自己，不会反客为主，也不会过分节制而消隐在背景之中。它们的简约与低调创造了空间。这种秩序感并非限制，而是解放。这个世界正充斥着令人不安的节奏，带有破坏性的喧嚣且令人眼花缭乱，因此在我看来，设计肩负着这样的任务：它有必要是安静的，给人带来宁静感，让人们能够走进自己。而与此相反的立场是具有极强的刺激性的设计，它想引人注目，并且唤起强烈的情绪。对我而言这是非人道的，因为它自身增加了世界的混乱，迷惑、麻木我们，让我们无法迈开脚步。

如我在博朗的办公室一样，我能在家中调整自己的感官与敏感度。我经常在家里办公，在一间与起居室同样面向庭院的房间里。对我而言，我的工作并非完全是通常意义上的设计。它其实更多地涉及到沉思、阅读与交谈。设计首先是一个思考的过程。

在传统日式建筑中，居住空间的设计出发点与我的观念类似。那种空的美学包含了清晰而精确设计的地面、墙壁和天花板，还有精心搭配的材料与结构，这比欧洲的美学要精妙得多——后者关心的是华贵感、纹饰与浮夸的造型。

在设计这个相对较小的庭院时，我从日式园林那里受到了很多启发。它并不是某个园林的复制品，而是向日式园林的精髓致敬，它是将日式园林翻译到我们的时代、景观以及气候环境中的成果。我发现，设计庭院这项工作令人激动，它可以与对居室、家具系统以及家电的设计相媲美。庭院中的小型游泳池非常迷人，却又不奢侈，对我而言这更像是一种疗愈的需要。

作为一位 20 世纪后半叶的设计师，一位技术产品设计师，我也会从诸如传统日本建筑这样的设计文化中汲取灵感，并以完全尊重和认可的态度看待它们的成就，这或许有些出人意料。但如果漫长的设计史中没有任何启发过我或帮助我坚定信念的事物，那才会更令人惊讶。在我看来，许多当代设计师缺乏对历史的兴趣，这是一项弱点。

就像被古老的日本设计文化所吸引那样，我同样着迷于浪漫主义时期的建筑。位于莱茵高地区（Rheingau）、建于中世纪的埃伯巴赫修道院（Eberbach Monastery）是罗曼式建筑的一颗珍珠。它与我的出生地威斯巴登城相距不远。年轻的时候，我经常造访它。而另一座我认为最独特的建筑则是意大利普利亚大区（Apulia）的蒙特堡（Castel del Monte），这座八边形的 13 世纪城堡由霍亨斯陶芬王朝的皇帝腓特烈二世（Frederick II of Hohenstaufen）修建。前几年我了解到了震教（Shaker）[4] 的设计，它直接的设计方法、对设计耐心的完善以及对最佳方案充满敬意的思索，都深深打动了我。[5]

4 由安·李（Ann Lee）于 1774 年在美国成立。他们生产的家具风格朴素、造型粗犷却又充满实用性。——译者注

5 此文写于 1994 年并首次发表于 *Weniger aber Besser / Less But Better* (Hamburg, 1995)。新的英文版翻译由作者于 2009 年完成。

迪特·拉姆斯在自宅中，约 1973 年

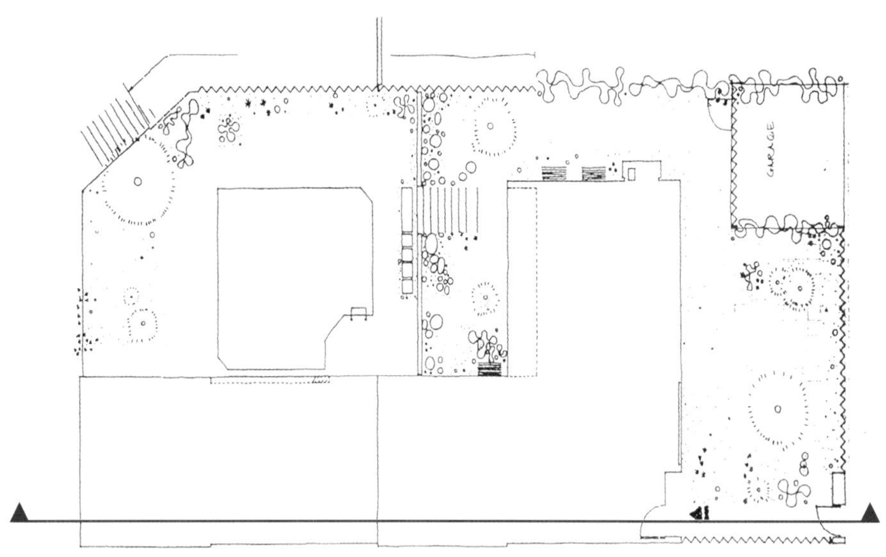

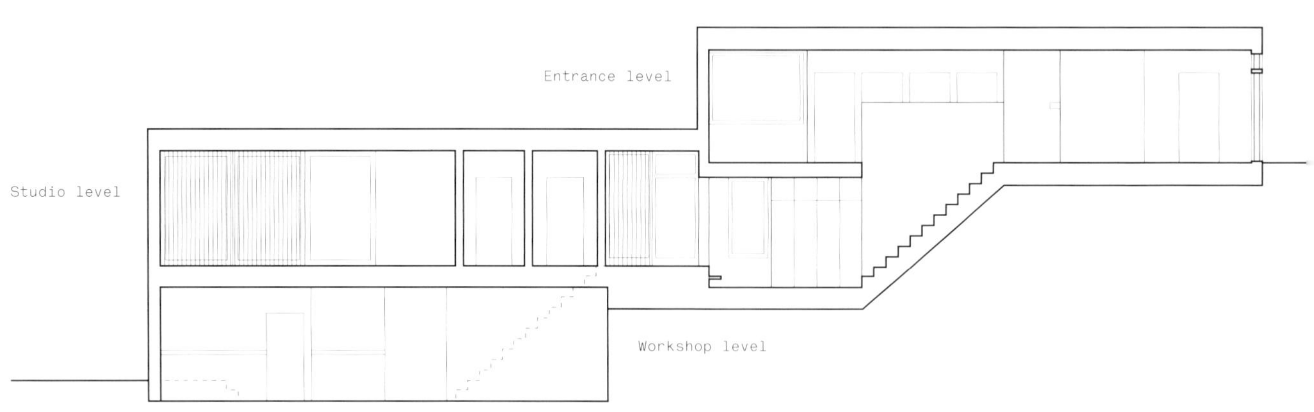

上图：总平面图

下图：剖面示意图，展示出入口层（上层）、工作室层（中层），以及工坊层（下层）

上图：从入口层看向庭院
下图：从庭院看向入口层

上图：拉姆斯自宅的顶层，从入口看向起居室
下图：从起居室看向入口与厨房

上图：在起居室看向 606 置物柜系统
下图：在起居室看向庭院

上图：拉姆斯自宅的中层，从楼梯平台看向通往入口层的上行楼梯
下图：从楼梯平台看向工作室

上图：看向工作室，可见通往工坊的下行楼梯
下图：工作室

上图：拉姆斯自宅的中层，从工作室看向庭院
下图：在工作室看向 606 置物柜系统

上图：拉姆斯自宅的底层，工坊
下图：工坊

以下照片均在拉姆斯自宅中拍摄：

153　迪特·拉姆斯坐在椅子上，椅子出自 620 座椅项目
154　博朗的宣传材料与 606 置物柜系统的图片
155　迪特·拉姆斯与 T 1000 收音机
156　迪特·拉姆斯与 T 2 打火机
157　迪特·拉姆斯与博朗的包装材料
158　迪特·拉姆斯与 TG 550 卷对卷磁带录音机和 TS 45 接收器
159　TG 550 卷对卷磁带录音机与 TS 45 接收器的细部
160　T 52 收音机的天线与操作钮
161　TP 1 唱片机兼收音机
162　T 3“多米诺”打火机
163　620 座椅的细部
164—165　绘图板的细部
166　迪特·拉姆斯的档案室
167　T 22 收音机
168　D 5 幻灯片放映机
169　电子闹钟数字的原型
170　工坊层
171　SK 4 唱片机
172—175　工坊内的产品原型与工具
176　博朗的标志，中央的“A”由一块磁铁构成。这是多年来拉姆斯的团队送给他的许多生日礼物中的一个。
177—181　工坊内的产品原型与工具
182　606 置物柜系统
182　扬声器
184　迪特·拉姆斯坐在 570 桌边

BRAUN

Was wäre Deutschland ohne Dieter Rams (Jahrgang '32). Er legte den Grundstein dafür, dass Design aus der Bundesrepublik heute weltweit geschätzt wird. Jahrzehntelang prägte er die Produkthandschrift des Elektrogeräte-Herstellers Braun. Bis heute sind seine Entwürfe legendär und bei Sammlern heiß begehrt. Für SDR+ entwickelte er u. a. das zeitlose Regalsystem '606' (o.).

„Gutes Design macht ein Produkt verständlich."

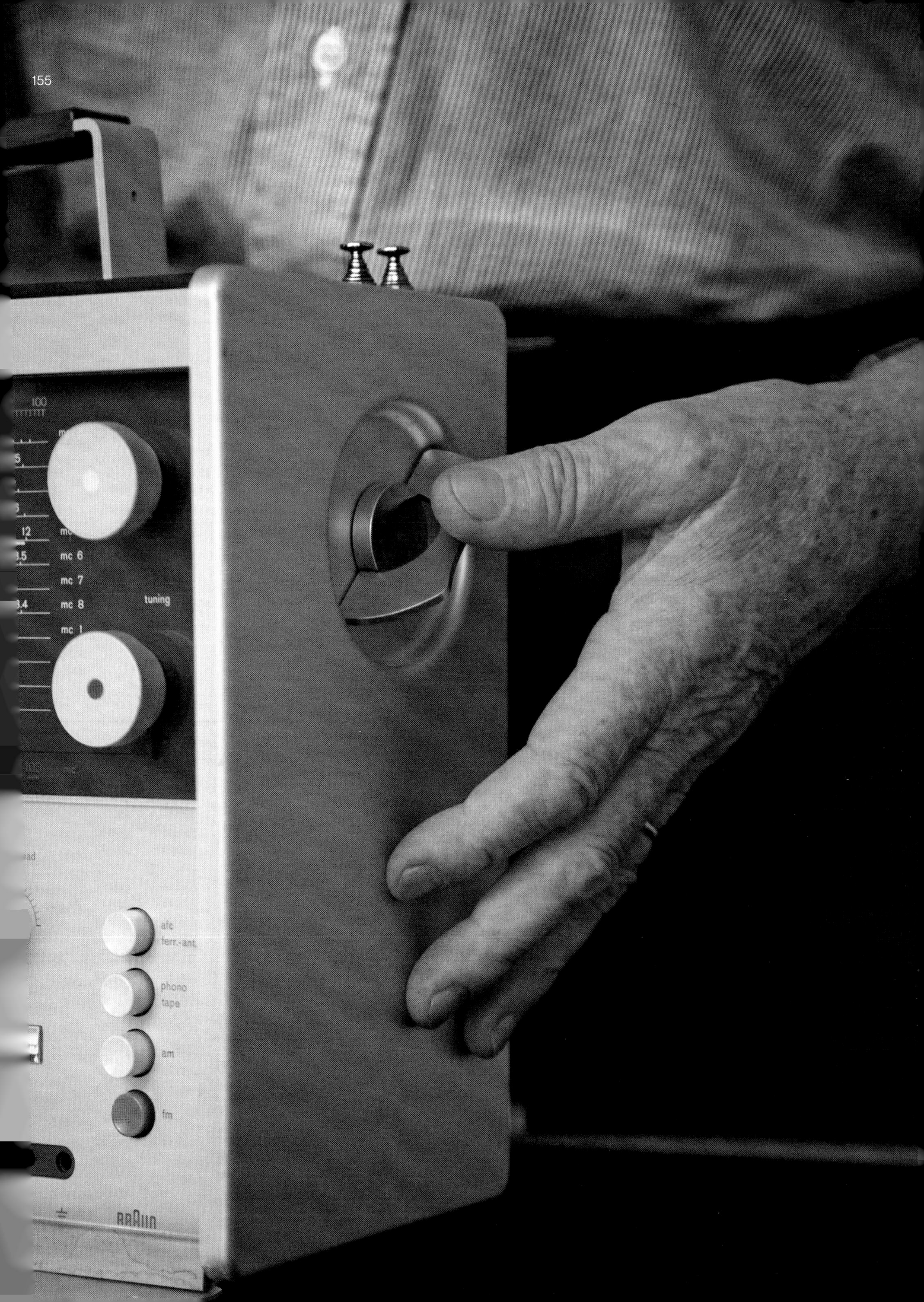
100
mc 6
mc 7
mc 8
mc 1
tuning
afc
ferr.-ant.
phono
tape
am
fm
BRAUN

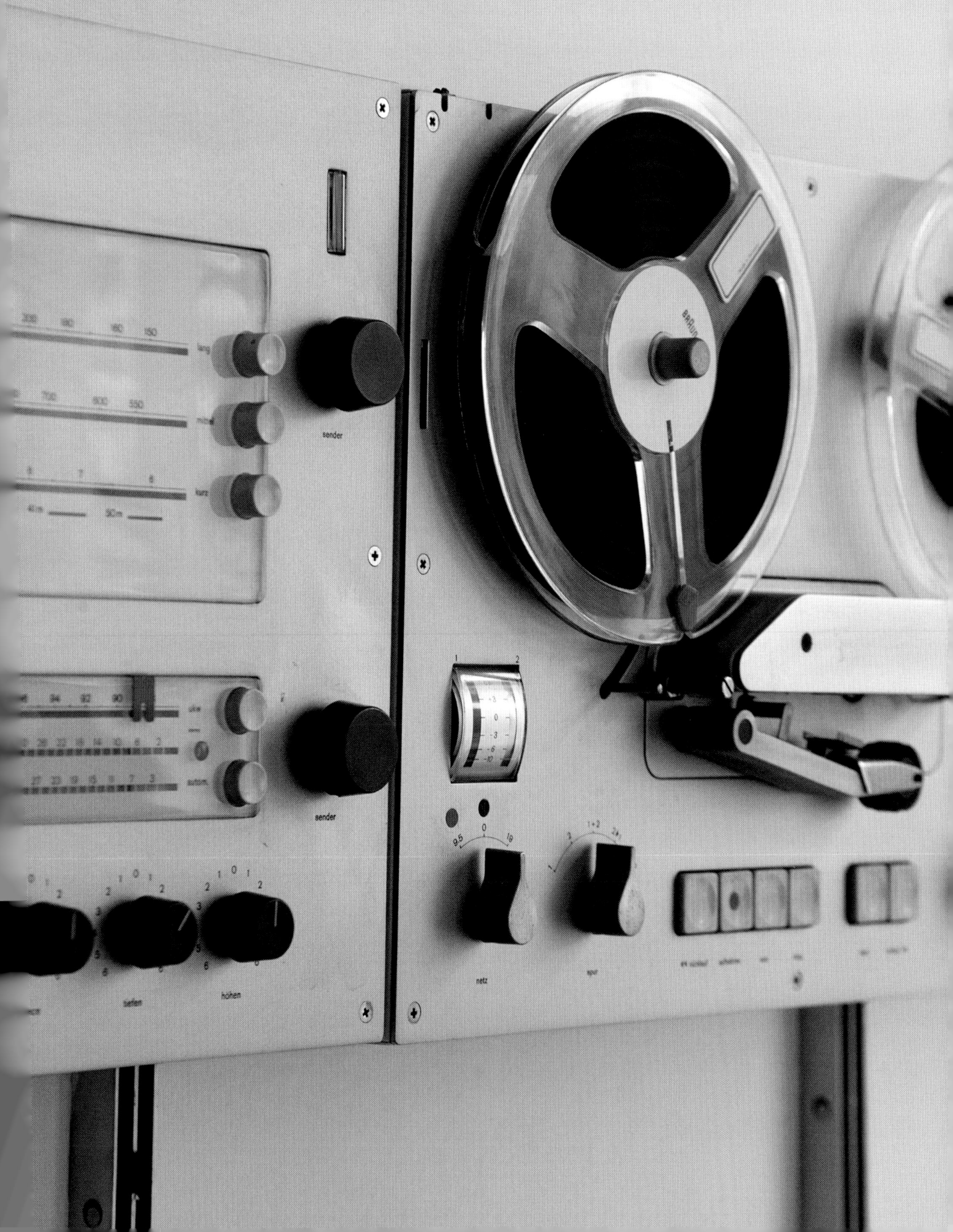
sender
sender
tiefen
höhen
netz
spur

BRAUN

Reinigung
Albert Wagner
Wiesbaden

Universal Sägeblatt für Handkreissägen und Kappsägen.
ANWENDUNG:
• Schneller und sauberer Schnitt.
• Gradfreie Kanten.
• Kein Verhaken, keine Nacharbeit.
Universal Sawblade for hand- and tablesaw machines.
APPLICATION:
• Metall, Wood, Wood with nails, Plastics, Aluminium.
• Quicker and finer cut..
• Cuts without hooks
• No hooks, no afterwork.

ROSI
3259265
KULL
995687
0034
7778
BEZUGSPERSON!

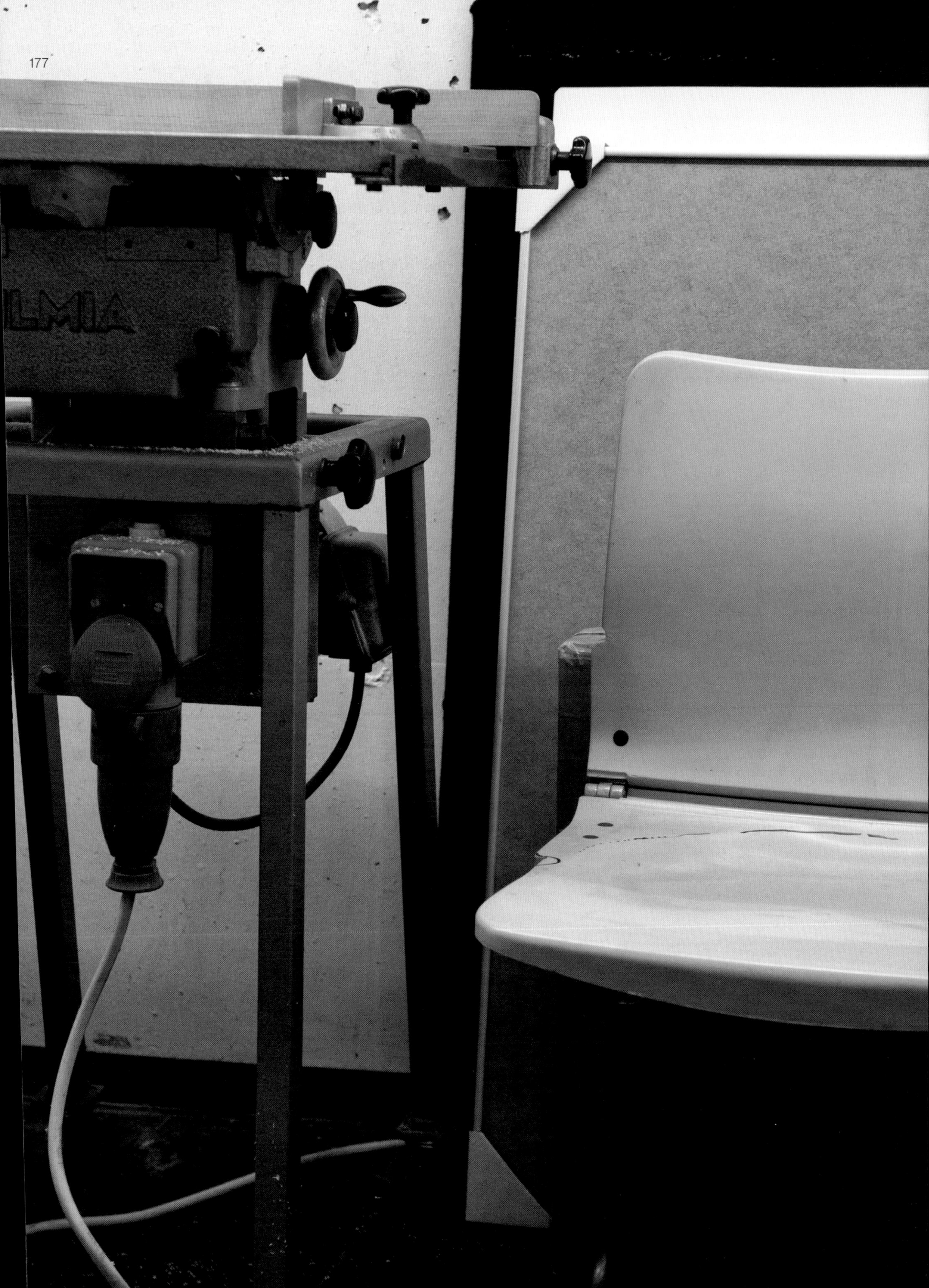

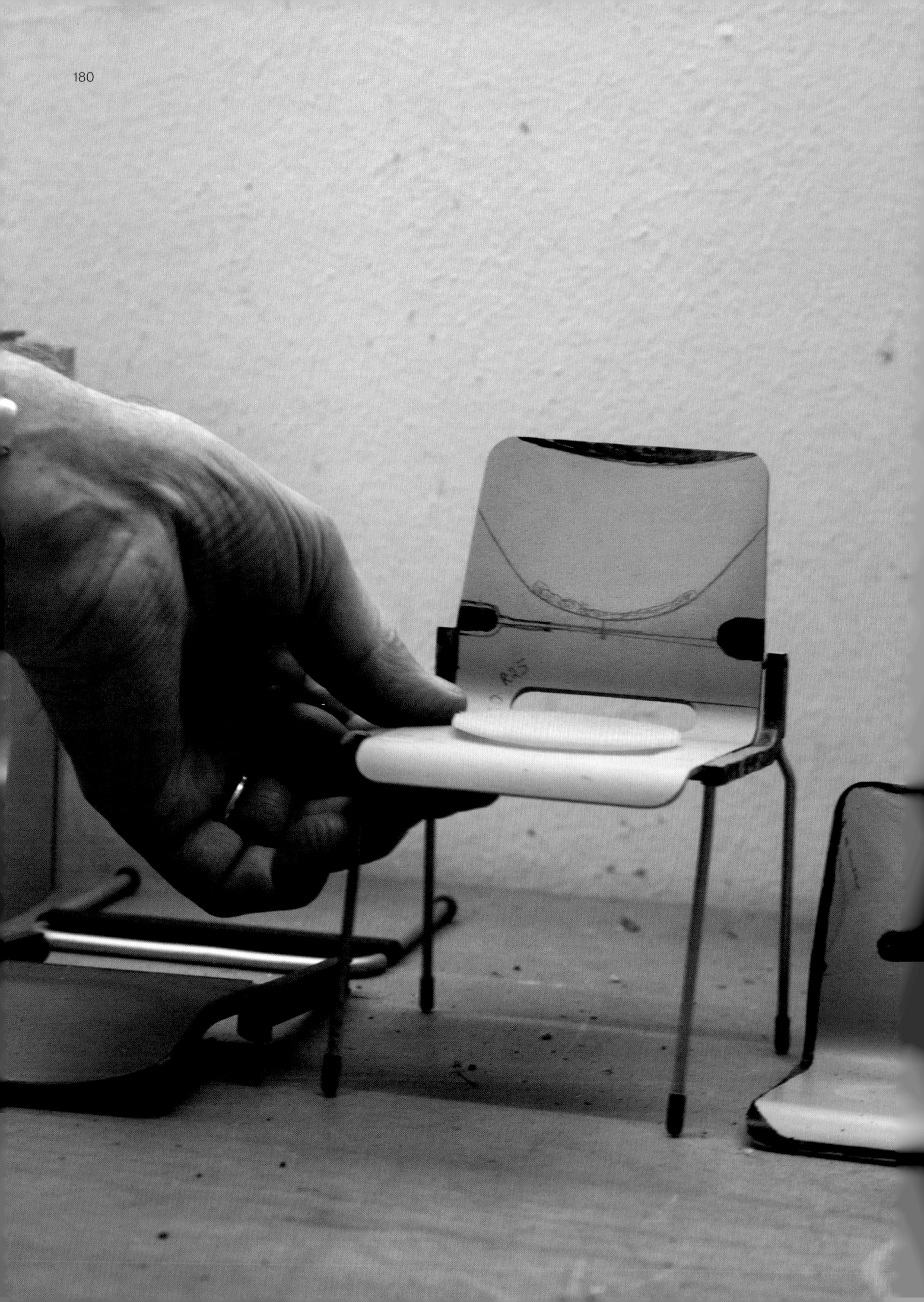

维索

迪特·拉姆斯在博朗初期的设计工作为他赢得了名声与世界范围内的知名度。他为公司设计的首批产品大获成功，并吸引了更广泛的国际赞誉，包括像纽约现代艺术博物馆这样的机构，此后，他完全可以选择一条许多设计师都十分向往的道路，通过在更广泛的领域内设计产品而在国际上获得巨大成功。然而，他却选择专注于家电领域，在法兰克福的博朗公司工作了超过 40 年，不断研发与改进他的作品，同时安然经历了公司内的每次变革。拉姆斯做出这项决定是基于三点要素：他自身坚定且极具条理的天性；他在公司内较高的地位让他能最大限度地依照自己的方式工作；而最重要的一点可能便是他同时兼任家具设计师，他任职的这家小型公司最初名叫维索 + 察普夫。

1957 年，一位名叫奥托·察普夫（Otto Zapf，1931—2018 年）的年轻物理系学生正在寻求改善其父亲在埃施博恩（位于法兰克福附近）经营的规模较小的家具制造产业。当时，SK 4 超级唱片机刚刚面市，它融合了收音机与唱片机的功能，同时博朗也公开宣布，拉姆斯（与汉斯·古格洛特一起）便是此产品的设计者。奥托·察普夫被这款别称为“白雪公主之棺”的唱片机所打动，决定去博朗拜访拉姆斯。拉姆斯回忆道，当时察普夫手臂下夹着一本家具产品集出现在他面前，里面的家具由建筑师罗尔夫·施密特（Rolf Schmidt）设计。察普夫打开产品集，问拉姆斯对此的看法。拉姆斯说，首先，这些原型照片的质量很差，并表示愿意和马莱娜·施内勒（Marlene Schnelle）过来重新来拍摄，后者是拉姆斯的好友，时任博朗的常驻摄影师。[1]第二次见面时，察普夫询问拉姆斯可否考虑为他设计一些家具，拉姆斯同意了。这并不是一步出人意料的棋，毕竟拉姆斯本身就是室内设计师出身，并且他在博朗的最初工作也
P.54
是为公司设计室内空间。事实上，在他为博朗画的一些早期草图中[←]，他便将诺尔国际家具公司的家具与他自己设计的收纳置物系统结合，来展示博朗的新产品。这时，博朗已经与诺尔公司发展出了牢固的合作关系（这得益于拉姆斯将他在诺尔公司工作的一位朋友介绍给了埃尔温·博朗）。同时，博朗也设计了一些展厅，将自己的新产品与其他当代家具结合在一起，以向顾客展示“现代”的生活方式。故而在当时，家具已经在拉姆斯的设计思维中占据了相当大的分量。

埃尔温·博朗与他的团队认为，将博朗的产品放置于相宜的室内之中，是公司营销策略的一个重要方面。确实，博朗的新家电产品 1955 年在杜塞尔多夫的首次亮相便轰动一时，这在一定程度上应归功于博朗选择将产品陈列在 D 55 展位中，这款极具创新性的模块化展位由奥托·艾舍与汉斯·G. 康拉德共同设计。它能将空间轻盈地划分为功能多样且灵活可变的各个部分，这种状态足够中性以充分展示出产品的优点，

1 迪特·拉姆斯，与作者的对话（2009 年 7 月）。

同时，此展位的设计受到了前包豪斯建筑师密斯·凡德罗对比例的使用的启发，令人想起密斯曾设计过的那些棱角分明、造型简洁的展馆。这个展位搭配了由古格洛特设计、由苏黎世住房需求公司生产的家具，同时也有来自诺尔国际公司的家具，这家公司在当时也获得了生产密斯设计的家具的授权——那时正值密斯在美国的事业顶峰期。博朗的策略——将自己的产品与从家具到建筑各个领域的创新的现代设计相结合——是当时趋势的一部分，这种趋势指向参照了战前现代主义案例的更大范围的设计。在这个新的专业领域中，设计师与建筑师的委托项目与日俱增，人们对创造生活元素和日用器具的兴趣也不断增长，它们并不严格局限于某个既存的领域中，而是属于提供了新的、更为灵活的生活方式的完整环境。

出乎迪特·拉姆斯意料的是，当他于 1957 年去找他的老板埃尔温·博朗，请求他允许自己在博朗的工作之外为察普夫设计家具时，埃尔温竟然立即同意了。“当时，在一家公司任职的同时，又在外为别人工作的情况并不常见，”拉姆斯这样回忆道[2]，“然而埃尔温·博朗认为这是一个好想法。他当时说的话今天犹在我耳边回响：‘就让拉姆斯去设计家具吧，这对我们的收音机有好处。’”然而在公司内部，一些同事与技术人员对此依然有些许抵触情绪。“他（埃尔温）是唯一跳出框架思考的人，并且预见到了这只会有益而无害。没有他的支持，我绝不可能这样做。”拉姆斯如是说。埃尔温当时已坚定地认同现代生活与设计的一体化。或许他还认识到，允许这位有价值的年轻设计师在公司外拥有一项“爱好”，恰恰能有助于将他长期留在博朗。

系统化家具

迪特·拉姆斯为察普夫做的第一款设计不是一件家具，而是一个系统，即被称为
P.206 “蒙太奇系统”（组装系统）的 RZ 57[←]。它由一些量产的组件构成，能以各种各样的方式组合在一起，在各种场合下依照定制要求组装出家具景观——这显然是如今我们熟知的那种扁平包装的、可自行装配的定制厨房与模块化家具的原型。这是一套外观略显平淡无奇，但可以极其灵活自由组合的储物柜与橱柜系统，其侧板选用带孔的阳极氧化铝板，配以白色榉木面板，并且以 57 厘米或 114 厘米为模数设计。它的柜门有铰链式及推拉式可供选用。RZ 57 为起居室、卧室、餐厅与办公室而设计。它的每个独立模块均不区分左右、前后与上下，故而此储物系统能以各种方式装配，或是靠墙布置，或是独立布置。为了达到这种极高的自由度，所有组件的制造工艺必须具有

2 迪特·拉姆斯，作者所做的一次采访（2008 年 10 月）。

极高的精度和质量。

拉姆斯想设计出拥有“多种功能及辅助功能”的“实用性”家具。[3]他设计的这套系统的多功能性，让使用者可以依照自己的意愿组合及重组各个组件，这样创造出来的居住环境能适应不断变化的生活方式。他的目标之一是将制造过程中的手工程序尽可能削减，这样整个系统便能保持平价。他甚至考虑到，当系统的各个部件在制造商与顾客之间流转时，应尽可能地降低它们的储存与运输成本。最后，拉姆斯还坚信，这套家具内敛的气质与中性的外观，可以将使用者从家具主导的环境中解放出来，让他们能自由地表达自我。“我的目标是刨去所有多余的元素，以突出最核心的那些。然后，形式就会变得平和、易于理解且耐用。”[4]他这样说。因而，他希望以这套高度标准化的系统为例，向世人展示出多功能、低价格且惠及大众的定制化家具的可能性。

拉姆斯在家具设计中的策略自然反映出了他在博朗的设计方式，以及博朗内部的设计大环境。另外值得注意的是，拉姆斯在设计这款 RZ 57 时，还特地考虑了他设计的博朗产品。只要加装上额外的金属侧板，这款家具系统便能收纳他同时期设计的“工作室”系列收音机。而且 RZ 57 与“工作室”系列产品（包括早期的 SK 4 系列产品）在美学上也存在着关联。这些相似性并非为了讨好他的雇主，而是他因坚持综合性的室内设计体系自然而然产生的结果：这是一套标准化的系统，它可以为每一个人提供适用的模块化家具和家电，它保证了生活水平与品质上的平等性，同时还允许个性化的存在，这是一种和而不同的境界。

这种家具系统的概念源自战前的德国现代主义。尤其是 1925—1930 年实行的“新法兰克福”（New Frankfurt）住房项目，它给迪特·拉姆斯的家乡带来了巨大的影响。在建筑师恩斯特·梅（Ernst May）的指导下，市议会新建了约 12000 个公寓，以解决 20 世纪 20 年代当地的住房短缺问题。为了降低成本，这些住房使用预制构件建造，配备了有史以来最早的装配式厨房，即由奥地利建筑师玛格丽特·许特-利霍茨基（Margarete Schütte-Lihotzky）设计的“法兰克福厨房”（Frankfurter Küche）。除此之外，住房还配有费迪南德·克拉默（Ferdinand Kramer）设计的标准化家具元件，它们都在城市内的工坊制造。此计划的目的在于为低收入人群提供一个完整的居住空间，它有吸引力，同时还具备功能性，实现了对空间的最优使用。

不过直到第二次世界大战结束之后，系统化的家庭与办公家具这一现代概念才真

3 Dieter Rams, 'Zurück zum Einfachen, zum Puren' ('Back to the Simple, the Pure'), interview with Gina Angress and Inez Franksen, *Work + Zeit*, no. 4/79, reprinted in François Burkhardt and Inez Franksen, eds., *Design: Dieter Rams &* (English edition, Berlin, 1981), 205 (207 in the German edition).

4 同上，206（德文版是 208 页）。

正在世界范围内传播开来。1950 年，汉斯·古格洛特在马克斯·比尔（Max Bill）的事务所工作时，为苏黎世住房需求公司设计了一款名为 M 125 的家具系统。它以 12 毫米为模数，并以模数的倍数关系拓展为储物架、储物柜以及室内隔断。1956 年，M 125 的改进版本在德国的威廉·博芬格公司（Wilhelm Bofinger）投入工业化生产，并一直持续生产到 1988 年。[5] 后来，古格洛特在 1953 年开始担任乌尔姆设计学院开设的产品设计教学课程的负责人，进一步拓展与阐述了他的系统化家具概念，当然在他与博朗的接触中亦是如此。

同时在美国，赫曼米勒公司（Hermann Miller）于 1951 年推出了由查尔斯和蕾·伊姆斯（Charles and Ray Eames）设计的伊姆斯储物单元（Eames Storage Units）。据产品所附的手册介绍，他们设计的这个储物系统“对基本的家具需求做出了一个直截了当的回答”。这套系统拥有两种宽度与三种高度，而且还囊括了一套桌面系统。然而，相较于欧洲的同行，此系统在外观上有很强的装饰性，色彩缤纷，并且送至顾客手中时已经装配完毕。

维索 + 察普夫

在设计 RZ 57 时，迪特·拉姆斯很快便意识到，奥托·察普夫的父亲的工坊不具备制造这样的一个家具系统的生产条件。他们在那里制作了很多原型，然而设计上的可能性却十分受限。另一方面，察普夫仍在学习物理学，不过同时他抽出时间拓展他在平面设计、建筑与家具领域的人脉。在 1958 年的科隆家具展上，他遇到了丹麦家P.214具销售商与企业家尼尔斯·维泽·维索（Niels Wiese Vitsœ，1913—1995 年）[←]，他当时在德国销售广受追捧且高品质的丹麦当代家具，并在行业里有着一定的影响力与很好的人脉。察普夫向维索介绍了拉姆斯以及其系统化家具的概念。这场会面为这门萌芽中的生意开启了“全新的维度”，拉姆斯如此回忆道。维索和德国当地的众多生产商与经销商的联系立即将系统化家具的概念变成了一项能够产生经济效益的生意。终于，各个组件可以使用多种材料，按所需加工精度进行制造，除此之外，产出的家具还找到了向大众销售的渠道。

维索一直在寻找机会，在他在过去的 20 年间为之工作的那些丹麦的家具公司之外建立起他自己在德国市场的事业。1959 年，他与迪特·拉姆斯还有奥托·察普夫合作，成立了维索 + 察普夫公司，该公司的唯一目标就是实现并生产迪特·拉姆斯的

[5] Guus Gugelot, ed., *gugelot.de* <www.gugelot.de>.

家具设计。察普夫放弃了自己的学业，全身心投入到该产业的技术研发中，而维索负责销售。维索 + 察普夫公司生产的首款家具便是 RZ 57 家具系统（后来被称为 P.206 571/72 系统）[6][←]，它在随后的几年中得到了拓展与升级，直到几乎发展成一套完整的室内设计。最终版本的系统包含 13 种不同的高度、两种宽度与三种深度，以及两个不同的版本：571 型号选用浅灰色喷漆面板模块，侧板与搁板有着简约的结构设计；572 型号的侧板与搁板选用山毛榉木贴面，门板与底板可选配浅灰色或亚光黑两种颜色。此系统的可选配置包括一套桌子系统、地板单元，以及（坐卧两用的）沙发。桌子采用了方形铝制桌腿，它的双层桌面使它上面可以用于工作，下面用于储物。

— RZ 60/606 万用置物柜系统

RZ 57 面市一年后，迪特 · 拉姆斯设计出了 RZ 60 墙面置物柜系统，它的主要支 P.194 撑结构是截面呈 E 形的铝制 E 形型材[←]，这种型材也被用作 RZ 57 橱柜移门的滑槽。此型材采用挤压成型法，可以制成任何长度，安装时可以用螺丝垂直地固定在墙面上，这样搁板便能挂在成对的轨道之间的各种高度上。得益于整根轨道上打好的孔洞，轨 P.201 道的两侧都可以用销钉固定搁板[←]。整套系统无比朴素、轻巧且内敛，与 RZ 57 类似，它也依靠一系列数量相对较少的、制造精密的重复组件。此系统同样具有高度的 P.204 灵活性[←]，并且能适应众多的室内场景。

P.202 1970 年，RZ 60 被重命名为 606 万用置物柜系统[←]。拉姆斯设计了一款独立式的版本，在墙与天花板，或是地面与天花板之间使用铝制立柱撑紧。除了搁板，拉姆斯还为该系统添加了一系列的构件，包括带有移门或下开式折叠门的柜体、书桌和桌面模块、黑胶唱片架，以及放置博朗“音频 2”系列立体声系统组件（包括扬声器）的托架。搁板与柜体使用粉末涂层钢或漆木制成，并且可以使用米色、黑色或山毛榉贴面的胶合板。到了 1980 年，维索的产品目录中列出了 606 系统的 150 多种不同的布置方式，自问世以来，此系统已赢得了无数奖项，并被众多博物馆纳入收藏。它也成了该公司的畅销产品，并且是所有产品的基石。

在拉姆斯设计的所有产品中，606 万用置物柜系统或许是他贯彻自己的“好设

6 与博朗的产品不同，拉姆斯设计的家具系统的命名方式相对容易理解，也符合其设计所追求的匿名性。直至 1969 年奥托 · 察普夫离开公司，所有产品都以前缀“RZ”命名，其后的数字则代表设计的年份。例如，“RZ 57”便代表“拉姆斯 察普夫 1957”（Rams Zapf 1957）。而具体的型号则用额外的数字表示，如“RZ 571/72”。1969 年之后，RZ 的前缀被取消，所有数字后加上一位 0，故而“RZ 57”便成了“570”。

计”原则而设计出的最为成功的一款。在它问世 50 余年后的今天，此系统仍然在生产。它与众不同，却又低调内敛，一旦搁板与柜体都被放满，它凭借着纤细的轮廓便能悄然地与背景融为一体。它的简朴使之具有一种永恒的品质，从而超越了变幻莫测的时尚潮流，这是拉姆斯独一无二的作品。它的设计在尽可能简单地优化功能的同时，还考虑了尽可能多地适用于不同的使用场景，此外，它仍具备升级与改动的可能性，而不会被淘汰：所有后期的调整与新增模块都可以融入最初的结构与尺寸之中。因此，如果某位顾客在 1967 年购买了一套置物模块，那么不论在 1977 年还是 2007 年，这位顾客都能够继续增加一个橱柜、一块搁板或者一个桌面模块，甚至再增加更多的隔板来扩展整个系统。而且此系统还非常易于理解与组装。

“追随潮流的物件无法长期存在。”拉姆斯曾于 2007 年这样说道，“我们根本无法再承受这种用之即弃的思维方式。好的设计必须拥有内在的持久性。我在生活中使用着几乎所有由我设计的家具，从它们最初生产出来就开始使用，直到现在这些家具都依旧完好。比如 606 万用置物柜系统，它现在依然在生产，而其设计在过去的 40 多年间几乎没有改变，除了一些小的细节，如隔板的边缘的倒角，在新的金属折弯工艺出现后，我们立即改进了它。我认为，我设计的家具经久耐用的秘密就在于它们的简洁与内敛。家具不应该占据主导，它们应当安静、怡人、可被理解且经久耐用。”[7]

— RZ 60/601/602 座椅项目

P. 210 作为 RZ 60 项目的补充，拉姆斯设计了他的第一款椅子[←]（之后被称作 601/602），它与查尔斯和蕾 · 伊姆斯于 1959 年设计的铝制办公椅有相似之处。不过，与伊姆斯夫妇设计的椅子不同，它拥有多种变体，这为它增添了些许系统化的气质。它体型小巧，两个组件由一个铸铝的双腿底座以及符合人体工学的聚酯树脂壳体构成，壳体上面可以装上包裹皮面[8]或布面的软垫，软垫可选用光滑或者有横纹的表面。RZ 60 座椅项目还配有头枕作为扩展配件，用户可以选择是否搭配带有软垫的头枕，另外，此项目还包含了一款配件，可以作为脚凳或者是边几，这取决于它的表面是选用了软垫还是普通的漆面树脂。

7 迪特 · 拉姆斯，与作者的对话（2007 年 8 月）。

8 在拉姆斯设计的座椅中，几乎所有软垫都选择使用黑色或褐色的皮面包覆，不过顾客仍可以定制使用布面包覆，甚至可以从不同供应商处挑选带图案纹样的布料。

— RZ 61/610 门厅搁架

P.211 1961 年，拉姆斯设计了一款门厅搁架系统[←]，它适用于门厅、浴室、厨房以及办公室。它的主要部件是一块 40 厘米 ×80 厘米的灰色穿孔钢板，边缘折弯，表面喷有粉末涂层。它被设计为能以各种组合方式挂在墙上，相互之间保留 15 毫米的缝隙。穿孔可以挂载各式配件，包括钩子、衣架、伞架以及小型搁板，同时还能保证通风，让湿衣物与雨伞更快干燥。自 1970 年起，这款门厅搁架系统还有亚光黑色与铝制可供选择，并更名为 610 墙面挂板系统（Garderobenprogramm）。与 606 万用置物柜系统一样，这款产品具有跨越时间的功能性美学。

— RZ 62/620 休闲椅项目

P.212 1962 年成型的这个精妙的休闲椅项目[←]是拉姆斯在这段高产的创作时期中完成的另一佳作。值得注意的是，这段时期他不仅接连不断地构思出一个个家具系统（包括它们各自的组件），同时还为博朗设计了众多电视机、收音机、高保真系统以及其他家电产品。他在这段时期的创造力是非凡的。

RZ 62 系统（后来被称作 620 系统）包含有扶手椅、休闲椅、沙发、座椅组合、坐凳、储物盒、咖啡桌，以及介于这些产品之间的各种变体。此系统的每件产品都是极具吸引力的独立家具，同时仍然属于同一个系统，并且看起来不像是那种会议中心或者是机场休息室会用的家具。它有趣地结合了清教徒般的克制与奢华的舒适性，这是此系列设计最引人注目的特点之一。

这个休闲椅的主体部分是一个尺寸为 66 厘米见方的带弹簧的实木框架。在原型产品中，它的靠背与侧板选用喷漆金属壳体制成，不过此产品最终于 1964 年投入生产时选用的是轻型玻璃钢。此椅有灰白色与黑色可选，柔软的垫子使用皮革或布料包覆，使用一段时间后，它们会略微产生褶皱，这赋予了休闲椅一种温馨舒适的气息，并且柔化了它颇为严谨的造型。其他座椅组件可以拼合在一起，组成一套多座沙发，靠背还分为不同高低的款式。休闲椅的主体可以安装在旋转底座、脚轮或椅腿上。各个组件都可以拆卸下来进行清洁，并且一旦损坏还能及时更换。与该系统配套的 621
P.221 可嵌套咖啡桌[←]则采用注塑成型的泡沫聚苯乙烯制成。

与 606 万用置物柜系统一样，620 扶手椅也是维索 + 察普夫公司的畅销产品。在 1964—1975 年，公司生产并销售了 20000 件标准皮面软垫椅，每件定价高达

606 系统，铝制 E 形型材的细部

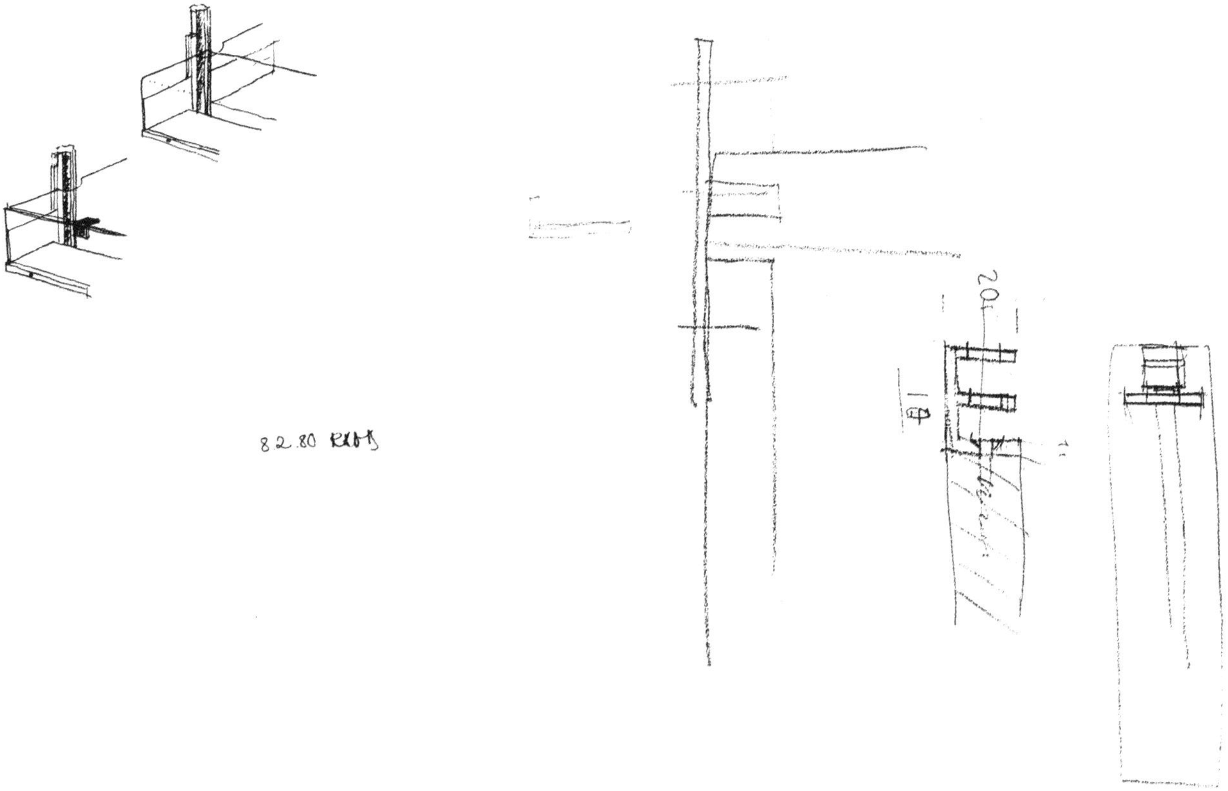

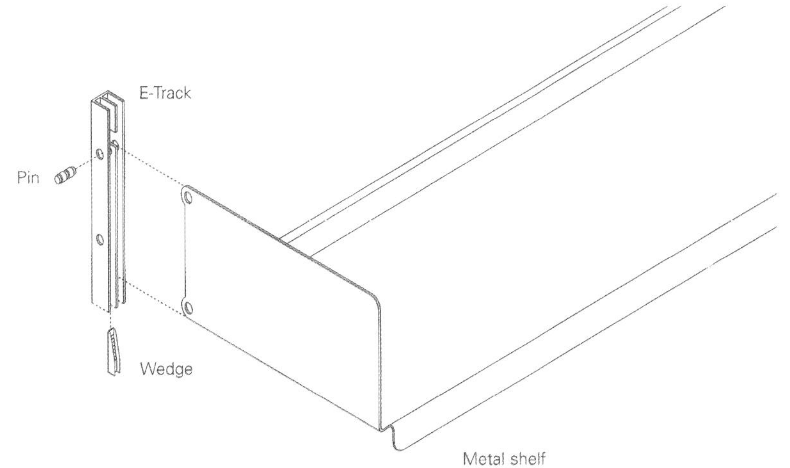

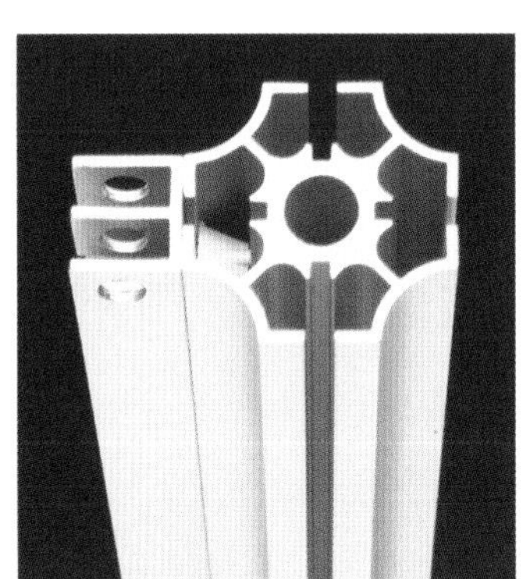

606 系统，铝制 E 形型材的设计草图和图纸

2194.50 德国马克。[9] 然而，此产品的成功招致了市面上仿制产品的出现，公司花费了 6 年时间，与另一家无授权便开始生产 620 系统的公司争夺此椅的版权。德国联邦法院于 1973 年最终判决承认，拉姆斯的 620 系统作为典型“实用艺术品”，享有“艺术版权”——甚至在今日，也仅有极少数的设计产品拥有这一法律地位。它迅速成了设计经典之作，至今仍在生产。它为许多现代室内陈设增色不少，其中包括两德统一之后位于柏林的联邦总理的办公室（建成于 2001 年）。

20 世纪 60 年代，拉姆斯还为维索 + 察普夫公司设计了各式其他产品，包括餐
P.215 椅 / 会议椅项目（622 系列）[←]，它在风格上与 601 系列相似，然而没有后者那么优雅；还有一款为小空间打造的紧凑型折叠门系统（690 系列）。他还设计了一款相当
P.214 时髦的沙发床，即 680 系列 [←]，它巧妙地回收了产品包装用的发泡聚苯乙烯，将其作为沙发床的保温垫的部分填充物。只需加装软垫靠背，此沙发床便能转化为沙发，再和多个座椅单元组合在一起便可构成一片休息区。

所有这些产品都在奥托 · 察普夫位于埃施博恩的展示厅以及德国各地多家经销商处出售。虽然与博朗那样的国际公司相比，他们的产品销量并没有那么多，然而公司的利基市场与博朗的高保真产品的市场类似，主要吸引了对建筑和设计感兴趣的富裕人群，同时，评论界对维索 + 察普夫公司的产品一直保持极大的兴趣。1964 年，601/602 扶手椅项目与 606 万用置物柜系统一同入选“第三届卡塞尔文献展”（Documenta III）的工业设计展览。1966 年，620 项目被授予“罗森泰工作室奖”（Rosenthal Studio Prize），而 1967 年，维索 + 察普夫公司的平面设计师沃尔夫冈 · 施
P.219 密特因其创建的维索 + 察普夫的企业形象 [←]，被授予“德国平面设计奖”（Graphic Design Deutschland）的最高荣誉。与博朗一样，在维索 + 察普夫公司内，包装、平面设计与装配指南被视作自身产品不可分割的一部分，并且这些必须反映出公司的定位，其企业形象的特征也是简洁清晰的线条以及低调、素净且有许多留白的外观。然而与博朗的产品相比，它还是更具趣味性一些。施密特对红色手形标志的使用，以及他强烈的版式风格，再配以他与拉姆斯的包装概念（比如产自 1962 年的 621
P.221 边桌 [←] 采用的包装），所有这些都极具实验性，且非常前卫。

— 维泽-维索公司

20 世纪 60 年代，迪特 · 拉姆斯与维索 + 察普夫公司因 606 与 620 系统而不断获得各类奖项。这两款产品还参加了许多展览，它们亮相于 1969 年的阿姆斯特丹市

9 'Einrichtungstip des Monats', *Bauwelt* magazine no. 32 (1975).

立博物馆及 1970 年的伦敦维多利亚和阿尔伯特博物馆的展览之中。这两个家具项目都在 1969 年第四届国际维也纳家具展会（4th International Wiener Möbelsalon）中赢得了金奖。1968 年，伦敦的英国皇家艺术学会（Royal Society of Arts）因拉姆斯在家用电器与家具设计中的开创性工作，授予他“荣誉皇家工业设计师”（Honorary Royal Designer for Industry）的头衔。

那是忙碌的十年。不过拉姆斯为他的平行世界挤出了时间：有时他会在博朗工作
P.224 了一整天之后，在晚上再去维索 + 察普夫公司[←]，或是偶尔在他自己设备齐全的工作坊里居家办公。他将自己的时间一分为二，一边在一家小型家族企业里担任唯一的设计师，另一边又在一家当时已是大型集团公司的团队内工作。他似乎很满意这种工作状态：“当然所有这些都很有压力，但是如果你能从中得到乐趣，那么你会很乐意接受艰辛的工作，这也是作为设计师的意义所在。”[10] 在一个工作环境里，他可以调动一整个团队的设计师与技术人员；在另一个工作环境里，尽管可以利用他在博朗获得的技术与材料经验，但是他基本上只能靠自己。“我必须事事亲为，”他说，“不过我非常乐于以这种方式工作，因为对我来说，设计和建造是紧密相连的。”[11] 然而在 1961 年，拉姆斯放弃了他在维索 + 察普夫公司的官方合伙人身份。他当时刚刚被任命为博朗的设计部总监，并且成了执行董事会的成员。有鉴于此，同时向两方效忠显然不太合适。不过，他依然与先前一样，可以十分自由地为维索 + 察普夫公司设计产品。

与此同时，尼尔斯·维索与奥托·察普夫之间的关系开始产生裂痕，很明显，这余下的两位合伙人对公司的发展方向持有不同的意见。1969 年，维索以约 100 万德国马克的价格收购了察普夫持有的公司股份，这在当时是极大一笔资金。公司的商标与产品的标签信息都移除了察普夫的名字，并且公司于 1970 年以“维泽-维索”这
P.226 个新名称在法兰克福的皇宫大街 10 号新开设了办公室与展厅[←]。曾是物理系学生的察普夫在之后成了一名极其成功的办公家具设计师，他为诺尔国际家具公司设计了著名的“察普夫办公系统”（Zapf Office System）以及“办公椅系列”（Office Chair Collection），还设计了“管理层办公室系列”（Management Office）后由维特拉公司（Vitra）生产。

维泽-维索公司的展厅位于一幢现代建筑的入口层。它有着铺设有白色地砖的地板以及白色的墙面与天花板，所有家具都选用迪特·拉姆斯设计的系统。这个开放式的空间包含一间办公室、休息区和一间酒吧，拉姆斯标志性的淡灰色基调在此主导了空间的色彩。这里的氛围能完美展现出拉姆斯家具的整体性：一切都互相关联且协同

[10] 迪特·拉姆斯，与作者的对话（2008 年 10 月）。

[11] 同上。

工作，并在这里聚集成一个大家庭；所有的单元组件都可灵活使用、搭配调整与扩展，同时又清晰地显现出了统一的设计手法。这个展厅变成了人们会面以及举办活动的场所，特别是在每年秋天在法兰克福举办的家具展会期间。在这些场合中，拉姆斯总是被催促着发布一些新的设计，这让他很是恼火。拉姆斯厌恶将家具当作时尚来看待，每一季度都要发售新品。他早在 1979 年便这样说过："整个家具产业都患有同一种疾病。'为每个人设计的产品'能帮助降低其中的风险。如今家具产业的设计师经常会沦为一台出产想法的机器。"[12]

拉姆斯与塑料

尽管拒绝迎合潮流，迪特 · 拉姆斯却醉心于实验与探索，特别是在新技术与新材料的应用方面。在 1969 年的一次采访中，他十分赞同材料的创新，但是却哀叹，在德国的家具产业里，加工处理新材料方面的技术和设备上的投资都非常少："在意大利有几个非常好的案例，特别是有关合成材料的控制……它们（这些材料）的加工成型方式令人难以置信。我推测他们在那边得到了更多的帮助，很可能是那些大型塑料原材料生产商在资金上提供了更多的支持。"[13]

拉姆斯一直以来都在与合成材料打交道，并且非常乐于在他的产品中寻找使用这些材料的新用法，例如 SK 4 唱片机的丙烯酸透明盖，以及在博朗电动剃须刀中创新性地将软塑料与硬塑料结合在一起，以提升抓握感。他尤其对通过使用合成材料在视觉与触觉上赋予产品精致的品质感兴趣。他与他的博朗团队其实已经做到了这一点，例如，他们为产品设计了亚光黑色的塑料外壳，它们的表面工艺出色，细节精致，并且将铝或钢等材质与塑料结合。然而，家具制造所涉及的实际操作尺度与此迥然不同。浇铸、加工及模塑塑料是一项极其昂贵的业务，原材料本身亦然。尽管拉姆斯非常希望能够在他的家具中探索合成材料的应用，并且尽管他在博朗可以接触到宝贵的研究设施，但维泽-维索公司确实缺少设备与资金，无法为他们自己的产品提供必要的研发和加工。因此，只有与诸如诺贝尔炸药公司（Dynamit Nobel AG）这样的塑料原材料生产商合作，迪特 · 拉姆斯和尼尔斯 · 维索才能将塑料运用到他们的家具之中。20 世纪 60 年代，合成材料在多种家具组件中皆有应用：601、602 与 620 座椅项目使用了玻璃纤维增强塑料的外壳，610 墙面挂板系统与 620/621 桌的组件选用了真空

12 Rams, 'Zurück zum Einfachen' in *Design: Dieter Rams &* (English edition), 206 (208 in the German edition).

13 From a transcript of an interview with Johann Klöcker for 'Zeitgemäße Form', *Süddeutsche Zeitung* (1969), Vitsœ archive.

成型的聚苯乙烯材料，680 和 681 床与座椅项目的底座则采用了模塑工艺。然而直到 P.215 1974 年，拉姆斯对塑料的热情才在 720/21 椭圆桌系统（720/21 Rundoval）[←] 中达到了顶峰。它使用低压模塑机，以两步成型法制成，是有史以来使用发泡聚苯乙烯制成的最大件的家具之一，这是一项重大的技术成就。这张桌子可供 4 人舒适使用，而通过增添额外的插件，它可以扩大并供 8 人或更多人使用。

— 740 堆叠项目

迪特·拉姆斯于 1968 年第一次造访日本，这也令他从此爱上了这个国家，并且 P.230 催生了一款极其独特的户外家具系统，即 740 堆叠项目（Stapelprogramm）[←]。这款座椅的所有中空堆叠组件几乎全部由塑料制成，它于 1977 年投入生产，有浅灰色与深棕色的座面可选。这些组件可以堆叠在一起，组成不同高度的凳子，从简单的地面坐垫这样的单个组件高度到标准座椅的高度皆可实现。如果再配上一张桌面，堆叠的组件便成了一张蘑菇形状的桌子。而底座内还能填上沙子增加稳定性，这样一来，三个一组堆叠可作为庭院遮阳伞的底座；四个一组堆叠，再加上一个靠背，就变成了一把座椅。

— 瓶颈期

尽管有着巧妙的创新，而且享有塑料行业的额外补贴，但是在 20 世纪 70 年代，拉姆斯设计的几乎所有家具都没能取得商业上的成功。他在后来直言不讳地承认，它们是一场“彻底的失败”。[14] 维泽-维索公司并不具备大规模生产家具的能力，特别是塑料家具，而这种大规模生产恰恰是产品在商业上能赢利的前提。公司的生产没有做到集约化，并且某些材料在生产上还存在困难，也就是说，一款家具在送到展示厅之前，它的组件必须在各地之间多次辗转。例如，某些塑料的表面会产生静电，这意味着它很快就会吸附尘土，除非它在生产出来之后立即被送去喷涂昂贵的防静电涂料。“整个过程都极其不经济，”拉姆斯回忆道，“如果没有 570 与 606 系统（的销售），事情会变得更艰难。”[15] 由于没有掌控好产量与价格之间的平衡，所以维泽-维索公司后期的许多家具最终都沦为半手工半工业化批量生产的失败的混合体。而塑料制品的售价尤其昂贵，拉姆斯所追求的视觉与触觉上的高品质在此并未说服购买人群。

14 迪特·拉姆斯，与作者的对话（2009 年 7 月）。

15 同上。

公司在 20 世纪 80 年代得以生存下来，很大一部分需归功于那些早期的系统化产品的销售，包括 620、606 以及 570 系统，它们每款都保持了很长的畅销期，但公司的发展却停滞了。1993 年，尼尔斯·维索步入 80 岁，维泽-维索公司陷入了严重的困境，并且最终于 1995 年宣布破产清算。除了 606 万用置物柜系统之外（1984 年，意大利的德帕多瓦公司［De Padova］获得了授权，生产此系统的铝制版本，如今它依然很有市场），拉姆斯与维索的家具似乎已然走到了末路。

— 万用置物柜系统

迪特·拉姆斯刚开始他的系统化家具设计之路时，就有着非常明确的目标。他在 1995 年写道："我的家具诞生自一个信念，它蕴含了这个世界应当如何'被家具布置'，以及人类应当如何在人造环境中生存，这或许比博朗的产品更加直白。有鉴于此，每件家具都是为某个世界、某种生活方式而设计的，它们反映了人类特定的愿景。"[16] 在同一篇文章内，他继续解释道，在 20 世纪 50 年代，作为一位年轻的设计师，他的观念的形成受到了许多事物的影响，包括其经历过的战争、独裁、毁灭，以及后来的自由与"新开端的最初岁月"。因此，他想要创造出全新的家具，这些家具尤其要"简单"，不是在贫瘠与空洞的意义上，而是意味着"从对事物的控制中解放出来"。拉姆斯意欲设计出一种生活的环境，为自由的表达留出空间。为了达成这一目的，他的家具首先必须抛弃所有的时髦与多余之物。它需要变得安静且在造型与色彩上内敛，兼顾和谐性与细致的考量，直至最微小的细节。拉姆斯在他的家具上寻求的第二点品质是功能的灵活性，因而产生了可改造和可替换的系统与配件。第三点则是他的家具在设计、用料与制造上都必须具备很高的品质以拥有长久的使用寿命："维索的每款系统化家具在设计时都考虑了它们必须在长期的使用、扩展、改造与搬移中不受损坏，事实上它们的确做到了。"不过他补充道："不幸的是，这种高品质所带来的价格，使得这些本应是简洁且用经济材料制成的功能性家具有了某种程度的排他性，这绝不是我的本意。"[17]

让拉姆斯颇感遗憾的是，由于制造与技术上的局限性，他的家具从未如他期望的那样造福于那么多的人，而是局限在一个有些精英化的小众市场之中。尽管如此，拉姆斯的家具作品背后所蕴藏的思考，以及根据他的设计理念生产出来的产品，都可以看作是他在当代家具设计界的思想贡献。1992 年，宜家基金会（IKEA Foundation）

[16] Dieter Rams, 'Furniture', in *Less but better / Weniger, aber besser* (Hamburg, 1995), 128. 作者对英文翻译进行了修改。

[17] 同上，136—137 页。作者对英文翻译进行了修改。

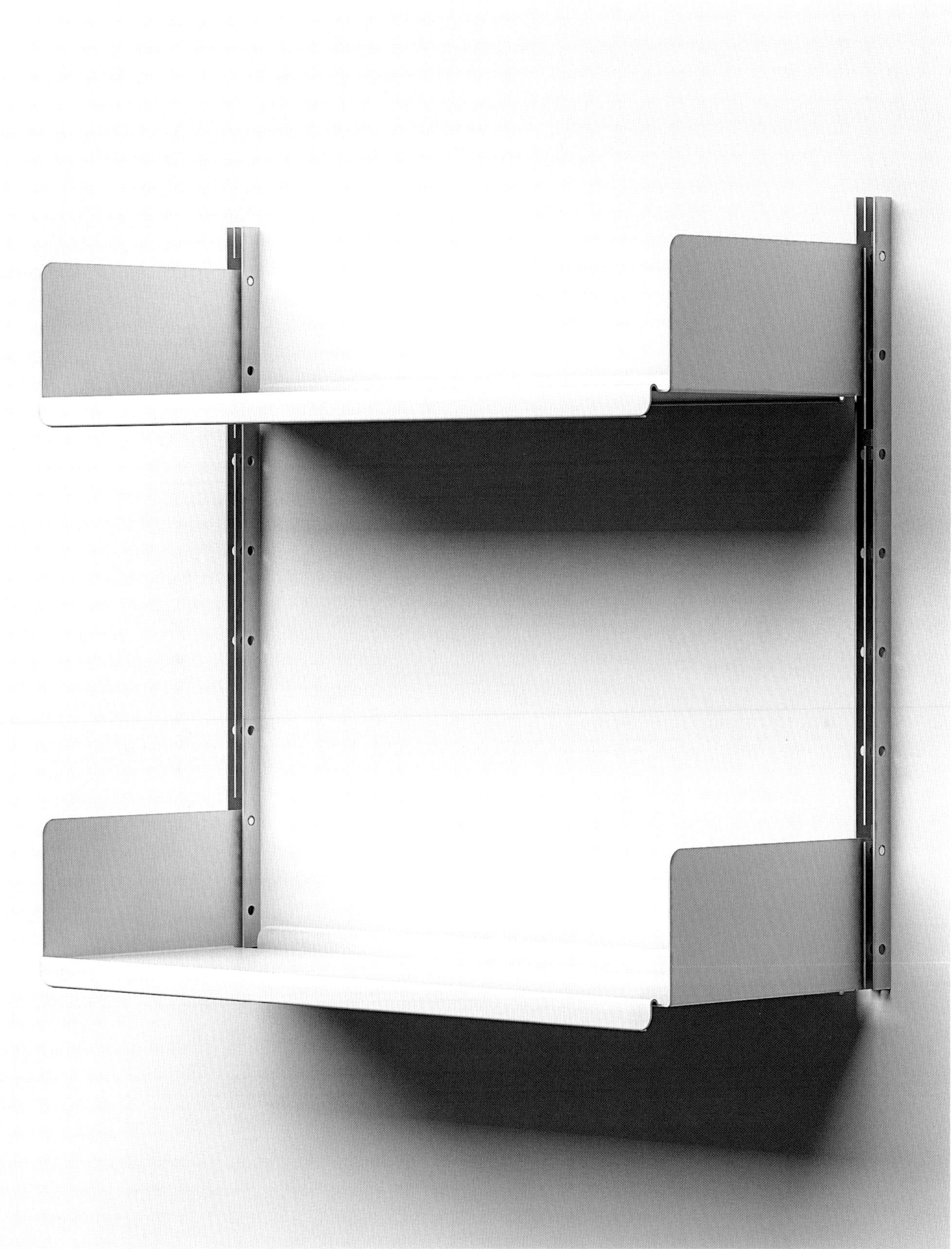

606 系统

606 万用置物柜系统，设计之初名为 RZ 60，迪特·拉姆斯，1960 年

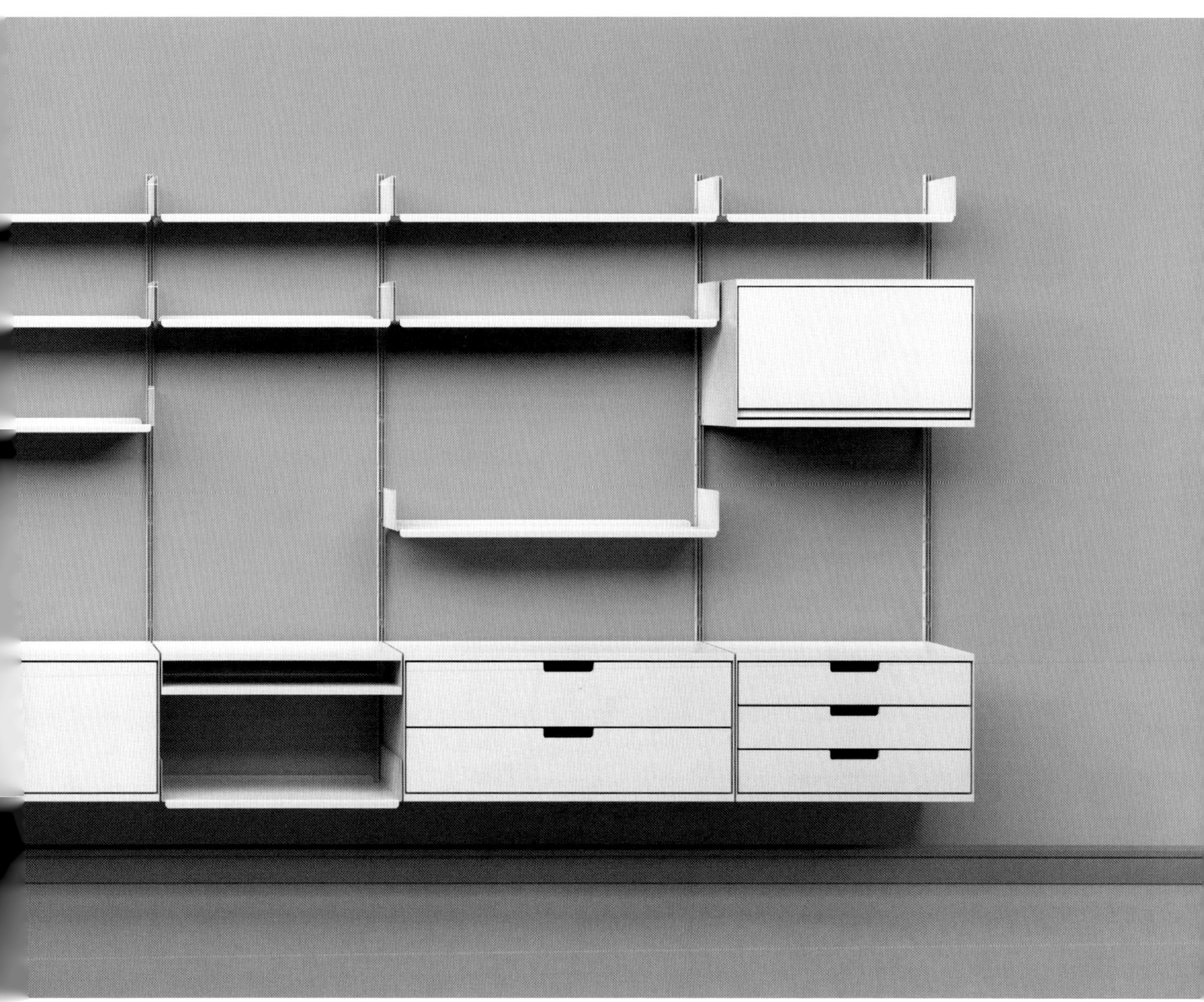

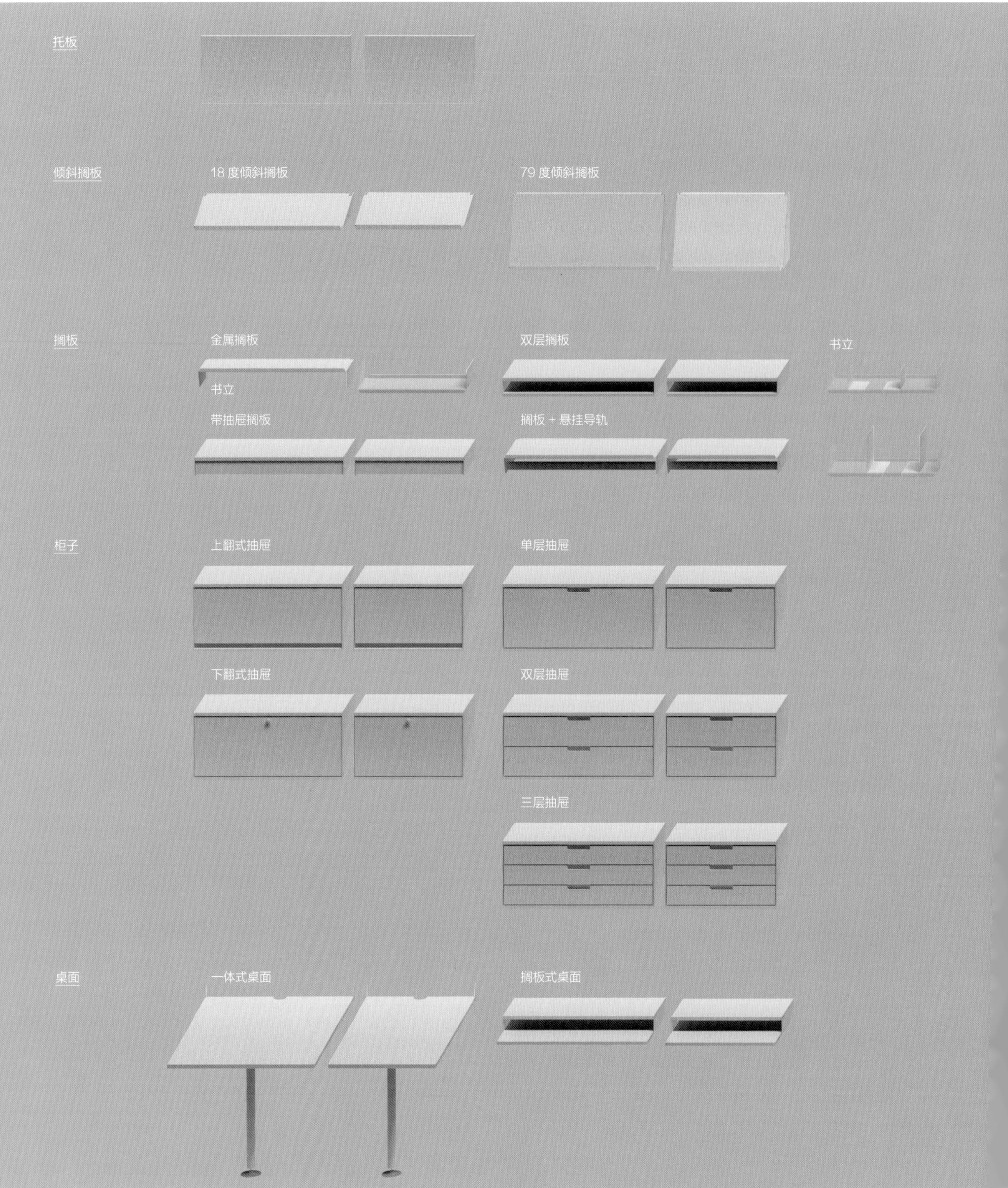
托板
倾斜搁板
18 度倾斜搁板
79 度倾斜搁板
搁板
金属搁板
书立
双层搁板
书立
带抽屉搁板
搁板 + 悬挂导轨
柜子
上翻式抽屉
单层抽屉
下翻式抽屉
双层抽屉
三层抽屉
桌面
一体式桌面
搁板式桌面

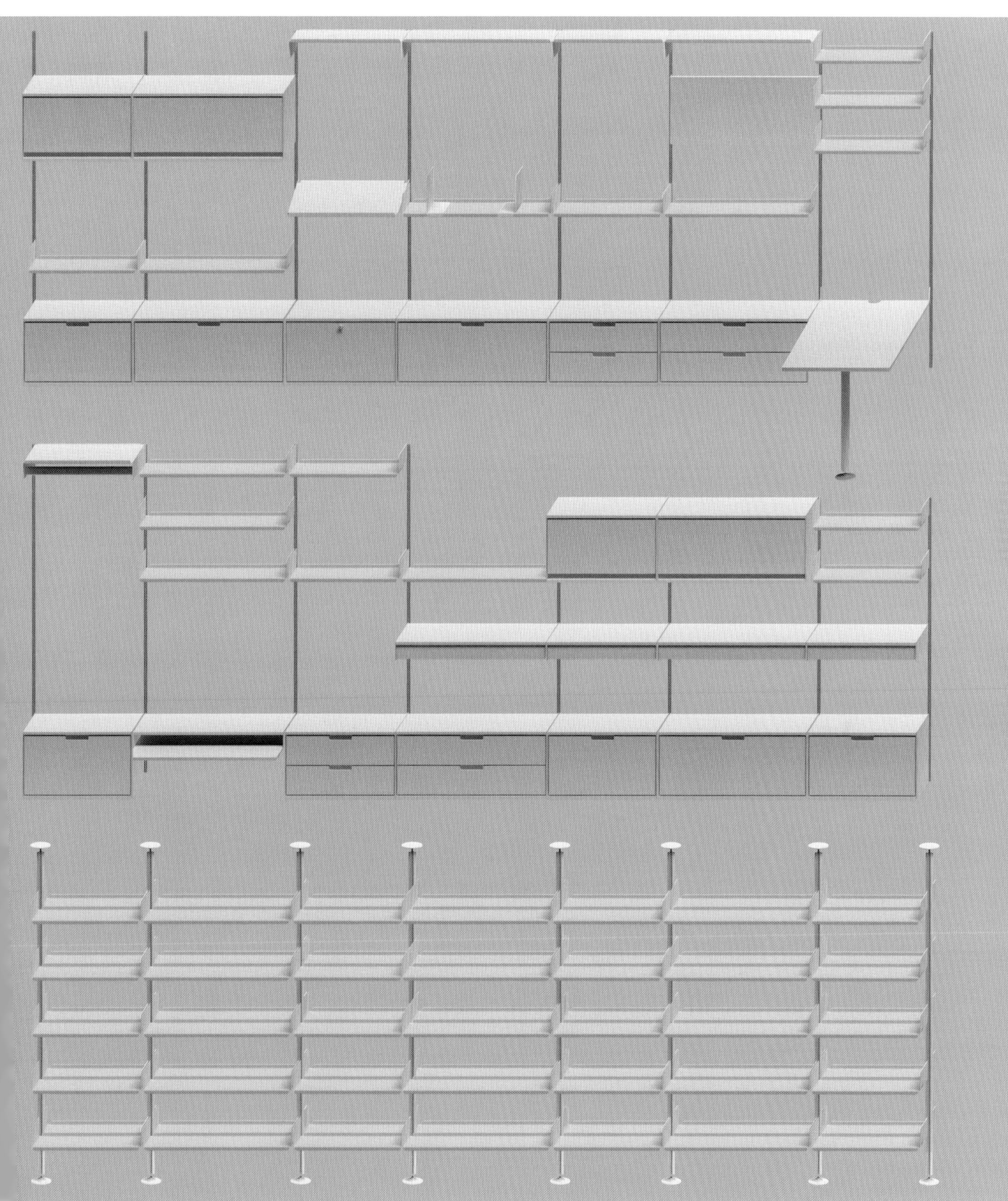

无限多的配置方式

RZ 57 家具系统，迪特·拉姆斯，1957 年

RZ 57 家具系统，架上放有迪特·拉姆斯设计的
T 22 收音机

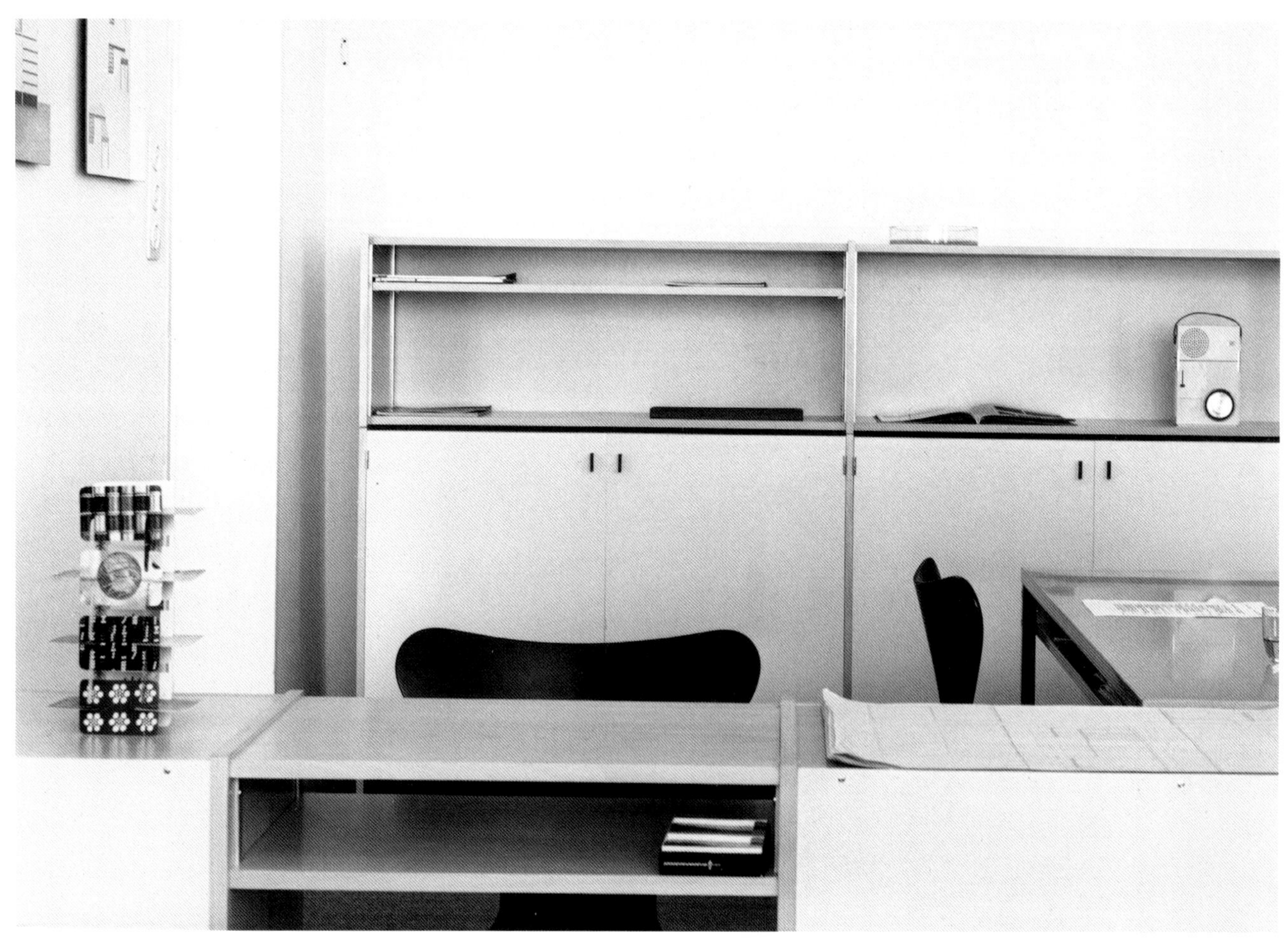

RZ 57 家具系统，架上放有迪特 · 拉姆斯设计的
TP 1 收音 – 唱片机

所有图片：601/602 座椅项目，设计之初名为 RZ 60，迪特·拉姆斯，1960 年
左上：601 座椅，低靠背
左下：601 脚凳与 601/602 桌

右上：601 座椅，高靠背

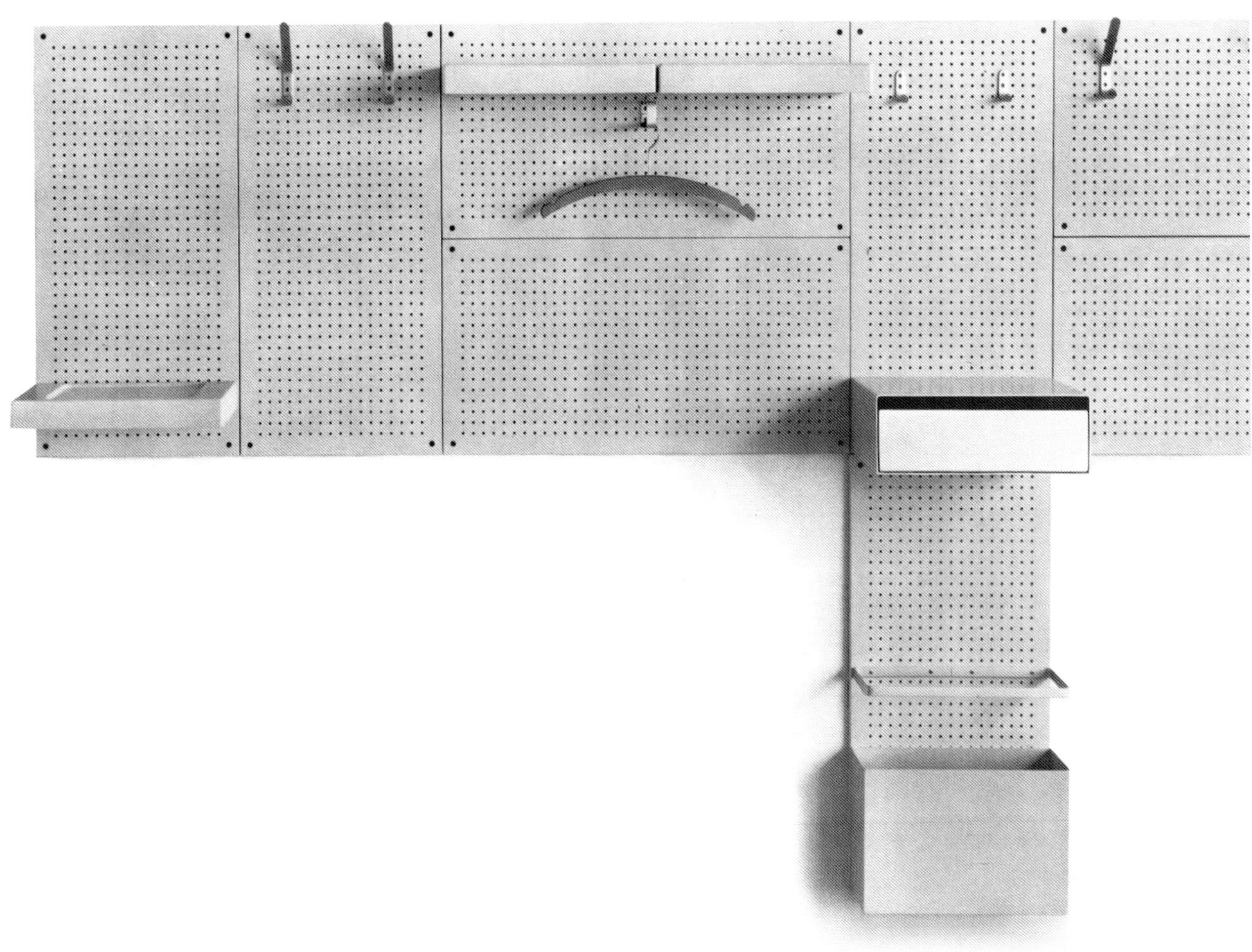

610 墙面挂板系统，设计之初名为 RZ 61，
迪特·拉姆斯，1961 年

620 休闲椅项目，设计之初名为 RZ 62，
迪特·拉姆斯，1962 年

681 座椅项目，迪特·拉姆斯，1968 年

680 床 / 沙发项目，迪特 · 拉姆斯，1968 年

720 椭圆桌（1972 年）与 622 餐椅 / 会议椅的塑料版本（初版于 1962 年），
皆为迪特·拉姆斯设计

620 座椅项目，拍摄于维索公司的法兰克福展厅，
图中可见 621 嵌套咖啡桌与 606 系统

授予他奖项，以表彰他为博朗与维索设计的产品所具备的用户友好的清晰性及其超越时间的品质。宜家是世界上最大的家具制造商和平价销售扁平化包装家具的先驱，这个认可恰如其分。虽然拉姆斯可能不认同宜家在产品质量与设计上达到的整体水平，但是他认可他们在大众市场所取得的成功，这是他的家具设计没能达成的目标。“宜家是家具行业中的一个例外。”他在 1979 年说道，“它使用巧妙的营销手段向我们证明，通过低价提供尚且可以接受的家居设计产品，一个家具制造与销售公司能够成功地实现广泛的影响力……在这个层面，生活更多被看作是一个创造的过程。‘自己动手’在他们的家具项目中占有重要的地位，我认为这是一件好事。”[18]

sdr+

拉姆斯设计的许多系统化家具都拥有一项极其成功的特性，那便是它们的经久耐用以及随之带来的可持续性。在 1995 年维泽-维索公司破产之后，一群德国家具经销商[19]联合起来，称自己为“sdr+”。他们获得了继续生产与售卖拉姆斯设计的家具的许可，让它们依然在德国保持畅销。“sdr+”便是“迪特·拉姆斯系统化家具”（Systemmöbel Dieter Rams）的缩写，其中的加号代表设计师托马斯·默克尔（Thomas Merkel），他与拉姆斯继续合作，发展着这些产品线，而当时拉姆斯已接近退休。[20]

sdr+ 公司最先生产的一批系统化家具是 1957 年设计的 570 桌项目、1960 年设计的 606 万用置物柜系统、1962 年设计的 620 座椅项目，以及 1971 年设计的 710 储物箱柜项目（korpusprogramme）。虽然当时这些家具设计已经产生了 24—38 年，然而在创立的第一年内，sdr+ 公司在比荷卢经济联盟国、瑞士以及德国的销售已经获得了盈利。

马克·亚当斯与新维索公司

时间回到 1993 年，随着维泽-维索公司将会关张的结局逐渐清晰，维索家族从

18 Rams, ‘Zurück zum Einfachen’ in *Design: Dieter Rams &* (English edition), 209 (211 in the German edition)。作者对英文翻译进行了修改。

19 科隆的施托尔公司（Stoll）、汉诺威的勒泽尔公司（Loeser）、柏林的默杜斯公司（Modus）、卡尔斯鲁厄的布戈尔公司（Burgor）、克雷费尔德的施罗尔公司（Schroer），以及法兰克福的弗里克公司（Frick）。

20 托马斯·默克尔与另一个设计团队 Droiform 合作，也为 sdr+ 公司设计他自己的家具。

伦敦邀请了一位年轻人来德国，一同商讨公司生意的走向。这位年轻人就是时年 30 岁的马克·亚当斯（Mark Adams），他自 1985 年起就在英国以“维索英国”（Vitsœ UK）的名义成功地推广着维索的产品。他的公司赢得了私人客户群以及年轻一代的英国建筑师的忠实追随，尤其是 606 系统备受推崇。与维索家族商谈之后，亚当斯接过了“维索”的名号，决定将全部精力放在一个产品上，即 606 系统（后来还加入了 620 休闲椅项目）。出于种种原因，他决定于 1995 年将生产迁移至英国，以迎合当地与国际市场。他与拉姆斯一起着手研发了一系列升级与改进方案，以降低生产成本（由此降低终端价格），同时还保证了整个系统能够兼容旧有的组件。亚当斯说，他冒险继续生产置物柜系统，是因为他“全身心地认可公司所代表的理念，即追求产品的可靠性与整体性，以及它们背后的那套坚定的价值观”[21]。自从 1985 年认识拉姆斯并对他的了解越来越深入之后，亚当斯就成了这位设计师的仰慕者，他尤其欣赏拉姆斯“性格中坚毅的力量”及敏锐的审美能力。“他完全理解美。”亚当斯这样说道。

尽管产品的实力无须质疑，但是亚当斯很清楚，价格是一块巨大的绊脚石，阻挡着产品走向更广阔的消费市场。“迪特·拉姆斯的设计是昂贵的设计，”他说，“因为所有的细枝末节都考虑得十分周全，因此自 1993 年以来，我们所做的每一步，都是试图在不影响其品质的前提下降低价格。”[22] 并且亚当斯早就意识到，拉姆斯的系统化家具反映了设计师对家具的独有态度，以及家具应当如何融入使用者的生活，因此，它们的购买者往往是持有相似观念的人群。对他的很多客户而言，606 系统不只是一件商品，而是一件陪伴他们度过不同人生阶段与生活环境的家具。他们或许会出于其超越时间的美感或是低调内敛的优雅而购买它，但最终会因为完美且持久地履行功能而一直持有它。因此，不像其他的家具经销商，如今的维索公司有一项长期的顾客服务，其中也包括产品保养服务。“我们的公司策略是，让更多的人用更少且更经久耐用的物品来过上更好的生活。”亚当斯这样说，“在我们的顾客人群中，现在依然还有约一半的活跃用户，他们还在增添、组装或重新布置自己的家具，而这些家具最早甚至可能购于 20 世纪 60 年代。”这是关于可持续设计的宝贵一课，它向我们展现了，在拉姆斯开始设计他那些“少，却更好”的家具的半个多世纪之后，可持续的设计引起了人们越来越多的共鸣。

21　马克·亚当斯，与作者的对话（2009 年 6 月）。

22　同上。

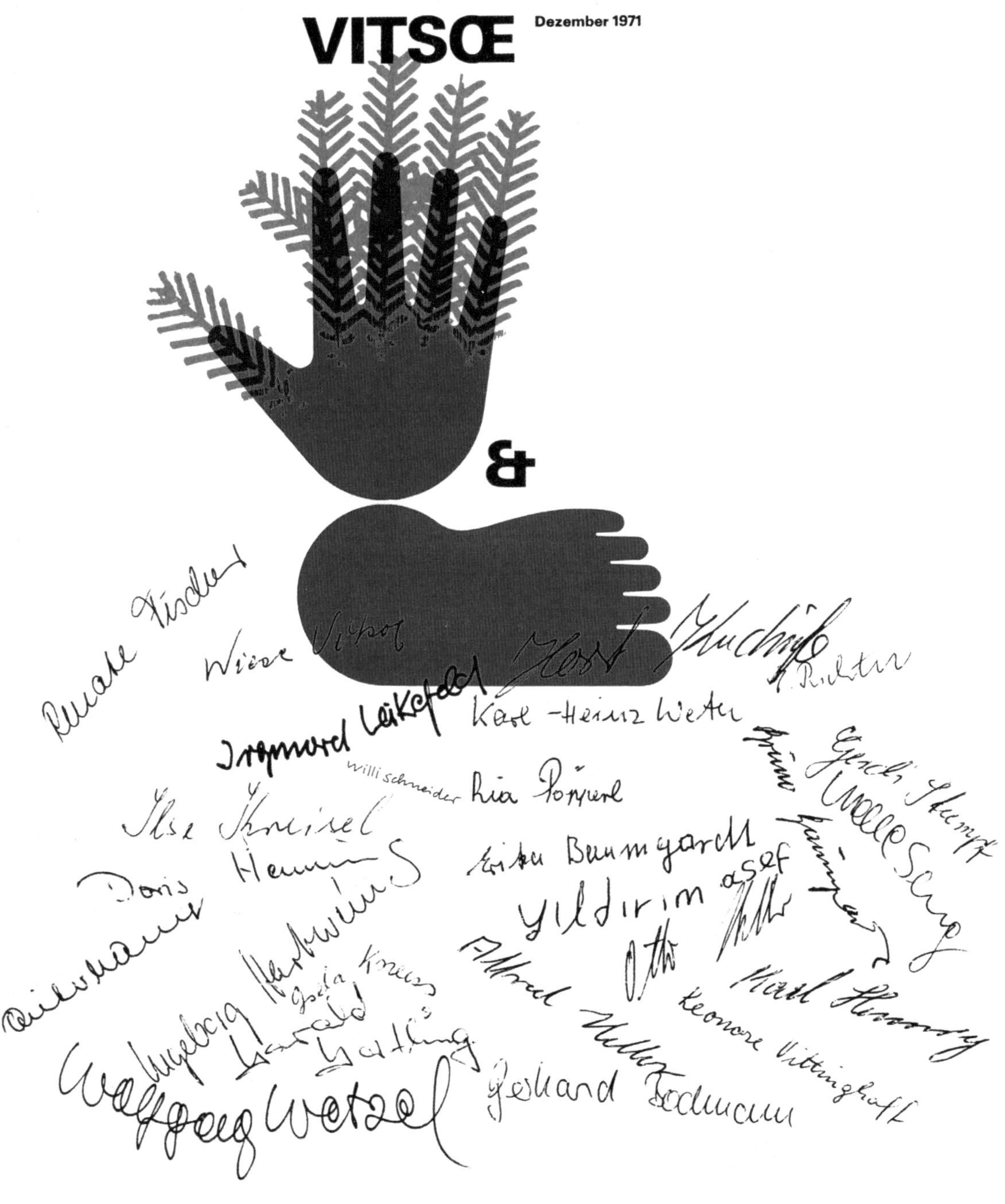

Viele Grüße:

Wiese Vitsœ
D 6000 Frankfurt am Main
Kaiserhofstraße 10

Auf unser Päckchen warten Sie dieses Jahr vergebens. Wir haben alles in einen Topf geworfen. In den der UNICEF, (dem Kinderhilfswerk der Vereinten Nationen). – In Ihrem Namen! Recht so?

维索公司1971年的圣诞卡

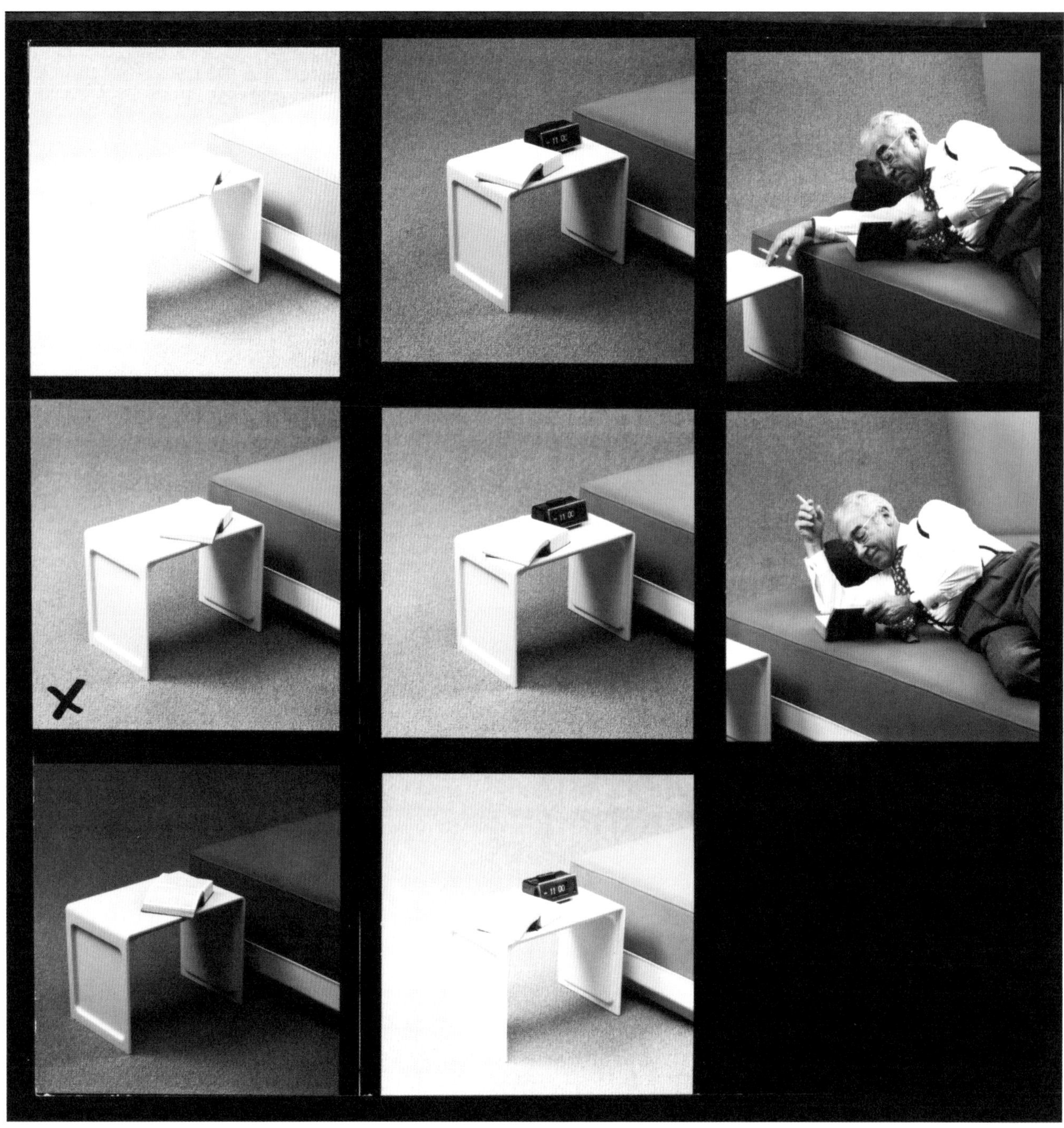

尼尔斯·维索，与 680 床和 621 咖啡桌

und so weiter

621 嵌套咖啡桌，迪特·拉姆斯，1962 年

602 座椅项目的宣传明信片

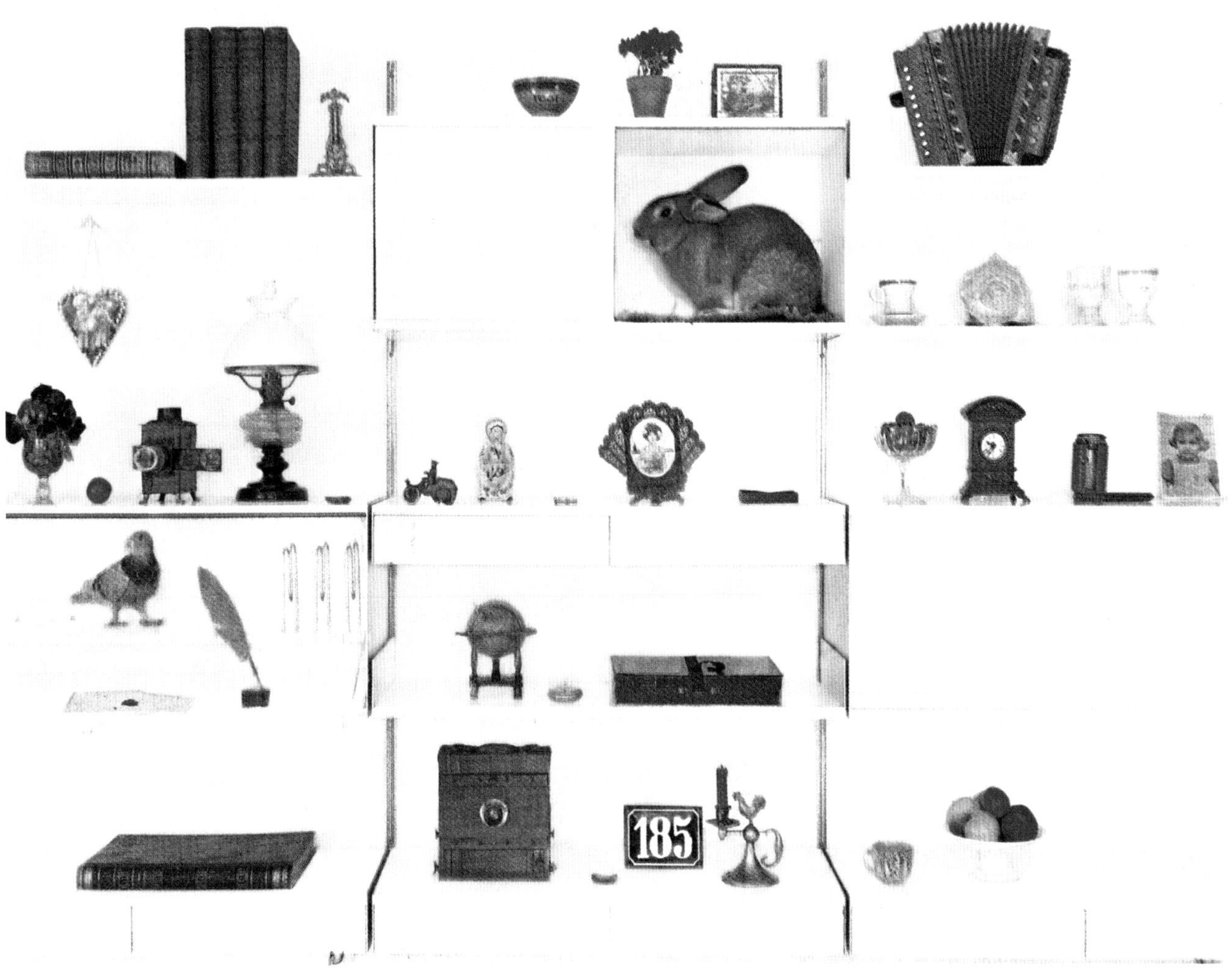

606 万用置物柜系统的宣传明信片

迪特·拉姆斯（右前）、尼尔斯·维索（左后）与同事在法兰克福展厅开会

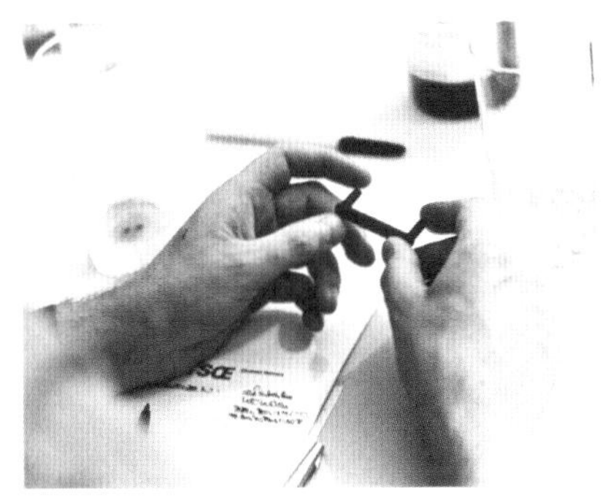

所有图片：迪特·拉姆斯、尼尔斯·维索与同事在维索的展厅

维索展厅，法兰克福，约 1970 年

英格博格·拉姆斯（左）和迪特·拉姆斯（右）与606万用置物柜系统，
维索的法兰克福展厅，约1973年

740 堆叠项目，迪特·拉姆斯，1977 年

设计细节

“我醉心于细节。
事实上，我一直认为它比全局更重要。
细节决定成败。
细节即一切，它是品质的基准。”[1]

每个优秀的设计师都知道，“上帝存在于细节之中”[2]。任何人都能绘制概念草图，但是，近乎完美的设计、天才的灵感和杰出的执行能力却都来自艰辛的工作，它包括将所有细小的曲线和界面、角度、材料及技术都和谐地整合起来。细节使沟通成为可能，它有助于提高透明度，以及拉近客体与主体、用户与产品之间的距离。可以说，迪特·拉姆斯的第一个成功设计不仅涉及一个细节，而且还是一个透明的细节，即 SK 4 超级唱片机所用的亚克力材料制成的顶盖，此产品的别称为“白雪公主之棺”。这是一个卓越的创意，它不仅让 SK 4 作为产品取得了巨大的商业成功并广受赞誉，而且使它代表了音响设计的一个里程碑：正因为迪特·拉姆斯的构想，唱片机才有了透明的顶盖。仅这一点就足以为他在设计史上赢得一席之地。

“真正的功能性设计只源自对细节最认真且最大强度的关注。”拉姆斯如是说。[3]可以认为，他对于设计领域最大的贡献来自他在绝大多数使用者没有意识到的层面所进行的工作。在担任博朗设计总监的 40 年里，虽然他没有直接设计全部的产品，甚至对有些产品几乎没有管控，但他始终鼓励各种细微的改进以让好设计变得更优。这种对细节的关注涵盖了造型层面上的弯角的锐利程度，尺寸、触感及开关的相互距离，手柄固件的整合方式，还有图文元素在产品本身以及延伸到产品摄影和包装上的排布和性质。细节设计指的是在产品所涉及的方方面面都实现一个良好的平衡，甚至包括超越产品本身的一些外在层面。

1 迪特·拉姆斯，与里多·布塞（Rido Busse）的对话（1980 年），重印于 François Burkhardt and Inez Franksen, eds., *Design: Dieter Rames &* (English edition, Berlin, 1981), 195 (197 in the German edition)。作者对英文翻译进行了修改。

2 密斯·凡德罗语，摘自《纽约时报》（*New York Times*，1969 年 8 月 19 日）。

3 拉姆斯，与里多·布塞的对话，载于 *Design: Dieter Rames &*, 195 (197 in the German edition)。作者对英文翻译进行了修改。

— 博朗的设计细节

1955—1995年，博朗生产了1200多款产品，而迪特·拉姆斯直接参与了其中514款产品的设计。[4] 此外，他还一直为维索 + 察普夫公司（后更名为维索公司）设计整套的家具系列，包括置物架、桌子、扶手椅、座椅和储物系统。对于一个在较小的团队中工作的工业设计师而言，他的成果是非凡的——特别是考虑到他那独特的设计方式所要求的深度与细节。

本章探讨了细节在拉姆斯的工作中的重要性，并随之甄选出他为博朗设计（或者作为重要的联合设计者参与）的一些家电并加以研究，着重关注使得这些产品脱颖而出的细节。在每个案例中，这些产品都因拉姆斯的"显著特色"或"设计语汇"而与众不同。

尽管早在拉姆斯加入公司之前，博朗就已经发展出了自己的风格，但他所追求的以功能为导向的工业设计成了企业发展的核心，这一理念最早由威廉·瓦根费尔德提出，由埃尔温·博朗和弗里茨·艾希勒加以发展，并经由其他设计师，特别是汉斯·古格洛特和赫伯特·希尔歇等人推进。正是因为拉姆斯的设计天赋和他的领导，这种方式才令博朗的产品系列日臻成熟和完善，使博朗成了20世纪最具辨识度且最成功的品牌之一。

人们或许会认为，基于其本人及博朗的设计准则，拉姆斯的设计并不应当具有辨识度。"好的设计应该是尽量少的设计。"拉姆斯说。或者用瓦根费尔德的话来说，产品"必须为了自身而存在……完全摆脱来自产品创造者个人的影响"[5]。作为使用者手中的器具，也作为其所适用环境的一部分，博朗设计的关键不正是"形式应该由功能决定"吗？不正是使用者的需求应该被优先考虑，而设计师的自我则不应当与华丽的装饰纠缠在一起吗？产品应当尽量中立地履行它们的职责。因此博朗设计做到了极度的精简，剥离掉一切不必要之物。尽管如此，其设计依然因平衡、秩序与和谐而具有强烈的美感。除非将博朗产品放置在与其美学相呼应的环境中，否则它们往往会从周遭环境的"视觉混乱"中脱颖而出。然而，尽管拉姆斯很想把他的设计品质完全归功于使用了严谨且有序的工作方式，但他也确实承认，他的个人审美在博朗设计中产生

4 Klaus Klemp et al., *Less and More: The Design Ethos of Dieter Rams* (Osaka, 2008), 25.

5 威廉·瓦根费尔德（Wilhelm Wagenfeld）在达姆施塔特工业大学（Technical University of Darmstadt）举办的"德国艺术教育者协会"（Bund Deutscher Kunsterzieher）会议上所做的题为《与工业界的艺术合作》（"Kunsterlische Zusammenarbeit mit der Industrie"）的讲座（1954年9月18日），重印于 Hans Wichmann, *Mut zum Aufbruch: Erwin Braun, 1991-1992* (Munich, 1998), 178-180。

了影响："自我控制是非常重要的。尽管我个人的品味蕴含其中，但它必须一直处在控制之中。不是压制！而是控制！"[6]他是一个动用理性和审慎思考的美学家，不允许任何自私或过度的放纵。

拉姆斯时期所创造的博朗产品的美感与独特之处在于其对简约、比例及触感的融合。它们的确非常简约，线条简洁明快，但并不是为了追求极简而简约。它们不是空白的方盒子。仔细观察便会发现，这些简约的造型是历时许久的改进、解决问题以及团队合作的结果，并最终在众多变量之间形成一种恰当的平衡，这些变量包括功能、材料、电子元件、机械元件以及造型。每个产品的形态主要是由这些变量决定的，然而正是精确到毫米的比例美学，使得它们看起来赏心悦目且使用起来非常顺手。拉姆斯的草图可以证明他对比例问题的关注。他在自己紧密的团队里创立了一个完整的产品平面设计部门，这件事进一步证实了他的信念：产品的平面设计为他的设计语法提供了标点符号。

我们不仅可以通过观看外表，亦可以通过其触感来辨识拉姆斯的作品。计算器和高保真音响上的圆润的按键，"微米多变 3"（Micron Vario 3）剃须刀中将软质与硬质塑料相结合所带来的更好的抓握感，"圆柱体"台式打火机的缩进式、拇指形状的开关，以及许多产品中不同材料之间的极度平滑的过渡，这些操作元件的触感细节都属于拉姆斯在博朗长期推行的设计理念的一部分。这些产品不仅经久耐用，而且在设计上也让人在使用以及观看时感到愉悦；它们想要成为人们最喜爱的工具，非常顺手，并且可以被直观地理解。

"在细节问题上，迪特非常之严苛。"博朗前产品平面设计总监及设计师迪特里希·鲁布斯如是说，"他有一种天分，可以给一个原本就不错的方案提供细节层面的建议，例如增加或者减少曲线的弧度。比例也同样扮演了重要的角色。"[7]这种对细节的关注程度已经达到了设计的最高端；它要求不断追求完美，超越了很多人会说"这就可以了"时的程度。另一位伟大的工业设计师深泽直人表示，他在这方面深受拉姆斯的影响："最近，我执着于边线和转角，它们属于微小的细节，需要在毫米尺度下进行简化并使其平滑，以达到更为简约的状态。这些都是极小的细节，但却包含着巨大的心血……工业设计师必须在最细小的点和边缘上下功夫，以实现其工作的意义。工业设计是一项精确的工作——我花了 30 年的时间才意识到这一点。"[8]

6 迪特·拉姆斯在日本大阪的一个教学工作坊中给设计系学生提出的建议（2008 年 11 月 16 日）。

7 迪特里希·鲁布斯，与作者的对话（2009 年）。

8 深泽直人在日本大阪的三得利美术馆（Suntory Museum）的展览"少且多"（Less and More）的开幕上的致辞（2008 年 11 月 15 日）。

博朗的方法

从一开始，博朗的风格就没有被最新的潮流或者消费者的品味所牵制。正好相反，公司的产品成了其时代的创新。在 20 世纪 50 年代早期，博朗兄弟不得不投入大量资金，让消费者相信其产品的价值。早在消费者开始意识到自己想要这些产品之前，博朗风格的根基就已经打好了。后来，特别是在 20 世纪 80 年代，这一风格似乎又站在了当时潮流的对立面。那十年间，在后现代思潮盛行、“什么都可以”、“形式追随潮流”的背景下，博朗依然积极保持其延续性：公司并未发生改变，它传递出同样的信息，产品系列的生产线也在延续。

1955—1995 年，所有博朗产品的主要共同点便是其设计团队：这些产品由在同一个部门主管领导下的大致上同一批人用同样的方法进行设计。“我们并不清楚未来的家电会是什么样子，”拉姆斯曾在 1965 年说道，“但如果它们在风格上与当今的产品类似，那么这并不是因为我们预先计划好要追求某一特定风格，而是它们将由一群分享相同的经验、使用同样工作方法的人来设计，他们有着相似的眼光和品味，因而可以在共同的工作中一起成长。”[9] 这预言了随后的 30 年。

P.242 每一个新项目的开始[←]都伴随着对与设计相关的各个方面的深入研究：市场、可用的技术、潜在用户群的需求等。最初的设计稿使用软铅笔绘制在描图纸上，因此可以重叠图纸，以便在细节上尝试多种变化。许多模型被制作出来用以检查造型和解答疑问，比如产品拿在手里的触感如何，适合抓握的最佳角度是什么，如何最好地容纳发动机和通风设备，以及在哪里放置开关。所有这些设计都是通过与技术部门的紧密合作而完成的。这些模型是设计过程的关键环节——拉姆斯称其为“三维图纸”——起初，模型由木材、石膏及黏土制成，后来也使用塑料制作模型。工坊设计师的任务是制作 3D 模型，他们与团队中的其他设计师在同一个工作室。模型制作分阶段进行，从粗略的造型实验到富含细节的产品原型，后者将被展示给公司的其他部门，然后再投入生产。产品细节也以技术图纸的形式详细说明。这种方式贯穿了拉姆斯在博朗工作的整个时期。迪特里希·鲁布斯说，在当时的大多数情况下，计算机并没有在设计过程中扮演什么重要角色，那时也没有艺术风格化的图像或者渲染图。“我们总是用技术图纸来开展工作，而非渲染图。这一点非常重要，特别是在与技术人员的交流中，我们并没有表现得如艺术家一样。”[10] 他们重视的是清晰而精确的工程，因

9 'Produktdesign bei Braun', *Form* vol. 1 (1965), reprinted in Uta Brandes, ed., *Dieter Rams Designer: Die Leise Ordnung der Dinge* (Hannover, 1990), 38.

10 迪特里希·鲁布斯，与作者的对话（2009 年）。

此，设计师无需用漂亮图片的包装来兜售他们的创意。

即使在 1967 年吉列收购博朗之后，这种方法论也基本上得以保留。如果公司的新主人强行干预，他们将极有可能在当时失去“博朗风格”的精髓。“吉列的收购使我们大为震惊，”鲁布斯回忆说，“我们原以为将不得不用美式风格和渲染图来进行工作。然而，当时吉列的总裁说，他之所以买下公司是因为设计，并且他想要将这种设计延续下去。”[11] 从各个层面来看，设计团队对公司产生的影响都不难理解。这支团队相信他们自身，相信他们的能力、工作方式以及产品，而吉列希望这种成功的模式能够延续。博朗的产品持续热销，而设计团队依然在公司居于主导地位。或者正如鲁布斯所言：“我们说服了他们，而他们也努力去理解。”

—— 使用色彩

博朗在 1955—1995 年设计的产品很少能被说成是彩色的，这一时期的家电和其他产品所使用的主要颜色是白色、浅灰色、黑色或者金属色，当然，这个色系的背后有着深思熟虑的推敲。当时，博朗哲学的一个关键点是，产品应当成为埃尔温·博朗所说的“忠实的仆人”；它们应当在相当长的时间里陪伴并服务于使用者，同时不会因“夸张的造型、喧嚣的色彩或者浮夸的比例”[12] 而妨碍或干扰使用者。由于博朗家电旨在融入家居环境的背景之中，所以它们需要低调且不张扬的色调。拉姆斯认为，那种摆放在橱窗里、以鲜艳色彩来吸引消费者的产品，可能看起来“年轻、活泼并且时髦”，拉姆斯说，“但是，当它日复一日以艳丽的姿态处于厨房之中，它的色彩就会惹人厌烦。它加剧了当下大多数人在家居环境中造成的色彩混乱。”[13] 他认为，为了鲜艳的色彩而使用色彩是一种单纯的时尚，它是转瞬即逝且暂时的：“人们在家具、地毯、窗帘和家用电器上投入了太多金钱，因为每当它们的色彩或是色彩组合令人心烦的时候，便要更换掉。”[14]

P.308 尽管如此，博朗还是生产了若干色彩鲜艳的家电产品[←]，特别是在 20 世纪 60 年代末以后，那时带有鲜艳的基本色的塑料产品成了时尚且易得之物。例如，1970 年开始生产的“卡带”（cassette）剃须刀有一款使用了红色外壳，并配有黑色和黄色相搭配的塑料盒。产自 1973 年的 T 3“多米诺”（domino）桌面打火机使用了

[11] 迪特里希·鲁布斯，与作者的对话（2009 年）。

[12] Dieter Rams, 'Braun Design und Farbe' (c. 1985), Rams archive 1.1.1.3.

[13] 同上。

[14] 同上。

看似笨拙的立方体造型，同样配以黑色与黄色。拉姆斯独立设计的、产自 1969 年的 KMM 2“香气”咖啡磨豆机有白色、红色和黄色的不同款式，而产自 1970 年的 HLD 4 吹风机有红色、黄色或者蓝色款式，细部使用了黑色。弗洛里安·赛费特设计的 KF 20“香气大师”咖啡机几乎是波普风格，它的造型以及一系列色彩配置（包括白色、黄色、橙色、红色、酒红色和橄榄绿色）都透露出波普的味道。在 20 世纪 90 年代，“香气”系列的 KF 145 咖啡机（1994 年）和 HT 95 弹起式烤面包机（1991 年）也有一些彩色的衍生款式。

拉姆斯的设计团队这种使用色彩的方式并未削弱色彩的强度：它们艳丽且强势。色彩所包裹的产品有着高度简化的造型，其边缘圆润，有着光滑且不透明的表面，以及独立（通常是黑色）的细节，而这样的细节旨在增加色彩的强度。“我们的目的是为那些想要在家居环境中使用鲜明色彩的消费者提供一些可选择的产品。这一动机来自市场而非设计本身。”[15] 拉姆斯这样说，并将他自己与这种设计方式划清界限。这个例子体现了市场如何在决策过程中占上风，而设计团队则不得不屈从于当下的时尚。的确，这些彩色的特例产品有着挑衅的一面；它们与其说是妥协，不如说是反抗式的回应。不管怎样，所生成的产品在单独去看的时候依然是美丽的物品。

拉姆斯一直坚定地拒绝将色彩作为装饰，且反感他称之为“滥用色彩”的行为。在他看来，色彩“必须与产品相匹配：有些产品，比如你放在桌上的一些东西，可以具有色彩，但是工具和家电——厨房电器——不应当有色彩，它们应该位于背景之中……你必须仔细考虑，色彩在哪里是重要的，在哪里是危险的”。[16] 这并不意味着他拒绝色彩本身；实际上，他非常慎重地将色彩视为一种交流方式：“我认为，把色彩作为一种标识，往往好过给整个产品都上色。”[17] 若非被迫使用色彩，博朗设计团队在产品中的色彩运用就仅限于某些特定位置，例如控制开关。将色彩的使用限制在原本中性的产品的某些小构件上，这样的做法强化了色彩的功效，使色彩远离了装饰意味，具有了功能指向，特别是当每种色彩扮演其特定标识角色的时候。例如，高保真系列中的绿色代表“开 / 关”控制，红色代表“调频”（FM），黄色代表“唱片机”，而在钟表和手表中，黄色则用在秒针上。

操作细节的色彩编码是体现博朗产品的自明性特质的重要范例。迪特·拉姆斯关于优秀设计的原则之一是，设计应当让产品容易被理解：“我一直强调这样一个事实，通过优秀的设计，可以让产品‘说话’。我的目标一直是致力于提高这种自明性。我

15 Dieter Rams, 'Braun Design und Farbe' (c. 1985), Rams archive 1.1.1.3.

16 迪特·拉姆斯在日本大阪的一个教学工作坊中给设计系学生提出的建议（2008 年 11 月 16 日）。

17 同上。

从不相信使用手册——我们都知道，大多数人根本不读它们。产品的信息总是可以通过其外观而得以呈现，比如色彩编码或是标签。红色代表着强烈的要求，绿色则更为克制，诸如此类。”[18]

给产品的细节着色，这种特色主要出现在博朗的“产品平面设计”领域中。这是拉姆斯在博朗公司发展的另一个领域，也因此将博朗与其竞争对手显著地区别开来。“在20世纪60年代，产品平面设计尤其难以进行，因为没有人接受过这方面的培训。”他说，“平面设计师觉得这个工作太平凡，或者没有能力来做，而（工业）设计师又不愿意做这个工作。我不得不亲自尝试并培训员工。”[19] 拉姆斯在博朗创建了一个专门的丝网印刷部门，此举极大地提高了产品中平面设计的质量。产品设计中的平面设计是常常被忽视的一个问题，而拉姆斯对此的关注与考虑，正是体现他设计方法全面性的又一个例子。

产品

在博朗工作期间，迪特·拉姆斯几乎凭一己之力设计了一些产品，并专注于产品研发的一系列领域，在不同的研发阶段都有不同程度的参与。他早期的主要兴趣领域是口袋式及便携式收音机。后来，他专注于设计高保真系统的多种组件，包括放大器、调频器、卡带录音机以及扬声器，这些产品都是他的“孩子”，直到1980年，他开始与彼得·哈特魏因合作设计高保真系列。早年他也在闪光灯和幻灯机领域做了很多工作，后来，他把这些设计项目交给了罗伯特·奥伯海姆。在20世纪50年代，拉姆斯分别从赫伯特·希尔歇和威廉·瓦根费尔德手里接管了电视机和唱片机的项目，他的团队中还有汉斯·古格洛特和格尔德·阿尔弗雷德·米勒（参与设计了SK 4和PC 3唱片机），后来，奥伯海姆和哈特魏因分别于1972年和1980年加入其团队。他还发起了Nizo电影摄影机等其他一些产品设计项目，后来移交给了其他设计师（Nizo摄影机项目交付给了奥伯海姆和彼得·施奈德）。拉姆斯与迪特里希·鲁布斯合作设计了钟表、手表、计算器和时钟收音机这些产品，后来它们大多由鲁布斯接管。香烟打火机也主要由拉姆斯研发，起初他独自进行设计，后来与赖因霍尔德·魏斯、于尔根·格罗贝尔和弗洛里安·赛费特合作。在其他领域，特别是电动牙刷、吹风机、厨房家电和熨斗领域，拉姆斯则很少直接参与（后文将会提到的少数著名例子除外）。无论如何，

18 迪特·拉姆斯在日本大阪的三得利美术馆的展览“少且多”的开幕研讨会上的讲话（2008年11月15日）。

19 同上。

身为设计总监，他总要参与重大的决策以及细节问题所需要的商讨和解决。

—— 便携式收音机

博朗有着生产便携式收音机的传统。马克斯·博朗早在 20 世纪 30 年代就粗略设想过这个概念，但多少受限于当时的硬件条件。后来，在 1954 年和 1955 年，美国和日本的公司推出了最早的晶体管收音机。晶体管的应用带来了收音机技术的绝对变革——与先前的电子管收音机相比，它们不仅占用的空间要小得多，而且所需的能耗也少得多，这意味着，在突然之间，以电池供电的便携式收音机成了可供家用的选择。迪特·拉姆斯的第一个收音机项目是为产自 1956 年的博朗“晶体管”收音机设计一款新型外壳，这种外壳由一种叫作热塑性塑料的材料制成。它的外观很简单，其唯一的“装饰性”元素是为扬声器而设计的比例优美的水平缝隙状通风口。拉姆斯设计的这种通风口样式后来成为他在一系列产品上的标志性特征。

“晶体管收音机”是一种“箱式收音机”（Kofferradio），字面意思是便携式收音机，而它的便携程度跟一个公文包差不多：它的顶部有一条皮制手提带，而它的
P.247 重量也不是特别轻[←]。然而，到了 20 世纪 50 年代中期，市场上开始出现一种新型的微型化便携机，它的体积非常小，甚至可以装进你的口袋里（前提是你有一个比较大的口袋）。美国得州仪器公司（Texas Instruments）于 1954 年发布了摄政（Regency）TR-1 收音机，日本的索尼 TR-55 收音机和德国的德律风根（Telefunken）TR-1 收音机也是这一领域的先驱。尽管博朗公司并不是口袋式晶体管收音机最早的制造者，但他们还是一如既往地以其精致且具吸引力的设计在竞争中脱颖而
P.244 出。产自 1958 年的 T 3/T 31 口袋式收音机[←]由拉姆斯与乌尔姆设计学院合作设计，采用全塑料的米白色外壳。它没有狭长的缝隙状扬声器通风口，而使用了点状穿孔。它的频道转盘需通过手指触摸操作，除了两个防止手指滑动的突起位置，其余完全与外壳齐平。虽然其他几款早期的晶体管收音机都设置有圆形的频道转盘，例如摄政 TR-1，但它们都没有博朗产品所提供的极致简约以及高品质的操作界面。

拉姆斯设计了几款有着些许变化的口袋式收音机，例如产自 1959 年的 T 4 收音
P.244 机[←]，其通风口以圆形排列，而频道转盘则移到了外壳之内——你只能通过一个小
P.260 小的有机玻璃窗窥见它。在 T 41 款式[←]（1962 年）中，这个窗口被放大了，形状像扇子一样，可以更多地呈现其背后的转盘，并与圆形的扬声器元件相呼应。

拉姆斯最早的系统化设计之一便是从口袋式收音机系列发展而来。1959 年推出
P.245 的 TP 1/TP 2 收音-唱片组合机[←]在当时极具革命性。它有一个铝制支架，将 T 3 收

P.261 音机与 P 1 小型唱片机连接在一起[←]（此唱片机外壳内隐藏着一个弹簧式触控唱针，用以播放 45 转唱片）。这套系统配备了完备的皮质手提带和耳机，这样人们就可以在播放音乐时随身携带它。“回想起来，我愿意把它叫作‘第一台随身听’。”拉姆斯说，“虽然收音机的接收信号的能力有限，但音质一点也不差——特别是使用耳机的时候。”[20]

当时的口袋式收音机很受欢迎，但音质和信号相对较差。因此在20世纪60年代，体积较大、功能较强的博朗便携式收音机仍被广泛使用，尤其是作为车载收音机，因
P.258 为当时的汽车并不配备收音机。迪特·拉姆斯于 1961 年设计的 T 52 收音机[←]就是一例，它可以接收甚高频、中波和长波传输信号，它的所有的操作元件都位于设备顶部，当侧放时，顶部就成了设备的“正面”（这是一个更为实用的摆放，比如在驾驶汽车的时候）。金属提手则可以折叠放置在收音机身下面作为支架使用。

博朗便携式收音机设计的巅峰之作也是它的最后一款便携式机型：著名的产自
P.262 1963 年的 T 1000 收音机。[←]它被称为“世界接收机”（Weltempfänger），因为它能接收所有波长的传输信号，特别在接收短波信号上表现极佳。T 1000 收音机是一项伟大的技术，甚至在其停产很久之后，仍然深受收音机爱好者的青睐。迪特·拉姆斯的这个设计（与博朗技术人员约阿希姆·法伦德霍尔茨 [Joachim Fahrendholz] 和哈拉尔德·豪彭贝格尔（Harald Haupenberger）共同开发）采用阳极氧化铝材质，有一个黑色的刻度表盘和若干凹形按钮，并有着精确的版式设计；它不仅有可爱的外观，而且让一个极其复杂和高深的专业技术变得出奇地容易理解和操作。为便于运输，装有一大本操作手册的铝制外壳可以关闭以保护表盘。它还可以加装测向适配器、额外的天线和指南针，从而变成一个导航设备。在当时，尽管 T 1000 收音机价格昂贵（约 1500 德国马克），却依然销量良好，生产量达到了 25000 套。这让博朗公司意识到，有一个相当大的高端、高科技的利基市场等待着他们去开发，这也很可能鼓励他们在当时就走向了还在发展的高保真系统的时代。

— 音响

我们还需要特别提及一款由拉姆斯设计的独立式收音机。1961 年，“超级桌面”
P.264 （Tischsuper）甚高频及中波收音机 RT 20[←]上市。与 SK 4 唱片机一样，它的设计也结合了不同元素，将拉姆斯已经设计的那种技术型外观模块，以及此前那些更温暖、

20 迪特·拉姆斯，与作者的对话（2007 年 11 月）。

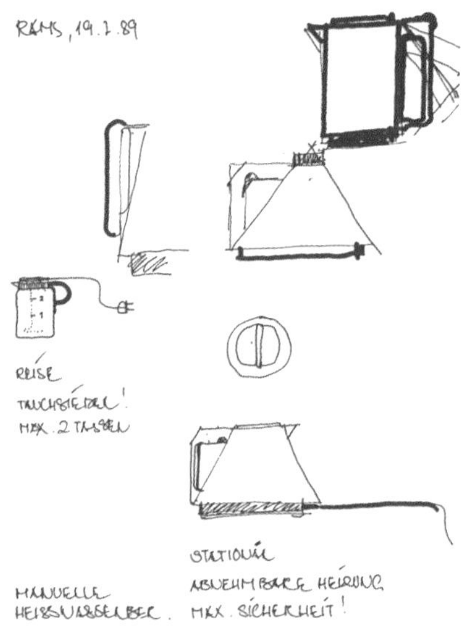

上图：迪特·拉姆斯，1989 年

下图：电热水壶设计草图，迪特·拉姆斯，1989 年

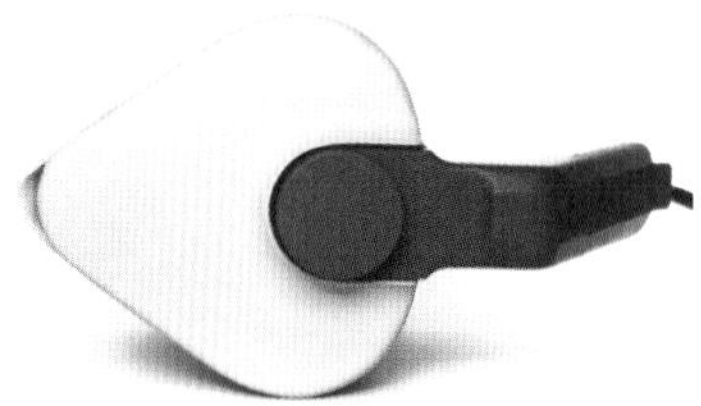

左侧上方和下方：迪特·拉姆斯，1989 年

电热水壶模型，迪特·拉姆斯和
于尔根·格罗贝尔，1967/1977 年

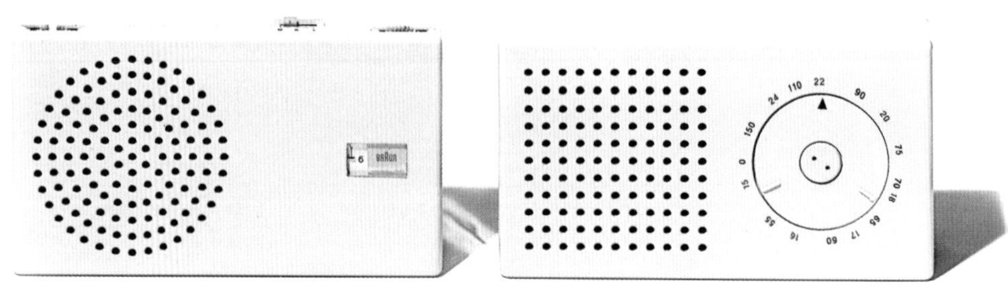

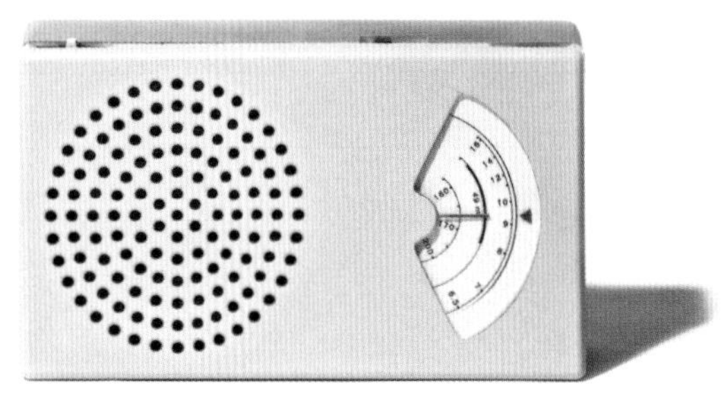

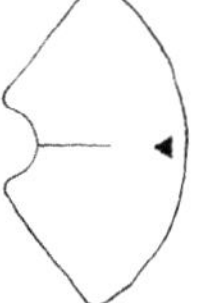

上图：T 4收音机，1959年（左）和T 3收音机，1958年（右），迪特 · 拉姆斯，1989年

下图：T 41 收音机，迪特 · 拉姆斯，1962 年

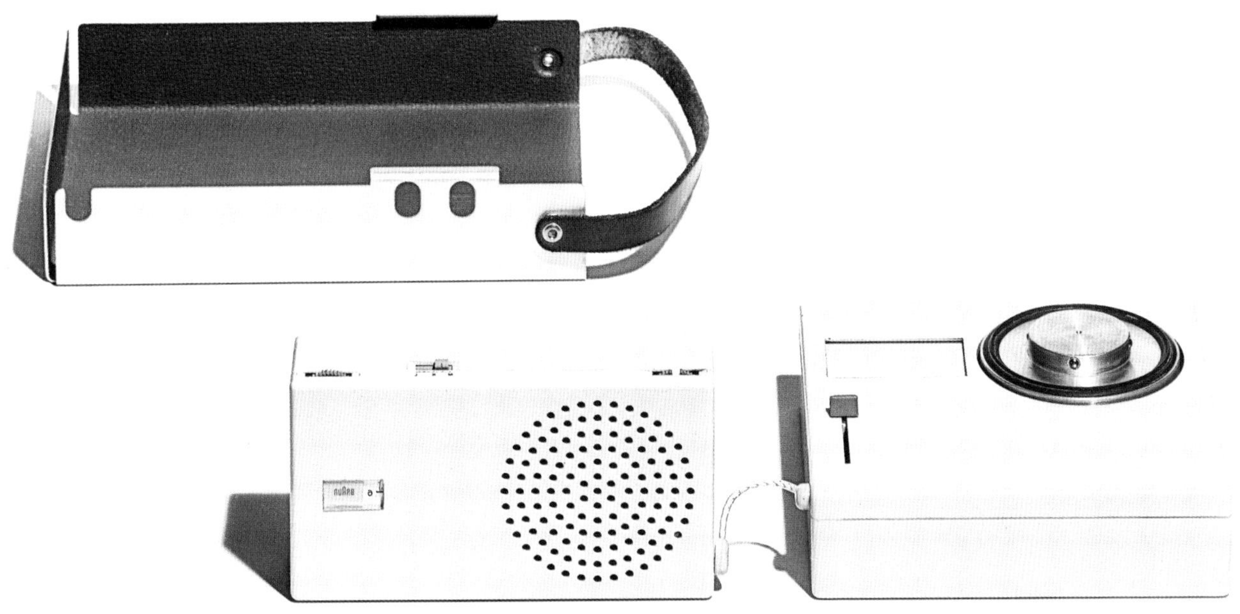

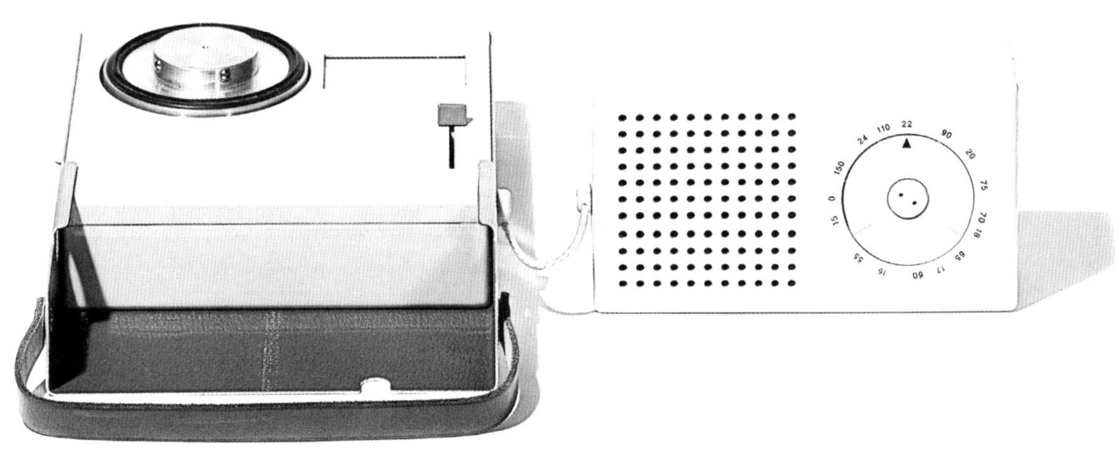

P 1 唱片机，迪特·拉姆斯，1958 年，配置 T 4 收音机（上图）和 T 3 收音机（下图），以及 TP 1 收音 - 唱片机的托架（两图均有）

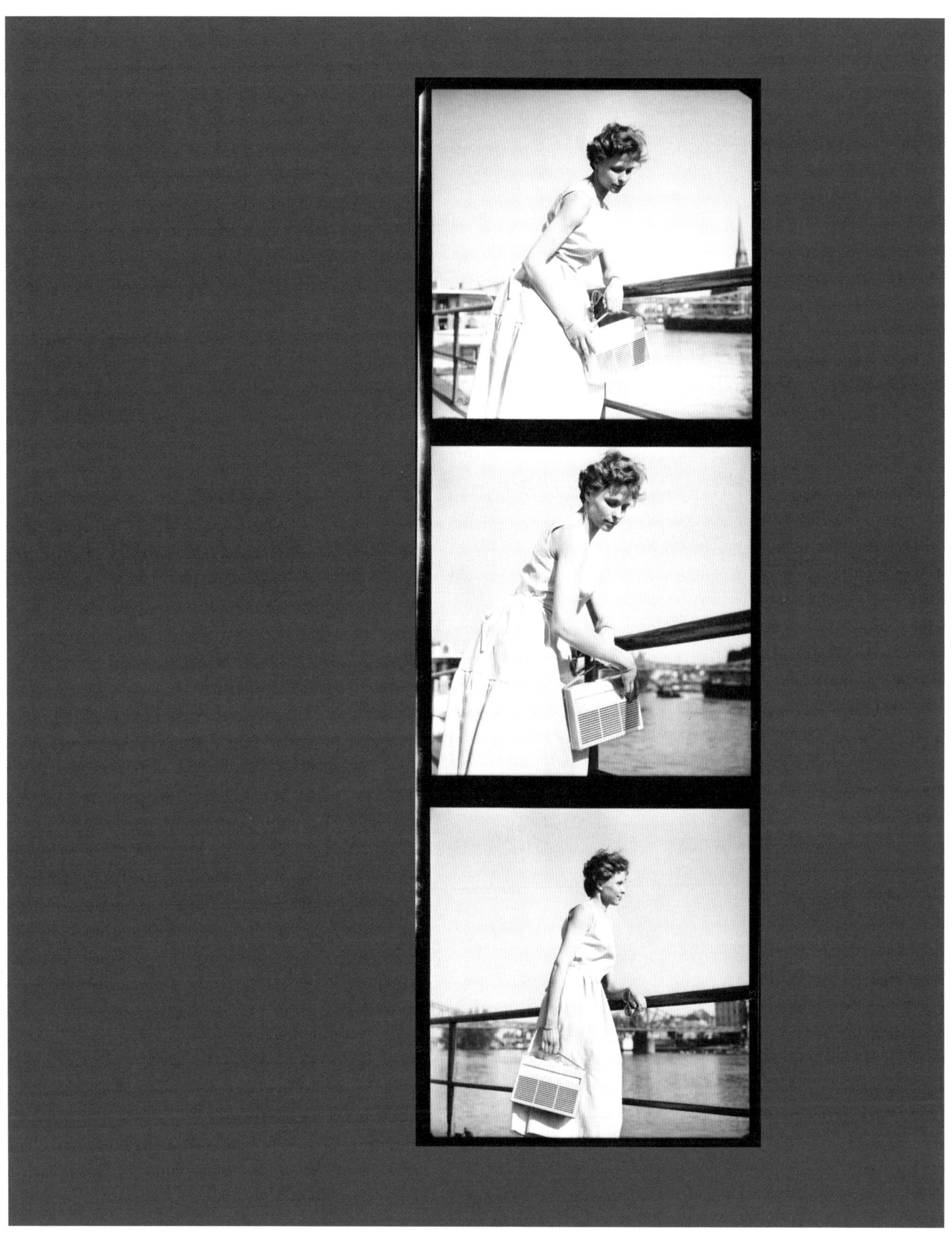

T 22 收音机宣传照，迪特·拉姆斯，1960 年

T 22 收音机宣传照，迪特·拉姆斯，1960 年

TP 1 收音 - 唱片机宣传照，迪特·拉姆斯，1959 年

更居家的音响“家具”糅合在一起。就如家具一样，RT 20 收音机有两款不同的表面可供选择：一款使用梨木机身，前面板为一块与机身平齐的石墨色钢板，配有浅灰色的旋钮和白色的文字；另一款使用山毛榉木机身，前面板为米色，配以灰绿色旋钮和黑色文字。从正面来看，RT 20 收音机与 T 4 口袋式收音机很相似，后者有着由穿孔构成的圆形扬声器通风口，但拉姆斯在这里并没有使用点状穿孔，而是回到了缝隙状通风口的样式，这种样式曾出现于他与汉斯·古格洛特合作设计的 SK 4 唱片机上。这似乎是一个纯粹基于尺度的美学决定；在较大的表面上，缝隙状通风口的效果会比圆点状的要好。与 SK 4 唱片机一样，RT 20 收音机的杰出之处在于其朴素的美，装饰的缺失源自功能、材料和比例之间的平衡——这两款产品有诸多相似之处。拉姆斯对这一设计感到非常自豪，“这款收音机常被称为‘最权威收音机’。”他说，“就设计而言，它代表着回归本质……这是我毕生所追求的东西：摆脱了重负并因而更加轻盈的美学品质……它是对简约的回归。与很多人的认识不同，美学并不是增添曾经在某些地方有用的装饰。”[21]

— 模块化音响系统

尽管收音 - 唱片机的组合机型仍然很受欢迎，而且像 SK 4 唱片机这样的设备也有许多继任者——特别是自 1957 年推出的外壳材质为钢和榆木的“工作室 1”及其
P.266
配套的 L 1 扬声器 [←]——但笨重的音响设备的时代即将终结。在 20 世纪 50 年代，“高保真”这一通用术语也开始取代老式留声机、收音机或简单的唱片机，并预示着人们对高品质且高端的音响的需求。

到 20 世纪 50 年代末，高保真技术已经在英国和美国有了成熟的发展，而博朗则在德国开创了模块化音响系统的先河。博朗设计的高保真系统旨在提供高品质的放声效果，它由一系列单元组成，可以像搭积木那样拼在一起。因此，消费者可以购买系统的一部分，然后再根据自己的预算和需求对其进行添加和更新。它也为设计师和技术人员提供了一种方式，将复杂的、有时甚至是笨重的技术（起初他们仍然不得不使用真空管，因为新的晶体管太过昂贵）融合到一个简约且更为紧凑的形式中。这些音响系统的外观看起来极具功能性：以钢和铝做外壳，科技感十足且极其简约。当陈列在诺尔国际家具公司的展厅内时，它们能够与那些棱角分明、线条纤细的家具很好地结合在一起，因此也与当时的现代室内设计相契合。这种外观也反映出这些家电的目的：为普通消费者提供高端的音响技术。它们作为实际上的科学设备，看起来相当阳

[21] 迪特·拉姆斯，与作者的对话（2007 年 11 月）。

刚，并具有权威的科技感，然而在展厅里，它们则能够与茶几、软装家具和奇特的花瓶和谐地共存于起居室空间之中。

这一发展中的另一个重要因素是，博朗兄弟及其核心创意团队都是超级爵士乐迷。他们常常去现场听爵士乐，而且渴望用尽可能清晰的高保真音响设备来听唱片与广播。因此，在生产满足他们自己需求的产品的过程中包含着相当大的个人动机。在这股有点特殊的热情的驱使下，博朗兄弟在当时给予他们的技术和设计部门完全的自由度，以制造出最好的、最先进的高保真设备。

博朗早期的模块化高保真系统几乎完全由迪特 · 拉姆斯独立设计。那时，他已经在维索公司生产模块化的客厅家具，而他的系统设计原理的灵活性也非常适用于家用音响领域。他的第一套高保真系统——实际上也是有史以来最早的高保真系统之一——是产自 1959 年的 CS 11 控制单元、CV 11 放大器和 CE 11 调频器，这三者
P.278 一起被称作“录音室 2”。[←]

大约在同一时间，拉姆斯设计了三款极具特色的新型扬声器：L 2 扬声器（1958
P.274, 275, 276 年）[←]、L 01 扬声器（1959 年）[←] 和 LE 1 扬声器（1959 年）[←]。L 2 扬声器是为了提升“工作室 1”收音机的音质而生产的。它的体积很大，但采用了一个细长的管状钢制支架，使得其外观看起来较为轻盈，其内部包含有一叠低频、中频和高频振膜，这种组合后来成为扬声器的标配。虽然 L 2 扬声器与“工作室 1”和 SK 4 唱片机一样都采用了木质框架，但它的扬声器搭档 L 01 辅助高音扬声器却截然不同。L 01 有一个非常精致的结构：纤薄的白色漆面方形箱体安装在同样纤细的管状钢杆和圆形底座上。它具有一种超越时代的美感。“那时候人们听了很多爵士乐和巴洛克音乐，”拉姆斯解释说，他大概指的是他当时所处的音乐环境，“我们所使用的材料强化了具有水晶般声调的音乐，例如，用穿孔铝材代替了常用的织物做音响的前面板。”[22]

LE 1 扬声器虽然体积较大但非常纤薄，它采用了博朗从英国国都公司（Quad）获得授权的静电扬声器技术。这件产品走到了当时技术的最前端，大尺寸的轻质振膜使之具有特别清晰的声音。与通常的电动扬声器的圆锥形振膜相比，它的振膜可以更好地捕捉音乐信号。然而，它的低音表现不够好，并且声音的方向性很强。LE 1 扬声器是一款极具吸引力的家具：薄而扁的箱体，配有黑色的穿孔金属前板，通过两个金属支脚悬浮于地板之上并向上倾斜，以便将声音引导到房间中央。它的价格也非常昂贵，直到 1966 年，博朗只生产了 500 对。然而，与同样昂贵的 T 1000 收音机一样，LE 1 扬声器因其外观与性能而备受推崇。因为产量很少，它在收藏市场上价值不菲。德国国都音响公司从内部构造上对此款扬声器进行了升级并将其再次发售，这款

[22] 迪特 · 拉姆斯，与作者的对话（2007 年 11 月）。

升级版目前仍在生产，每对售价高达 6990 欧元。

拉姆斯设计的 L 40 扬声器产自 1961 年，其价格相对来说没有那么昂贵，它将 L 01 扬声器的纤薄外形与 L 2 扬声器的叠层振膜结合在了一起。它是一个简单的长方形箱体，可以直立或者侧立，其纹理均匀的前面板由铝材编织而成。它的边线有着弧度极小的圆角，这极大地增添了此设计的优雅感。它可以看作是高保真扬声器产品的一个缩影，之后又有许多更新产品，包括 L 60、L 80 和 L 450 扬声器。

在设计模块化高保真单元的同时，拉姆斯也在继续研发小型立体声系统，以及介P.271于这二者之间的一些变体产品。SK 4 唱片机的后继产品“音频 1”（audio 1）[←]于 1962 年推出。得益于晶体管技术中音质的改善，这台水平布置功能的放大器 - 收音机 - 唱片机组合机型仅有 11 厘米高，比它的前代产品要薄得多。但是，“音频 1”并不是像 SK 4 唱片机那样完整的独立机型。拉姆斯做过若干针对它的一系列配套产品P.268的研究[←]，这些配套产品的领域从卡带录音机到电视机，并可用多种方式组合使用。它们可以叠放或者排成一列摆在置物架上（该产品的设计与诺尔公司出品的置物架，以及由拉姆斯设计、维索 + 察普夫公司出品的 606 万用置物柜系统相兼容），也可以放在专为其设计的铝制底座上，甚至可以挂在墙上。并非所有的配套产品设计都投入P.268了生产，但那些最终投入生产的产品包括 TS 45 接收器[←]、TG 60 卷对卷卡带录音P.268机[←]、TS 40 调频放大器，以及 L 45、L 50、L 60、L 61 和 L 450 扬声器。

特别值得注意的是，“音频 1”的控制元件特别地依照某种网格进行排列。博朗公司和拉姆斯都认为，产品要易于理解。以 TS 45 接收器为例，其非对称样式的开关可以清楚地指向当前的操作模式。几个深灰色的塑料旋钮分别控制着音量、平衡、低音与高音，并准确地以细细的白线进行标记来指示级别。与博朗的其他新型音响设备一样，它的平面设计非常简约，并不繁复，例如各种无线电频率的波长以兆赫和千赫来标示，而不像其他制造商那样注以无线电频道的名称。它选用小写字体以呈现简约和整洁的文字线条，而少量的色彩则用作给用户的标识。两年之后推出的“音频 2”有一个绿色的开 / 关按钮，这也成为博朗所有高保真产品的特色，直到最后的“工作室”P.270系统。“音频”系列机型的后续产品，直到 1969 年出品的“音频 300”[←]，均由拉姆斯设计。它们都有着配铝制面板的白色漆面钢板、透明亚克力盖子，以及清晰可见的固定螺丝，共同呈现出一种具有高科技感的实用美学。这一系列音响设备将成为定义博朗高保真音响的产品系统，其高科技、高品质，以及脱颖而出的视觉语言将公司推向了德国音响行业的最前沿——正如它所期待的那样。

与博朗同时代的其他产品一样，对细节的关注不仅意味着“自内而外”的设计、优先考虑用户，以及协调材料、产品摄影和包装；这种设计方法也被应用到一系列精

心制作的配件上。拉姆斯当时最迷人、最精致的设计之一是一个用来平衡唱片机拾音
P.284 器的简单的小表盘。[←] 它设计于 1962 年，装在一个普通的灰色盒子中出售，价格仅为 4.50 德国马克。

— 高端高保真音响

尽管对埃尔温和阿图尔·博朗来说，这从来都不是一个经济上成功的领域，他们依然给了技术部门大量资金，用以研究和改进高保真音响的性能。结果，随着产品音质的稳步提高，其复杂性及价格也都逐渐提高。1965 年，博朗推出了拉姆斯在此系
P.279 列中的顶级之作“录音室 1000”立体声系统[←]。它有着德国市场上最强大的放大器以及一系列出色的技术特色。此系列所有组件的主体均采用黑色漆面，配以带有圆角的铝制面板和隐藏式螺丝，这使其外观更加优雅。凭借“录音室 1000”，迪特·拉姆斯不仅为博朗，而且也为竞争市场再次定义了未来几年的音响设备的外观。这是一款为富裕的高保真发烧友设计的高端系统——其零售价为 15000 德国马克，在当时相当于一辆豪华汽车的价格。后来的“录音室 500”是更为经济的产品系列，它保留了“录音室 1000”和 PS 500 唱片机的许多特性——这些特性被许多人认为是所有顶级系统的标配，并一直生产到 20 世纪 70 年代中期。

20 世纪 70 年代初，拉姆斯接下来设计的一个著名的大规模系统是“导演”系列，这个系列是他在高保真领域的杰作。这是第一款全黑色的高保真系统，并且产自
P.280 1976 年的“导演 550”[←] 采用了凸面而非通常的凹面开关——这是两项世界领先的创新。当设备运行时，越来越多的彩色发光二极管指示器便会亮起。此外，色彩取代了控制界面上的某些文字，例如仅用黄色指示灯来代表“唱片机”开关。此时，博朗的设计工作室已经开始扩大规模，1970 年加入团队的彼得·哈特魏因开始与拉姆斯一起合作开发高保真系列。起初，他与拉姆斯合作设计“录音室”系列，后来在 20 世纪 70 年代末，他接管了大部分的高保真产品线。

在完全屈服于价格更低、速度更快的日本工业之前，博朗公司出品的最后一个高
P.282 保真系统是 1980—1984 年的“工作室”系列[←]。它由拉姆斯和哈特魏因在法兰克福联合设计，并在远东地区生产。不同的零部件在不同国家的不同工厂生产，以备后期组装，而这整个过程成了物流的噩梦。

这套“工作室”系统可以垂直或水平叠放，每个组件的顶部和底部都有着向后倾斜 45 度的边缘，这赋予了它们极其纤薄的外观。整个系统有包括电视机在内的诸多组件，它们均可遥控。特别重要的是，在持续了十年的生产期内所制造的所有“工作

室”系列的组件，都可以在外观与技术层面任意相互组合：尽管有技术上的更新，但它们都有相同的尺寸，可以相互连通。这意味着它们可以随着时间的推移而一直升级，直到 1990 年的最后一个版本。

电视机

赫伯特·希尔歇为博朗设计了第一台权威的电视机，即产自 1958 年的 HF 1 电P.286视机[←]。它成功结合了博朗的设计和包豪斯的理念，如果不考虑高达 950 德国马克的零售价，它可以说是一件卓越的家用电器。HF 1 电视机的外形非常流畅，与当时常见的抛光木质电视机外壳（外壳采用蓝灰色的亚光漆面）相去甚远，以至于当它刚进入市场时，看起来就像是来自外太空的科技。除了正面的开 / 关控制之外，其余的操作控制器都隐藏在设备顶部的一块与机身平齐的面板之下。

迪特·拉姆斯设计的最可爱的一款电视机从未投入生产，即 1962 年的 FS 1000 P.285电视-门户（TV-Portal）[←]。它原本是 T 1000“世界接收器”系列的产品之一，但可惜没能通过早期的模型阶段。这款机型被设计为垂直排布的样式，顶部有一个手柄，前端配有一个非常轻巧的拉丝铝盖，可以像门一样打开。甚至连笨重的管线都被约减到最小尺寸而置于机身背部。在 20 世纪 60 年代、70 年代和 80 年代，博朗常常在技术领域遥遥领先；他们有时甚至远远领先于市场本身（或者说是领先于其市场部的魄力），许多伟大的技术成果被搁置于架上。

P.287由拉姆斯设计并投入生产的电视机机型中，有一款名为 FS 80 的电视机[←]，它产自 1964 年，置于一根如鸟腿般的支架之上。随后，他又设计了产自 1965 年的P.288FS 600、产自 1967 年的 FS 1000[←]和产自 1968 年的 FS 1010 电视机。后来又有其他电视机问世，如产自 1986 年的 TV 3，由拉姆斯与彼得·哈特魏因共同设计。然而，TV 3 并不是那种独立的客厅用家具。它的外观和显示器差不多，被设计为“工作室”高保真系列的一个补充模块，是家庭娱乐系统的一部分。它采用黑色或者米色的亚光塑料外壳，从正面看，这个线条圆润且柔和的纤薄框架包裹着玻璃屏幕，机身落在一个小小的底座上。这个概念基于 20 世纪 60 年代初对“音频 2”系统的电视机P.256组件[←]的研究，那是一个相当前卫的、有着白色框架的屏幕，置于包含着控制元件的模块上，并固定在一根细长的金属管支架上。1965 年的 FS 600 电视机虽然可以凭着它的金属双脚支架单独使用，但它被设计成“音频 2”系统的一个组件。今天，我们已经用几十年的时间习惯了家用电脑的设计美学，便不那么惊讶于一个较大的显示器和几个“硬件”单元放置在一起的样子，但在当时，这些系统的概念具有轰动一时的“现代性”。

— 打火机

研发打火机的故事是一个相当经典的博朗传奇，它包含了设计、技术和功能这诸多方面，也是迪特·拉姆斯最喜欢的故事之一。他是这样开始讲述的：“有一天，博朗董事会的一位成员来找我，问我们是否可以设计打火机，我回答说‘只有当我们用自己的技术从内部研发它们的时候才可以’。”[23] 在 20 世纪 60 年代中期，许多打火机仍然使用石器时代的技术，用打火石和打火轮来操作。博朗的技术人员发现了一种电磁感应系统，他们能够以此作为研究的出发点——但这种系统以前只用于较大的设备，因此需要进行相当大的调整。“它需要很大的压力才能被点燃——这种技术来自摩托车的启动机制。”拉姆斯回忆说。因此，他们的第一款桌面打火机——1966 年的 TFG 1 打火机相当笨重。它由莱因霍尔德·魏斯设计，外形多少有些受制于点火系统（并且看起来与魏斯设计的产自 1963 年的 HT 2 烤面包机并没有什么不同）。

P.290 然而，第二款打火机，即 1968 年拉姆斯设计的圆柱形 TFG 2 / T 2 打火机[←]，其设计不仅符合新的操作要求，并且进行了调整，使它能舒适地贴合人手使用。这款圆柱形打火机的侧面有一个大的凹陷式按压开关，“所以，当你拿起它的时候，你会自动把你最有力的手指，也就是大拇指，放在按钮上按压它。”拉姆斯说，当时，技术部门还成功地缩小了电磁机制，使得拉姆斯可以根据使用者的需求来自由塑造打火机的外形，而无须受限于其内部设备的规格。

在进入市场之时，圆柱形的 T 2 打火机可能算是一种高科技设备，但就外形和功能而言，它也是所有博朗设计中最简洁的产品之一。它是一个用来打火点燃香烟的工具，这便是它的功能范畴。它唯一的其他功能是装饰，因为它的设计目的之一是像小型桌面雕塑那样吸引人的注意力。于是它成了博朗公司设计部门允许的极少数带有明确装饰性的产品之一。一系列五彩斑斓以及有着各种材质的外壳的款式被生产出来，包括闪亮的脊状金属外壳、亚光拉丝金属外壳、纯黑塑料款式以及各种彩色塑料外壳。博朗团队甚至还出品了一个透明的款式，这对他们来说是一种近乎浮夸的风险。后来的一款压电式点火版本使得圆柱形的 T 2 打火机更加经济实惠，而 1974 年的最终版甚至采用了太阳能供电。拉姆斯在 1970 年设计了另一款“时髦的”桌面打火机，即有着圆角的立方体形状的“多米诺”打火机。它有多种相当“流行”的颜色，并有一套塑料烟灰缸与之搭配。

23 迪特·拉姆斯，与作者的对话（2007 年 8 月）。

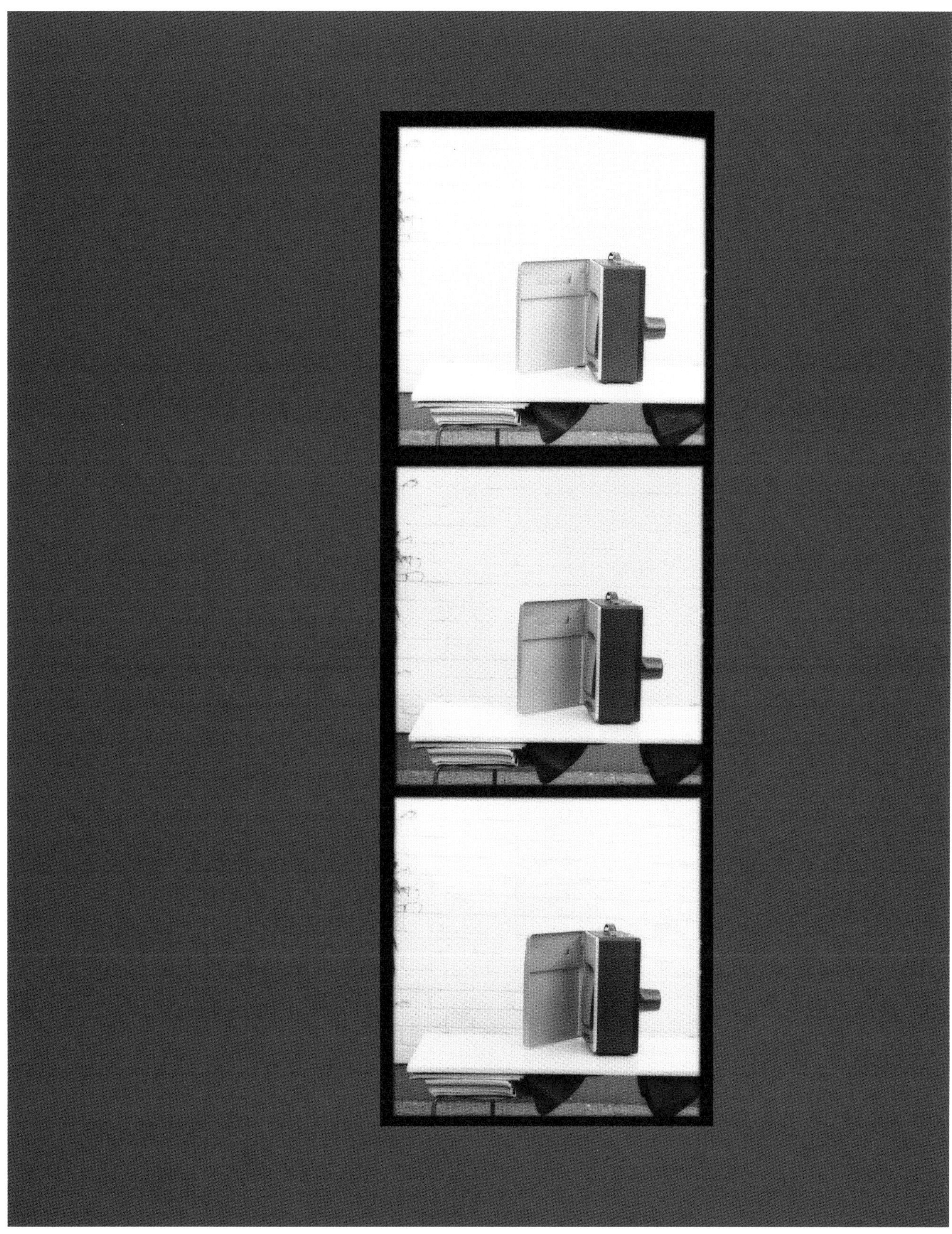

FS 1000 电视 - 门户的原型，迪特·拉姆斯，1962 年

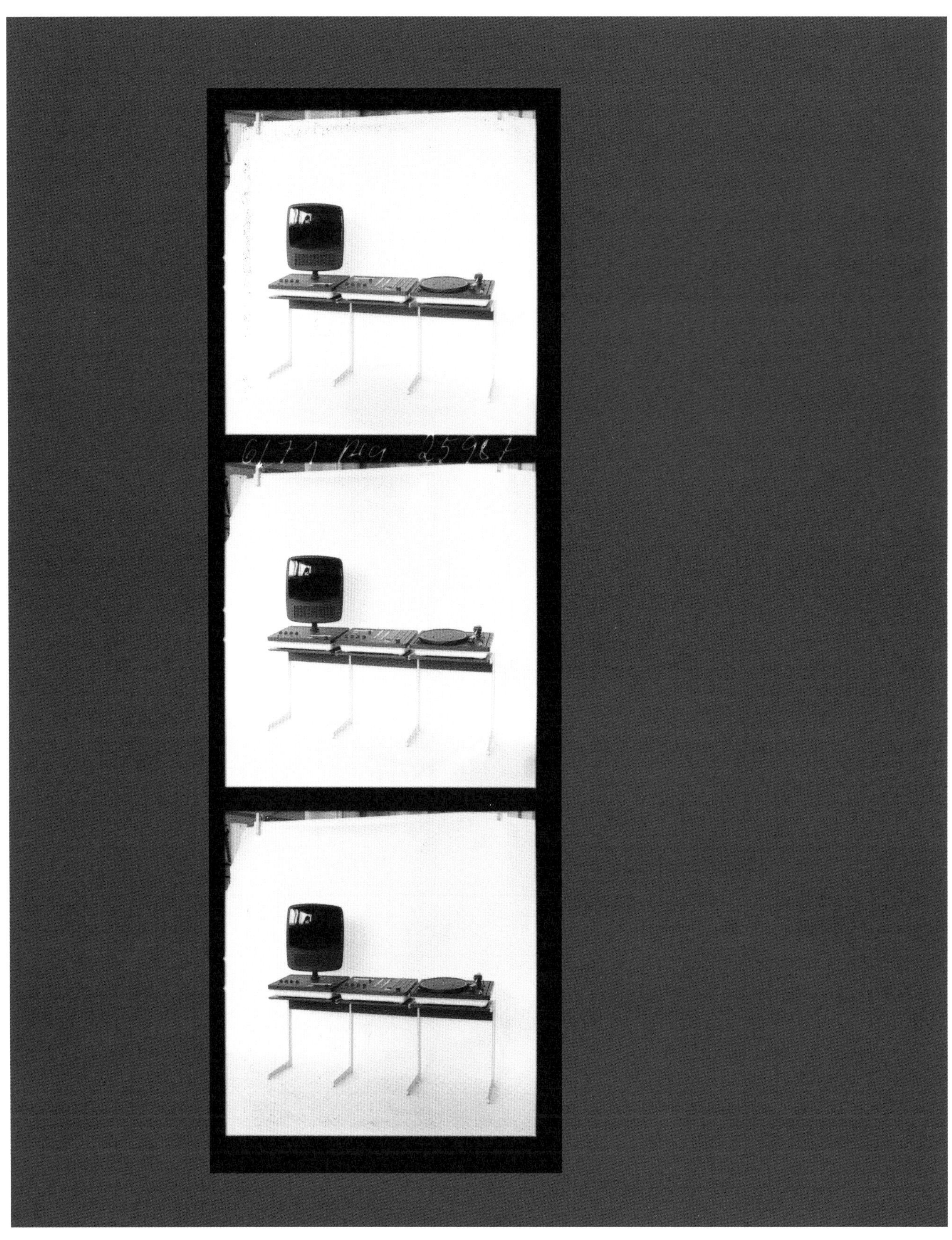

对“音频”系统的电视机组件的研究，约 1968 年

T 22 收音机，迪特·拉姆斯，1960 年

T 52 收音机，迪特·拉姆斯，1961 年

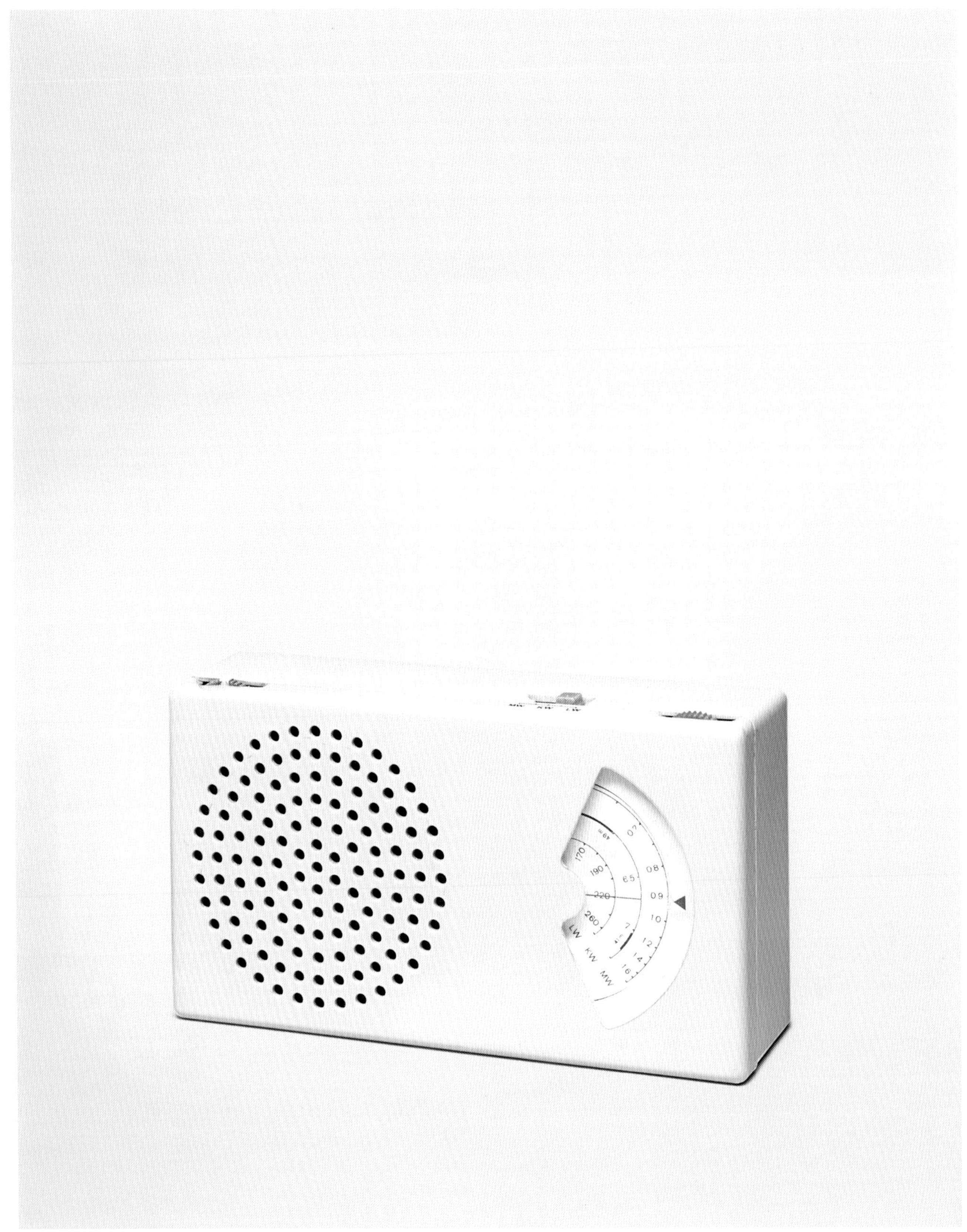

T 41 收音机，迪特·拉姆斯，1962 年

TP 1 收音－唱片机，配置 T 4 收音机和 P 1 唱片机，
迪特·拉姆斯，1959 年

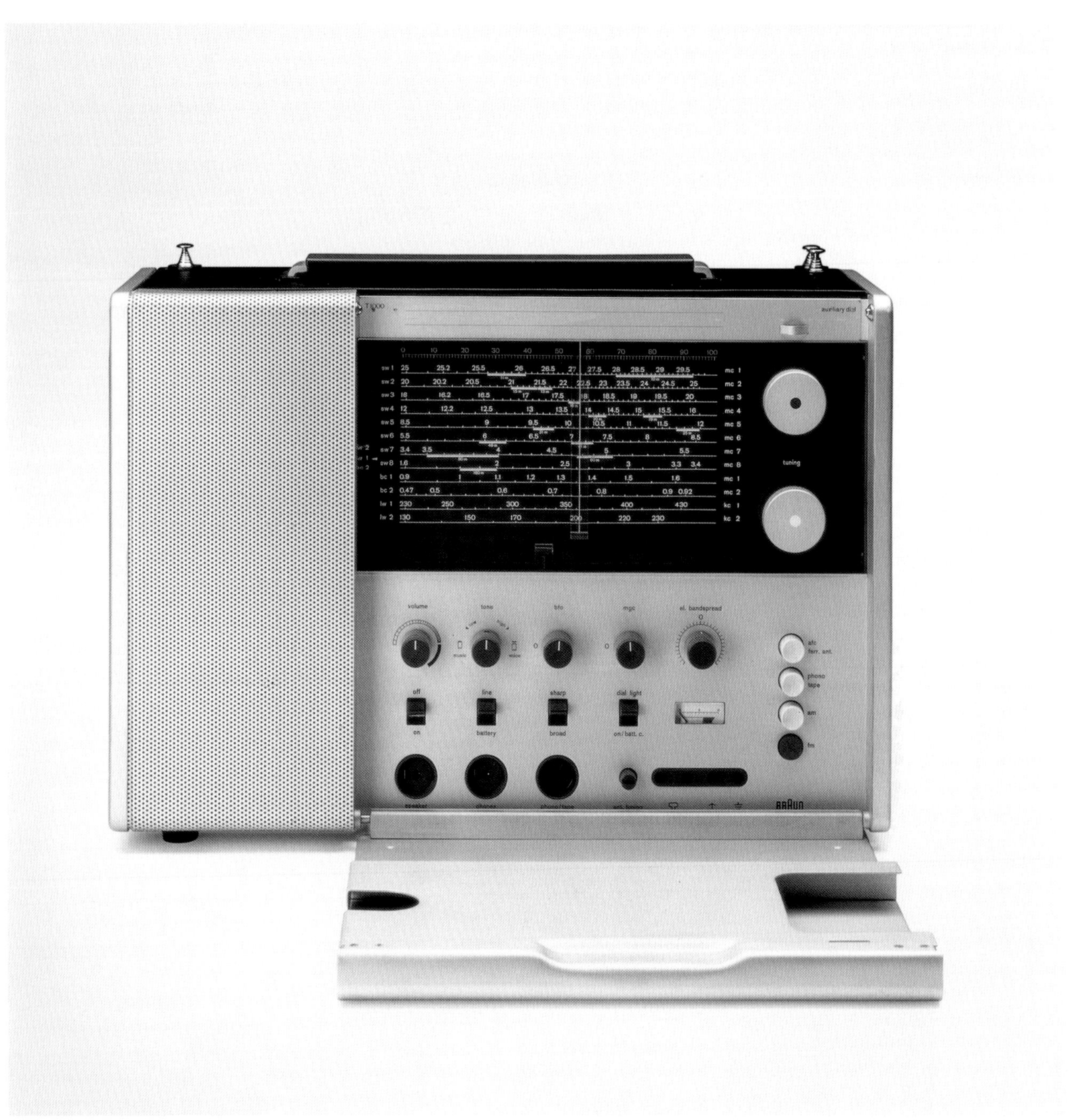

T 1000 收音机，迪特·拉姆斯，1963 年

RT 20 收音机，迪特·拉姆斯，1961 年

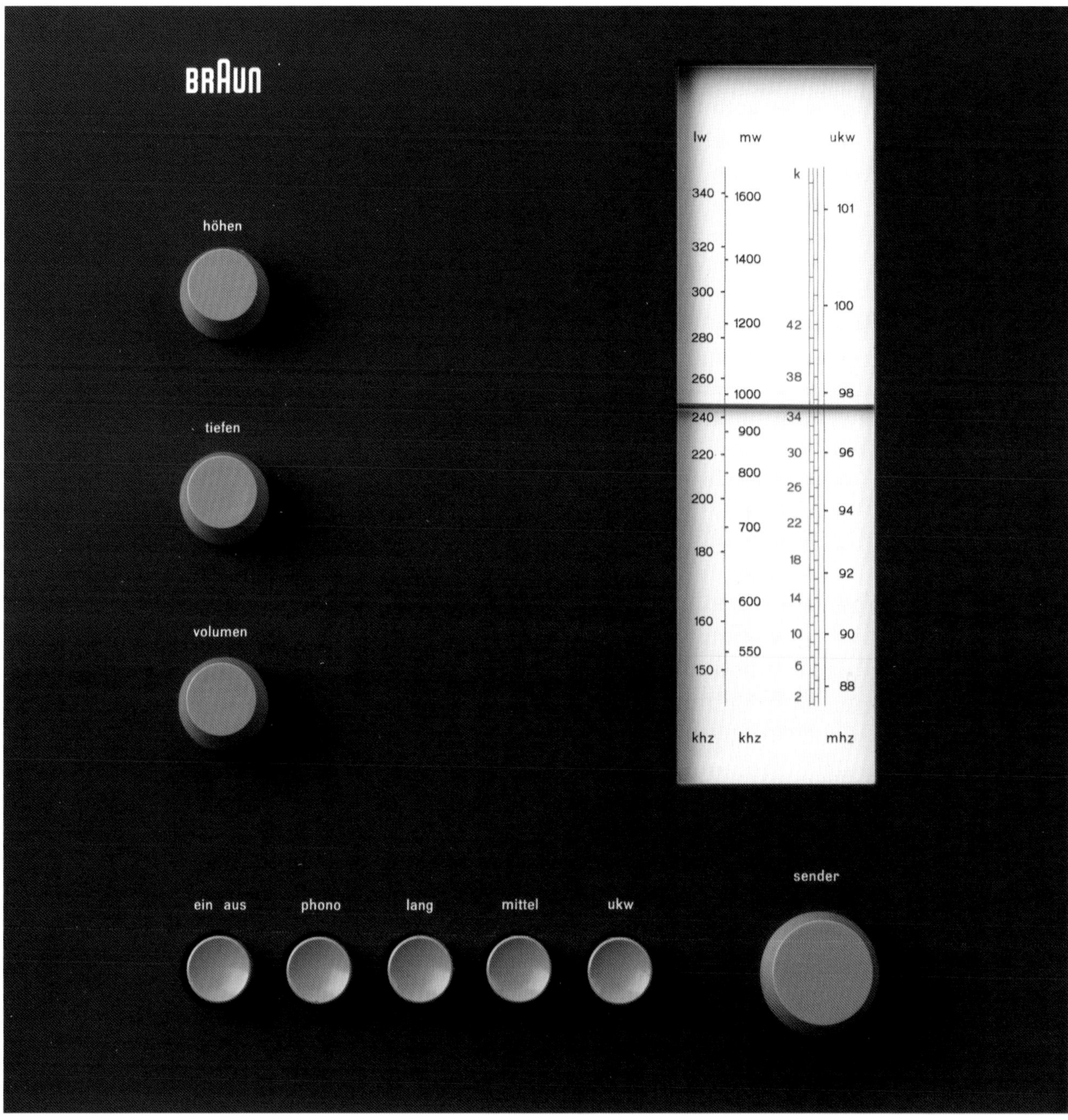
BRAUN
höhen
tiefen
volumen
lw mw ukw
k
340 1600 101
320 1400
300 100
1200 42
280
260 38
1000 98
240 34
900
220 30 96
800
26
200 94
700 22
180
18 92
600 14
160
10 90
550
150 6
88
2
khz khz mhz
sender
ein aus
phono
lang
mittel
ukw

“工作室 1”收音机兼唱片机以及 L 1 扬声器，迪特·拉姆斯，1957 年

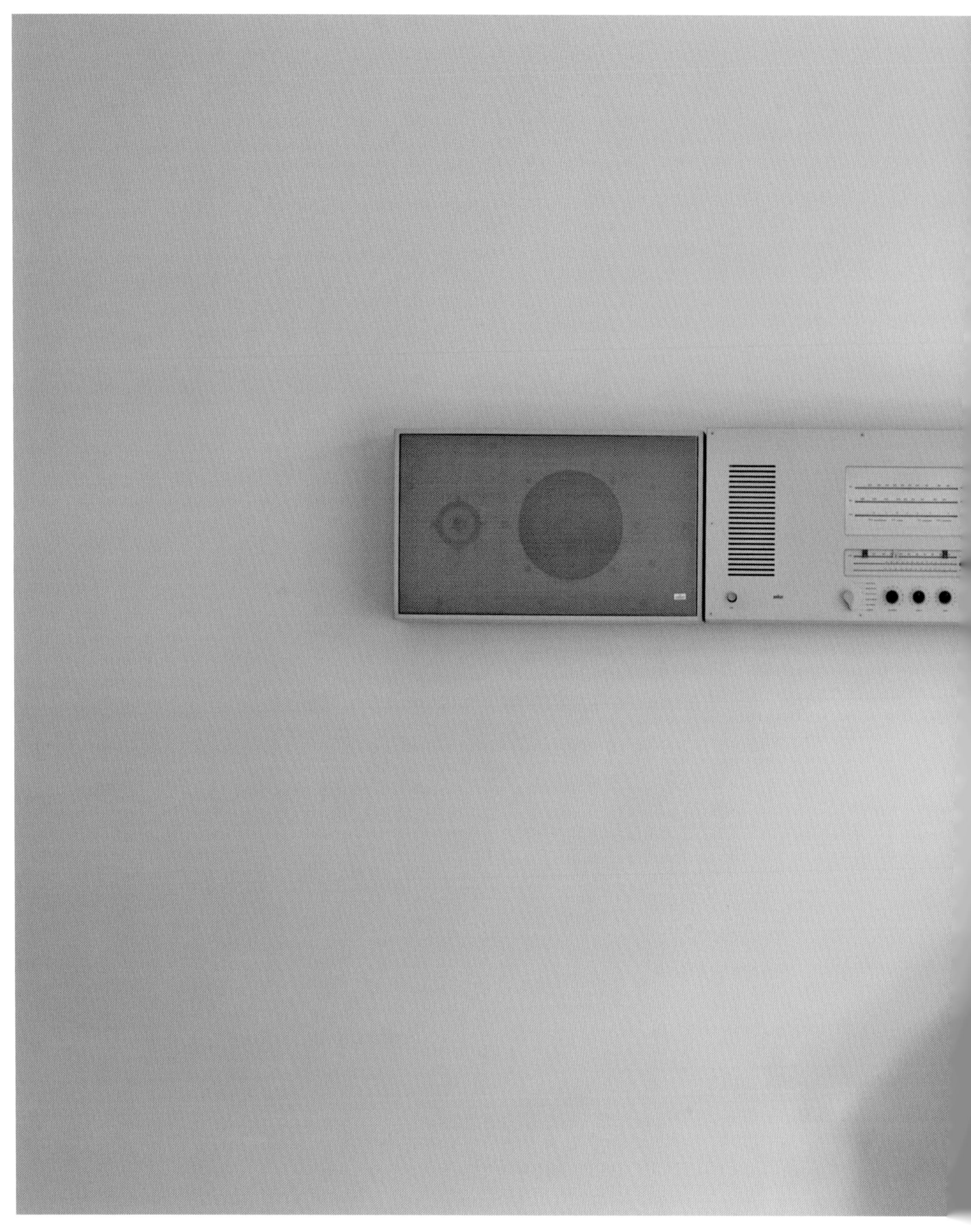

TS 45 控制单元，1964 年，TG 60 磁带录音机，1965 年，
L 450 扬声器，1965 年，迪特 · 拉姆斯

“音频 300”组合系统，迪特·拉姆斯，1969 年

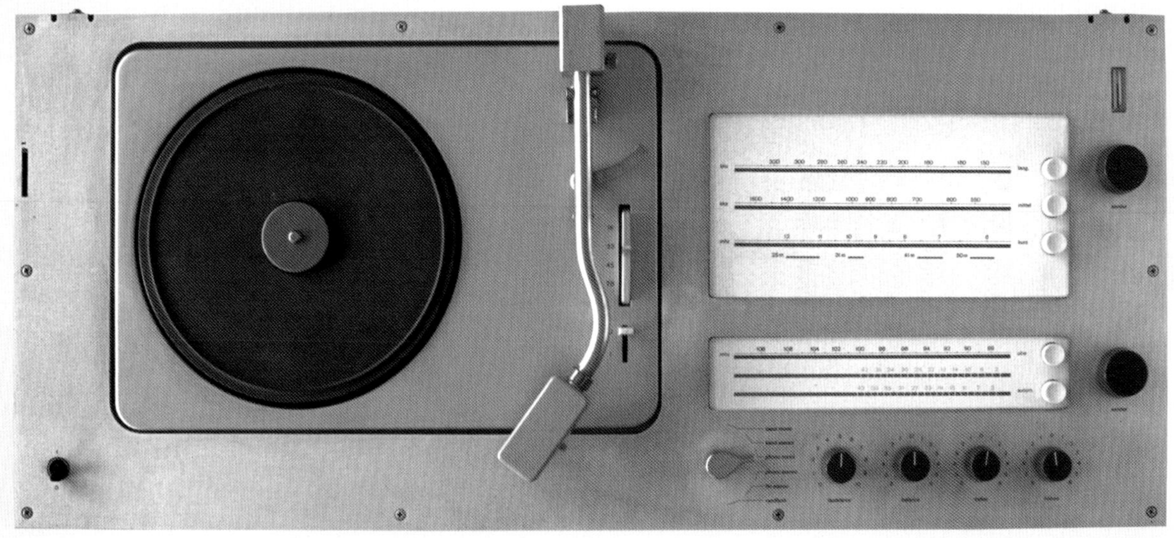

“音频 1”组合系统，迪特·拉姆斯，1962 年

“音频 308”组合系统，迪特·拉姆斯，1973 年

“音频 400”组合系统，迪特·拉姆斯，1973 年

L 2 扬声器，迪特·拉姆斯，1958 年

L 01 扬声器，迪特·拉姆斯，1959 年

LE 1 扬声器，迪特·拉姆斯，1959 年

“录音室 2”系统，迪特·拉姆斯，1959 年，这个配置包含了
CS 11 控制单元和唱片机、CE 11 接收器及 CV 11 放大器。

“录音室 1000”系统，迪特·拉姆斯，1965 年

“导演 550”，迪特·拉姆斯，1976 年

“导演 350”的细部，迪特·拉姆斯，1976 年

“工作室”系统，彼得·哈特魏因，1980－1987 年

用来平衡唱片机拾音器的表盘，迪特·拉姆斯，1962 年

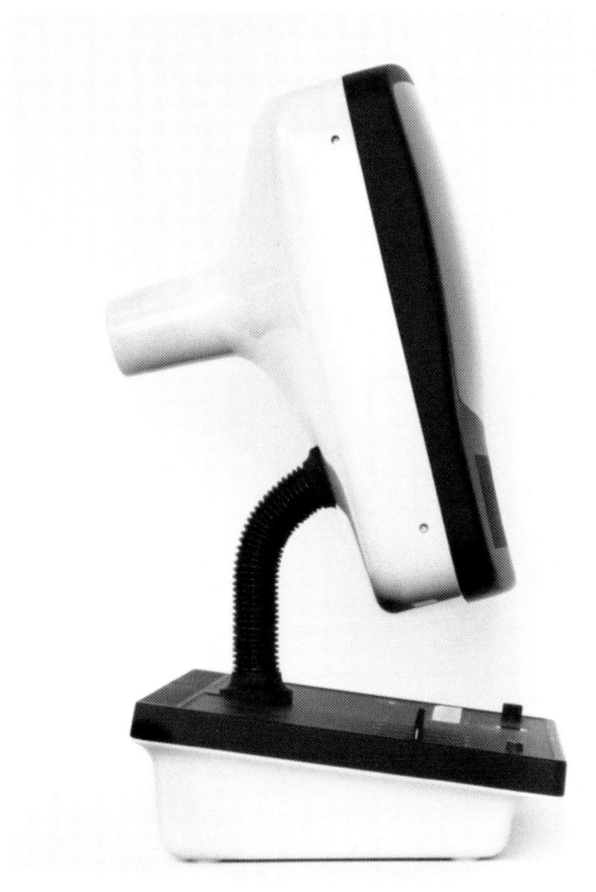

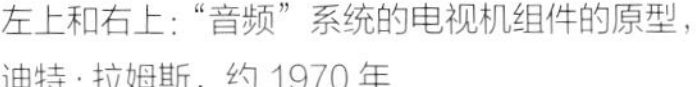
左上和右上:“音频”系统的电视机组件的原型，
迪特·拉姆斯，约 1970 年

左下和右下:FS 1000 电视-门户的原型，
迪特·拉姆斯，1962 年

HF 1 电视机，赫伯特·希尔歇，1958 年

FS 80 电视机，迪特·拉姆斯，1964 年

FS 1000 电视机，迪特·拉姆斯，1967 年

另一方面，博朗的口袋式打火机往往光滑且优雅，通常用亚光银色、黑色或者是将二者组合作为外壳配色。在 1971—1981 年期间，迪特·拉姆斯、弗洛里安·赛费特、于尔根·格罗贝尔以及包括古格洛特研究所在内的外部设计师设计并推出了许多非常成功的型号。特别值得一提的是拉姆斯自己设计的产自 1971 年的 F 1 打火机[←]，这是一款具有创新机制的燃气打火机，翻转盖子就能点火。

P.291

摄影和电影

第一件由迪特·拉姆斯完全独立为博朗设计的产品是 1956 年的 PA 1 幻灯片放映机[←]。尽管它的外形比较方正，但其棱角比当时绝大多数博朗家电的线条都要柔和，并且，倾斜的前面板给予了此设备一种流动感和比例上的平衡感，让人赏心悦目。PA 1 放映机所包含的细节被简化为清晰的要素。铸造金属外壳表面的灰色纹理，使得幻灯机的外观看起来很中性，也没有什么附加的元件：黑色的通风口格栅、银色拉丝金属制成的镜头外壳，配以使用黑色塑料制作的细节。四个块状的机械操作按钮沿侧面一字排开，使用了明显的具有标识意义的红色，并刻有符号浮雕以表明其功能。

P.57

博朗在摄影和电影设备领域发展出了一个有趣的利基市场。公司的一系列产品，包括幻灯片放映机、电子闪光灯，以及为发烧友设计的高品质的超 8（Super-8）电影摄影机，在这些技术正处于巅峰期的时候都成了成功的产品。但在小型照相机市场上，博朗在与爱克发（Agfa）和柯达（Kodak）公司竞争的尝试上却有点失败。博朗只生产了一款照片照相机，即由罗伯特·奥伯海姆和卡尔-海因茨·朗格（Karl-Heinz Lange）设计的 Nizo 1000 照相机，在 1968—1971 年售卖。

P.298

然而，博朗的闪光灯[←]却取得了巨大的成功，并有多种型号可供选择，其中包括理查德·费舍尔设计的专业系列（F 80 和 F 800 专业型）。从 1958 年到 1972 年，在奥伯海姆接管闪光灯设计之前，它们几乎全部由迪特·拉姆斯设计。这些产品取得成功有诸多原因，包括小型化和晶体管应用方面的技术成就、能够提供稳定性和安全性的高品质塑料外壳，以及使用的便捷性，当然还有紧凑和现代的设计。博朗在这些高科技消费产品领域（例如高保真领域）取得了卓越的成功。在这些领域中，博朗的技术人员和设计人员需要紧密地相互合作，而这在很大程度上要归功于拉姆斯早期培养出的公司各部门之间的友好关系与团队精神。他很早就意识到，为了创作出成功的工业设计方案，设计师和技术人员既不应当在竞争关系中工作，也不应当忽视对方的工作，而应当建立起团队合作。为了实现这一点，博朗公司在早期的研发阶段就使用详细的 1:1 模型进行实践，这种做法至关重要。

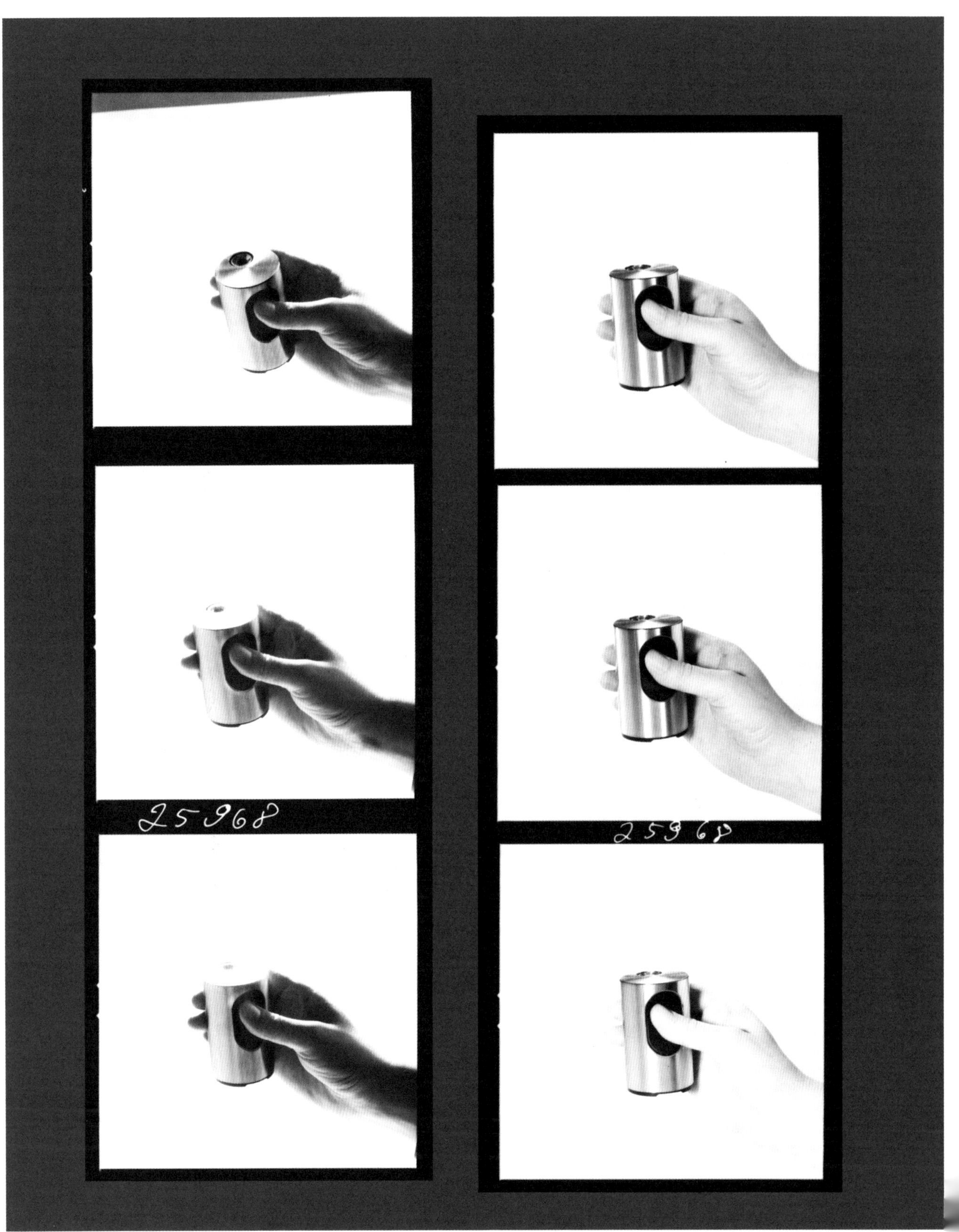

T 2 打火机宣传照，迪特·拉姆斯，1968 年

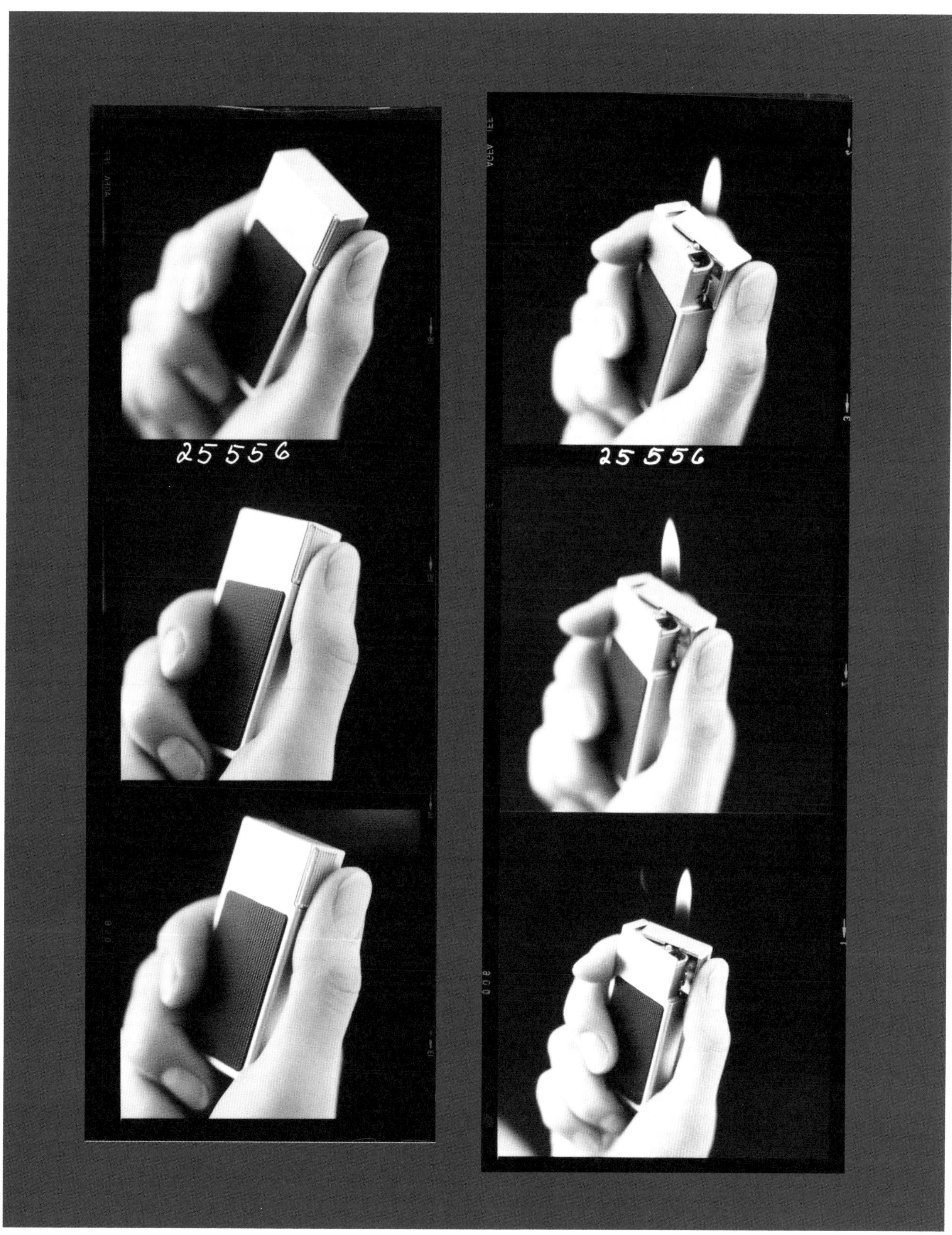

F 1 打火机宣传照，迪特·拉姆斯，1971 年

和闪光灯一样，博朗超 8 摄影机也凭借其创新、优质以及强大的功能和便利的操作，成为当时世界范围内的领军者。博朗的第一台 Nizo 电影摄影机是 1963 年出品的 FA 3 摄影机，由迪特·拉姆斯、理查德·费舍尔和罗伯特·奥伯海姆设计。它的外观看起来技术感十足，以博朗的标准来说甚至有些繁复。1964 年由拉姆斯和费舍尔设计的 EA 1 摄影机 [←] P.73 是一款更为流线型的产品，它有一个可折叠手柄，使它能够装进一个小巧的旅行皮箱中。在功能方面，它为后来的机型树立了标准。在那之后，罗伯特·奥伯海姆接手了超 8 摄影机的设计。他于 1965 年推出的 Nizo S 8 摄影机 [←] P.73 是一款既结实又有着过硬技术的大师级产品，在国际上享有盛誉。它有着氧化铝材质的外壳，所有开关既清晰可见又可触摸识别，并且都位于左手的位置以方便在右手拍摄时进行操作。此款机型持续生产达 18 年之久。后续的机型采用新技术进行升级，它们有着更小、更紧凑的样式、更简单且更符合人体工程学的开关、录音设备和弱光拍摄功能，等等。

20 世纪 70 年代中期，第一批有声摄影机问世，它们的胶卷更大、更重，并且需要更多空间来放置录音元件。1976 年，彼得·施奈德设计出了第一台这样的摄影机，即银色和黑色的 2056“声音”（sound）摄影机。经过多次实验后发现，最好且最紧凑的话筒位置方案是将其置于机身下方，作为前倾式手柄的一部分。此外，它还有一个像是专业摄影机上的那种可折叠的肩部支撑。施耐德的其他著名的有声摄影机设计还有 1979—1981 年的“整合”（integral）系列。

1981 年，包括电影和幻灯片放映机在内的整个负责电影和摄影的技术部门，都被有计划地移交给了罗伯特·博世摄影器材公司（Robert Bosch Photokino）。到 1985 年，博朗公司完全停止了在这一领域的生产。[24] 随着便携式录像机这种新技术的出现，超 8 摄影机的市场已经不复存在。

— 家用电器

厨房电器是博朗的另一大市场，但迪特·拉姆斯本人并未过多涉足此领域。著名的博朗 KM 3 食品处理机是 20 世纪 50 年代市场上最早的半专业设备之一。它由格尔德·阿尔弗雷德·米勒设计，充分考虑了用户使用的便利性。它有着博朗一贯的简洁线条，但比拉姆斯的设计要更有曲线。赖因霍尔德·魏斯设计于 1963 年的黑色和镀铬材质的 HT 2 单槽烤面包机是博朗的另一个经典之作；它甚至获得了波普艺术家理查

24 See Günter Staeffler, 'Braun Elektronenblitz-Geräte: Künstliches Licht formschön verpakt', *Design + Design* no. 44 (August 1998), 3-9.

德 · 汉密尔顿（Richard Hamilton）的赞誉，他误以为这个产品是拉姆斯的设计，并评价说，拉姆斯所设计的消费品“在我的心中和意识里所占据的位置，就如同圣维克多山之于塞尚”。在产品设计中，著作权是一个棘手的问题。

然而，拉姆斯确实参与设计了另一件成功的厨房电器，那便是产自 1972 年的 P.305 MPZ 2/21/22“橙汁机器”榨汁机[←]，由他与于尔根 · 格罗贝尔以及西班牙设计师和工程师加夫列尔 · 柳埃列斯（Gabriel Lluelles）共同设计。1962 年，博朗在巴塞罗那附近收购了一家工厂，开始为西班牙市场生产家用电器。这款“橙汁机器”是一台极其简单的电动柑橘压榨机。你只需将半个橙子轻轻地放在机器上面，之后机器会在橙子下面旋转，把一个玻璃杯放在出水口旁边便可以收集果汁了。当杯子装满后，你可以将出水口向上卡住，防止继续滴水。它非常稳固，各部件容易清洁，而且不占空间。此外，它有一个有机玻璃材质的盖子，这个设计与 SK 4 唱片机相呼应。没过多久，这款家用厨房电器就出现在几乎所有巴塞罗那的吧台上，成功地实现了从家用到商用的跨越。迪特 · 拉姆斯值得为这款“橙汁机器“的“实用性”感到自豪。它或许是博朗设计中最完美的产品之一，因为它出色地完成了自己的工作，以至于在上市半个多世纪后的今天仍然在生产。

博朗“香气大师”过滤式咖啡机最初发行于 1972 年，由弗洛里安 · 赛费特设计的 KF 20 咖啡机是其中第一款产品。它们的设计原则对于这类家电来说是很新鲜的：各种部件上下堆叠在一起，构成一个紧凑的圆柱体造型。博朗的多位设计师制造了多种不同的版本，其中一个代表作是产自 1984 年的 L 型 KF 40 咖啡机，它由哈特维希 · 卡尔克设计，包含两个圆柱体，一个用来装水，另一个用来过滤和装咖啡。这个设计的优点是，只需要一个加热元件就能够给水加热并给咖啡保温，从而降低了生产成本。拉姆斯为咖啡机系列产品做出的贡献是产自 1969 年的 KMM 2“香气”咖啡 P.308 磨豆机[←]，它的造型也是圆柱形的。KMM 2 磨豆机是拉姆斯罕见的“彩色”设计之一；其塑料外壳有白色、深红色、黄色和黑色可供选择。它也有一个透明的有机塑料材质的盖子，基座两侧有两个缩进式的平整侧面，便于单手持握。

P.308 一年后的 1970 年，拉姆斯设计出了他唯一的一款吹风机，即 HLD 4 吹风机[←]（赖因霍尔德 · 魏斯设计的 HLD 2 吹风机的后续产品）。它也有多种颜色可供选择（红色、蓝色和黄色），并采用了为 KMM 2 磨豆机而研发的翘板开关，可以用拇指轻松操作，这次用一个白点来代表“开”的位置。这款吹风机采用了相当精妙的切向横流风扇，使其体形小巧，很适合旅途中使用，但由于没有手柄，使用者的手可能会遮住进气口，从而导致设备过热。后来，博朗又回到了带手柄的吹风机，并推出了带有倾角的手柄以便更好地握持，这一设计后来成为行业的标准。

钟表

电子钟、时钟收音机和口袋式计算器一起作为博朗产品设计的一个分支，几乎只由迪特里希·鲁布斯（他经常与拉姆斯合作）一人负责。作为一名年轻的设计师，他的工作起步于产品的平面设计，直到后来成为整个产品系列的负责人。鲁布斯对平面设计细节的洞察力，以及他平衡二维与三维设计的天赋，使得他成为团队中负责处理数字以及指针式钟表界面的理想人选，由此他的工作通常在纳米的领域。最初的一些P.79机型，如 1975 年的“机能”闹钟[←]，采用了数字显示，但正是那些指针式钟表赢得P.301,80了消费者的青睐，包括 1981 年的 ABW 挂钟[←]、AW 10 腕表[←]，以及 1972 年的P.311“相位 3”闹钟、1975 年与迪特·拉姆斯共同设计的 AB 20 闹钟[←]等小型闹钟。

指针式钟表也许看似简单，但其简单的外观之下却隐藏着相当多的工程和新技术。如何在睡眠和清醒之间进行巧妙的过渡，是设计团队重点研究的课题。在众多关于按键和开关的实验中，有一些使用了被博朗称为“反射式控制”的红外线传感器，它可以对手的挥动做出反应；还有一些使用声音控制，当使用者对闹钟大喊一声时，闹钟便会关闭。许多闹钟开关都使用了简单的色彩编码，例如，在开关上用一条细细的绿线或者一个绿色圆点来表示“闹钟开启”，或者在开关的一侧设置一个类似盲文的凸起，这样使用者仅通过手的触摸便可找到开关的位置。这些设计都非常容易操作——这也是另一个对尚未睡醒的使用者的照顾，鉴于他们那时可能比较脆弱且无法集中注意力。

口袋式计算器

1975 年，迪特·拉姆斯和迪特里希·鲁布斯设计了博朗的第一台口袋式计算器 ET 11。由于计算器内使用了来自日本的技术，它的外形看起来比较笨重。鲁布斯回忆，当时他在自己的办公室里和拉姆斯讨论如何改进它：“我们讨论了一下外形，认为新版本应该更紧凑、半径更小，并且我们需要改进键盘。”[25] 因此，后续的型号（特别是产自 1976 年的 ET 22 和产自 1977 年的 ET 33 计算器）外形更加扁平，并采用了棕色、红色、黄色、绿色和黑色的色彩编码，这种色彩编码已经在博朗高保真系统中证明了其有效性。此外，设计师们还使用了创新的凸形按钮，鲁布斯已在他设计的产自 1975 年的“机能”闹钟上尝试使用过这种按钮，它也出现在产自 1976 年的“导

[25] 迪特里希·鲁布斯，与作者的对话（2009 年 6 月）。

演 550”高保真系列中。“在产品的细节上，心理功效是至关重要的。”拉姆斯说，“老式的机械按钮是凹形的，因为操作时需要用力去按它们。但我们把（ET 计算器的）电子按钮做成了凸形，因为按中正确的点比按压力度更为重要。我们把平面设计的细节做得非常到位，即便计算器技术发生了变化，它们的设计在 20 年里都没有改变。”[26]

剃须刀

1950 年，马克斯和阿图尔·博朗推出了他们的第一款电动剃须刀 S 50，该产品配备了具有专利的网膜和刀头。自此之后，电动剃须刀一直都是博朗公司的核心产品领域。事实上，正是将后来的一款剃须刀型号授权给美国朗声公司所得的巨额收入，为埃尔温·博朗发起的实验性设计研发提供了大部分资金。直到今天，博朗的网膜电动剃须刀仍然是世界市场的领军者。多年来，博朗的设计一直随着新技术的发展而更新，以在竞争中保持领先。众多设计师、技术专家和材料专家对博朗电动剃须刀进行了许多调整，包括对电机、外壳、开关和表面形式的细微改动，以提高性能，并确保其更容易握持、使用和清洁。作为一个成功的产品领域，它们体现了博朗设计方式的灵活性和凝聚力。

继汉斯·古格洛特和格尔德·阿尔弗雷德·米勒之后，迪特·拉姆斯特别参与了“六分仪”系列剃须刀的设计，该系列于 1962 年首次生产，其中汉斯·古格洛特设计的 SM 31“六分仪”剃须刀是第一款黑色外壳的剃须刀。拉姆斯与罗伯特·奥伯海姆和弗洛里安·赛费特共同设计了产自 1973 年的“六分仪”8008 剃须刀[←]，并与奥伯海姆和罗兰·乌尔曼共同设计了产自 1979 年的“六分仪”4004 剃须刀。这两款剃须刀都有着结构轻巧的黑色塑料表面，握感良好，并且配有拉丝金属外观和白色的产品图案。“（剃须刀）设计最重要的地方无疑是设备外壳的手感，包括把它拿在手里使用时的触感，还有放下、移动和固定时的感受。”拉姆斯如是说。[27] 由乌尔曼设计的“微米多变 3”剃须刀于 1985 年上市，它是大获成功的“六分仪”系列后续的创新产品。而“微米 plus”剃须刀的开发历时约十年，它象征着为做出“恰到好处”的设计所需要付出的努力。这款产品的两个关键细节是剃须刀顶部的长须修剪刀头以及高度创新的外壳构造。剃须刀手柄由软质塑料（热塑性聚氨酯）和硬质塑料（聚碳酸酯）组合而成，其表面舒适、防滑，并采用特别开发的双注塑工艺制造出美观的凸点式外

P.74

26 迪特·拉姆斯，与作者的对话（2007 年 8 月）。

27 ‘“Technologie” Design’, *Design Report* no. 12 (1989), reprinted in Brandes, ed., *Dieter Rams, Designer*, 199.

壳构造。拉姆斯说：“我们的目标是制造一种触感良好的表面，它需要摸起来很舒服，并且很容易清洁。软质材料似乎比硬质材料或光滑冰冷的金属更适合我们。这就是我们开始寻找一种新的表面构造的原因。”[28] 由此产生的软/硬结合的表面构造是由博朗的技术人员和设计师与塑料制造商拜耳公司（Bayer）紧密合作而专门开发出来的，后来也应用于其他设备。

— 外来委托项目

拉姆斯也为吉列集团旗下的其他公司及姐妹公司设计了几款包含重要细节的产品。20 世纪 70 年代中期，迪特 · 拉姆斯、迪特里希 · 鲁布斯、哈特维希 · 卡尔克和克劳斯 · 齐默尔曼（Klaus Zimmermann）为隶属于吉列集团的书写工具公司缤乐美P.302（Paper Mate）设计了两个笔的系列[←]。这两个系列包括自动铅笔、圆珠笔和毡尖笔，正如人们所期望的那样，它们从技术机制到笔身、包装和平面设计等每一个细节都经过了仔细的考量。有一款铅笔的笔芯需要从顶部向前推出，而另一款铅笔则从中部的扭动装置推出笔芯。这些笔顶部的紧固夹子只需轻轻一压便可打开，使用者可以轻松地将其夹在口袋上。所用材料考虑过塑料、黑色镀铬金属、铝和钢，不过该系列并没有投入生产。

1985 年，迪特 · 拉姆斯和许多其他著名的国际设计师接受委托为德国金属配件制P.304造商 FSB 公司创作一系列门配件的设计[←]。拉姆斯设计出了一系列由铝和热塑性塑料组合制成的亚光银色和黑色的门把手。尽管这些设计有着相当苛刻的美学追求，但它们也惊人地符合人体工程学，曲线的造型以及适度的凸起使得它们便于抓握，且方P.304便手或者指头在适当的位置用力。由此产生的 rgs[29] 系列方案[←]后来包括了窗把手和门阻等 26 个组件，它们体现了拉姆斯对“手感”的考虑，以及他将触觉美学与视觉美学同等考虑的工作方式。这些 rgs 系列（尤其是 rgs 1 系列）特别成功，其中的一些组件至今仍在生产。

[28] 迪特 · 拉姆斯演讲手稿（1980 年 3 月 27 日），迪特 · 拉姆斯档案馆（Dieter Rams archive）1.1.2.11.

[29] “rgs”指的是“Rams *grau schwarz*”，即德语“拉姆斯－灰色－黑色”的首字母缩写。

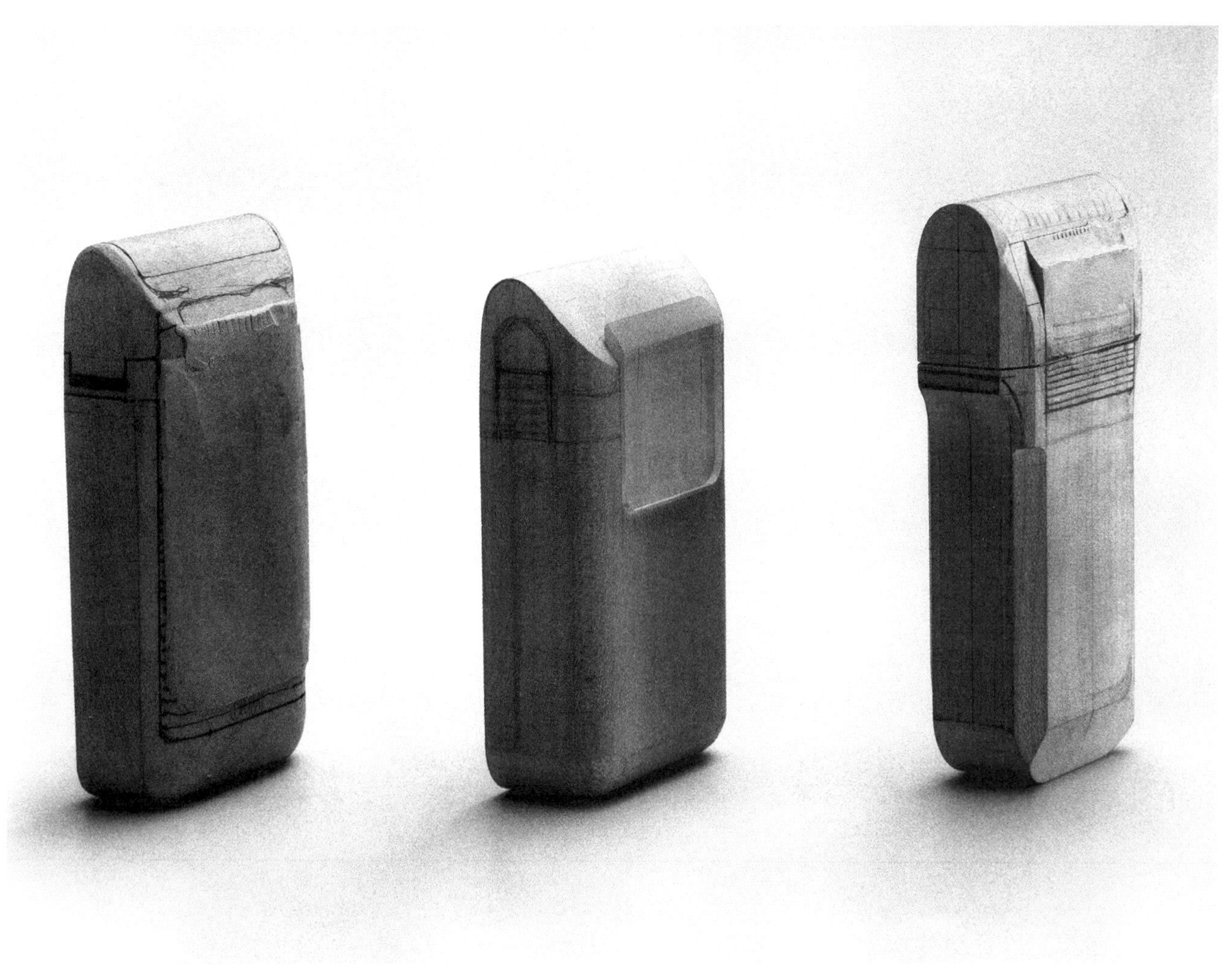

剃须刀模型，罗兰·乌尔曼

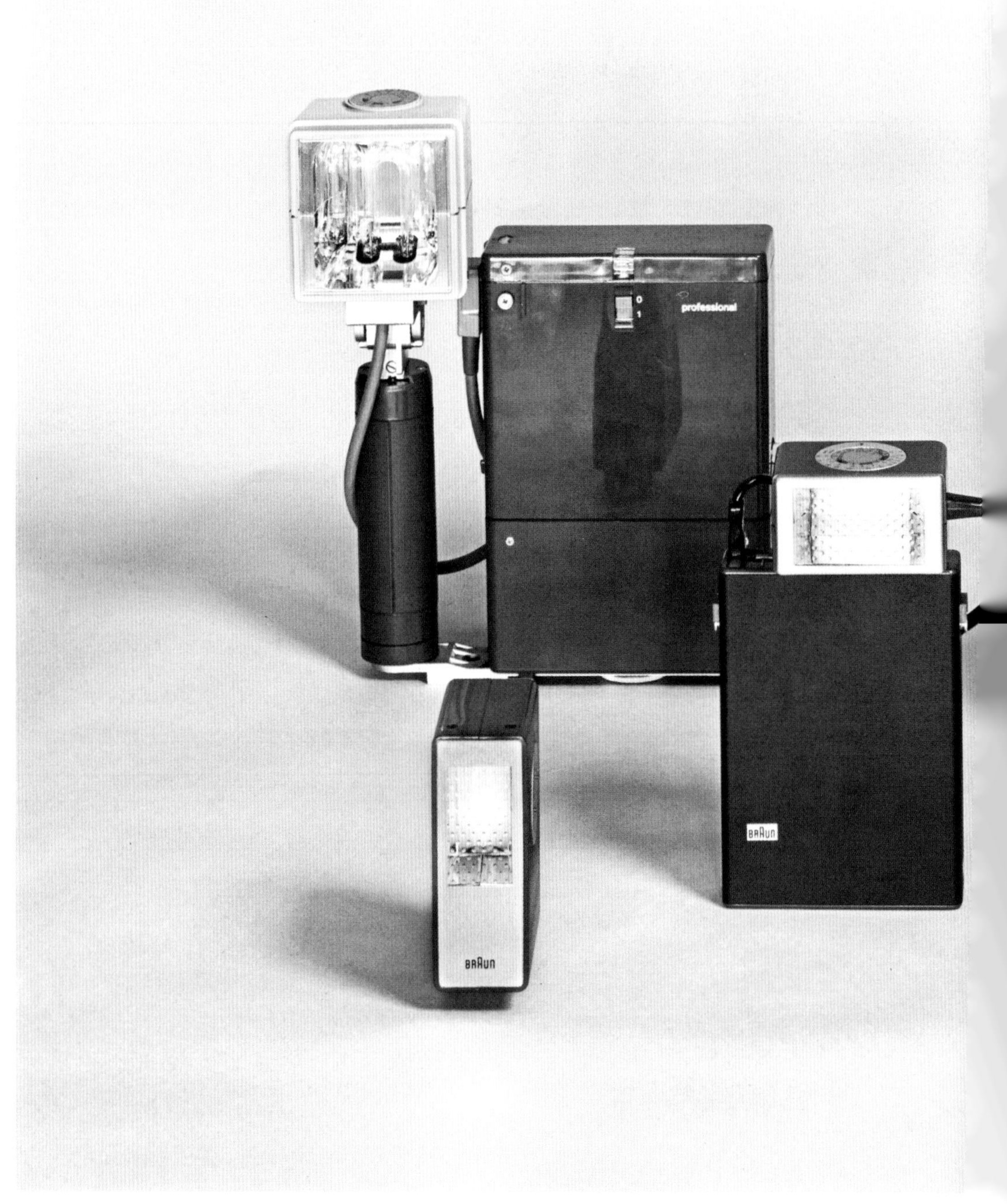

博朗闪光灯系列，约 1970 年

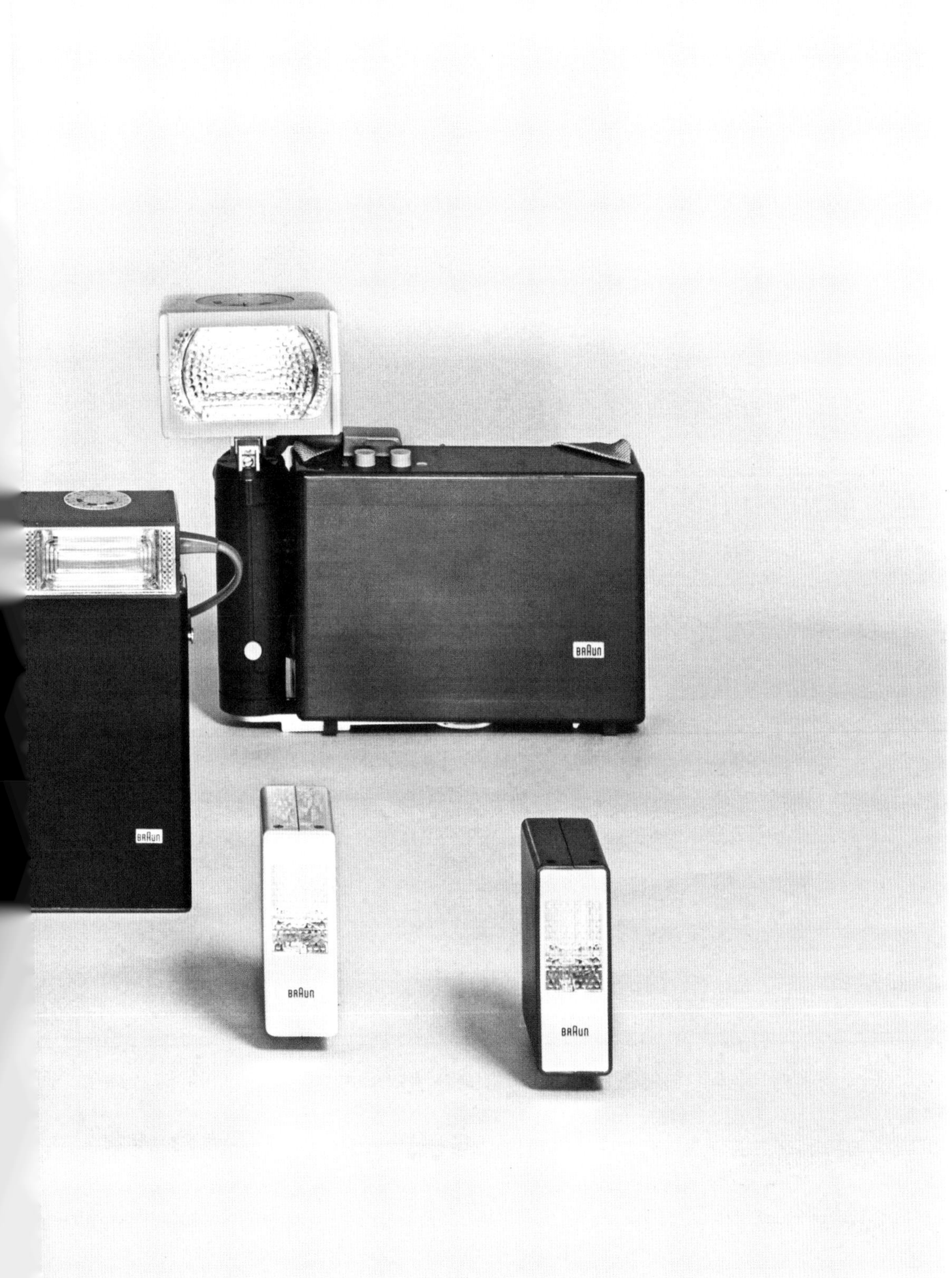
BRAUN
BRAUN
BRAUN
BRAUN

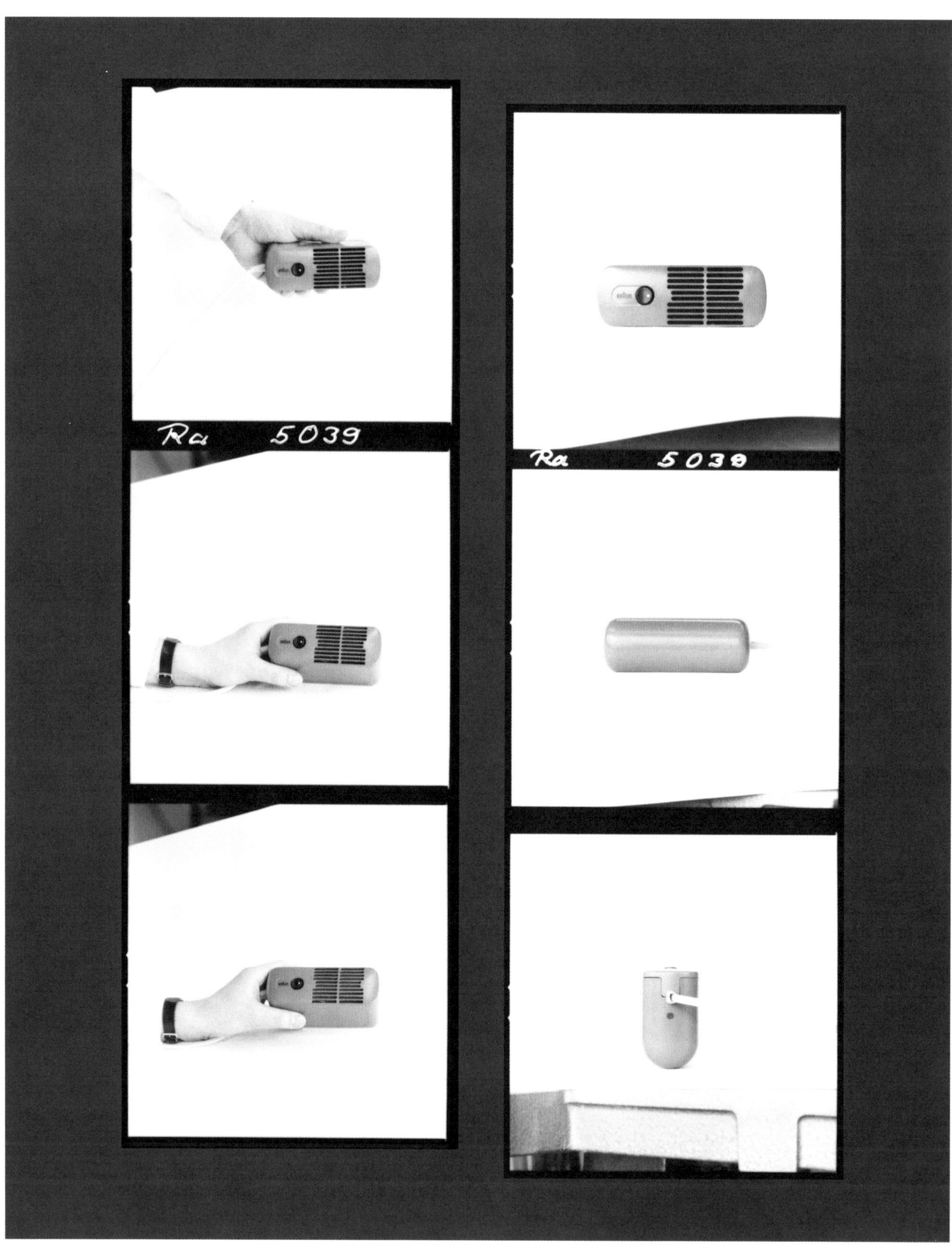

HLD 4 吹风机宣传照，1970 年

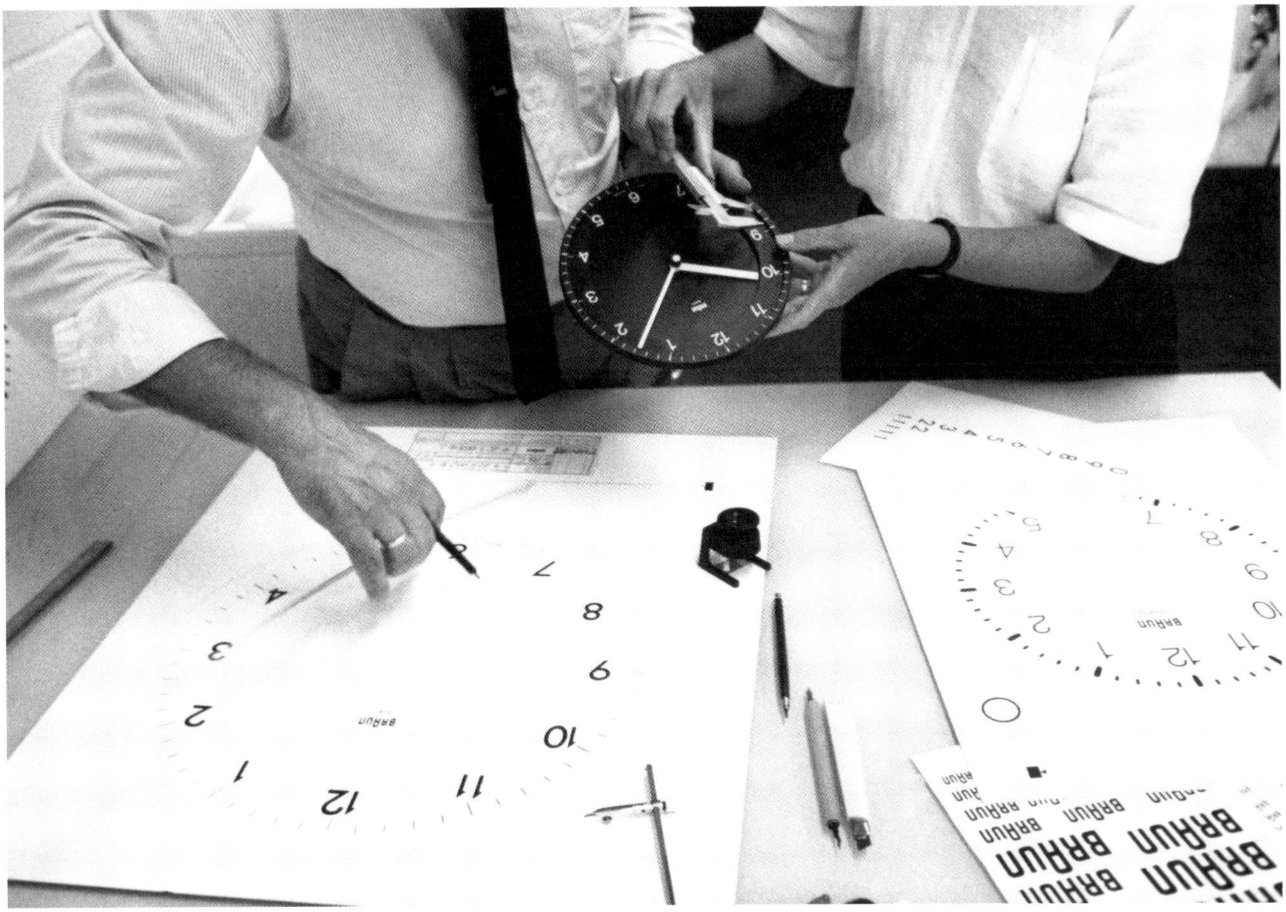

设计 ABW 41 挂钟，
迪特里希·鲁布斯，1981 年

为吉列缤乐美笔所做的研究，
迪特·拉姆斯、迪特里希·鲁布斯、哈特维希·卡尔克和克劳斯·齐默尔曼，约1975年

为吉列缤乐美笔所做的研究，迪特 · 拉姆斯、迪特里希 · 鲁布斯、
哈特维希 · 卡尔克和克劳斯 · 齐默尔曼，约1975年

FSB 门把手，迪特·拉姆斯，1985 年

MPZ 2“橙汁机器”榨汁机，
迪特·拉姆斯和于尔根·格罗贝尔，1972 年

T 2 打火机，迪特·拉姆斯，1968 年

左上：KMM 2 咖啡磨豆机，迪特·拉姆斯，1969 年
左中和左下：HLD 4 吹风机，迪特·拉姆斯，1970 年

右上和右下：KSM 1 咖啡磨豆机，赖因霍尔德·魏斯，1967 年

左上和左中：卡带剃须刀，弗洛里安·赛费特，1970 年
左下：T 3 “多米诺” 打火机，迪特·拉姆斯，1973 年

右图：KF 20 咖啡机，弗洛里安·赛费特，1972 年

AB 1 闹钟，迪特里希·鲁布斯，1987 年

左上：AB 20 t 闹钟，迪特里希·鲁布斯和迪特·拉姆斯，1975 年

右上：AB 20 sl 闹钟，迪特里希·鲁布斯，1979 年

下图：ABR 313 闹钟，迪特里希·鲁布斯，1990 年

“微米”剃须刀，罗兰·乌尔曼，1976 年

4004“六分仪”剃须刀，迪特·拉姆斯、罗伯特·奥伯海姆、
罗兰·乌尔曼，1979 年

下列图片拍摄自博朗档案馆，所有产品皆为博朗出品。

19 m
10.5
11
11.5
12
25 m
7.5
8
8.5
5
5.5
3
3.3
3.4
1.5
1.6
0.8
0.9
0.92
400
430
220
230
105
108
mc 4
mc 5
mc 6
mc 7
mc 8
mc 1
mc 2
kc 1
kc 2
tuning
el. bandspread
mgc
0

BRAUN

höhen

tiefen

volumen

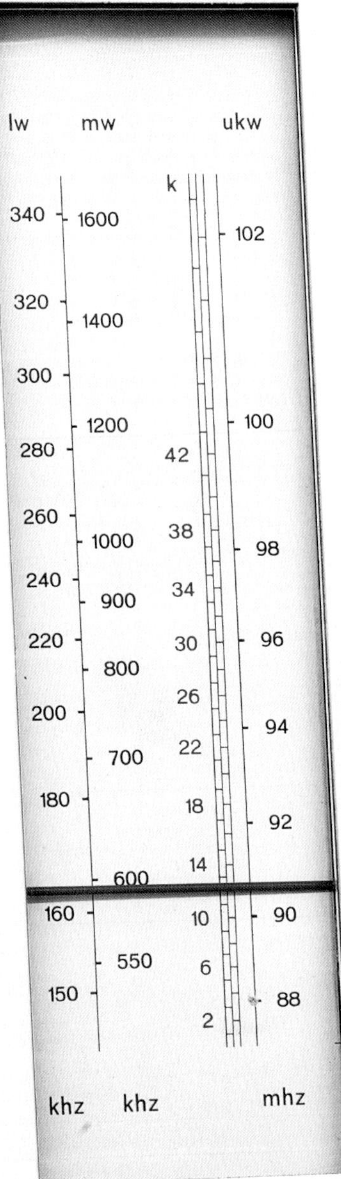

ein aus phono lang mittel ukw

sender

netz

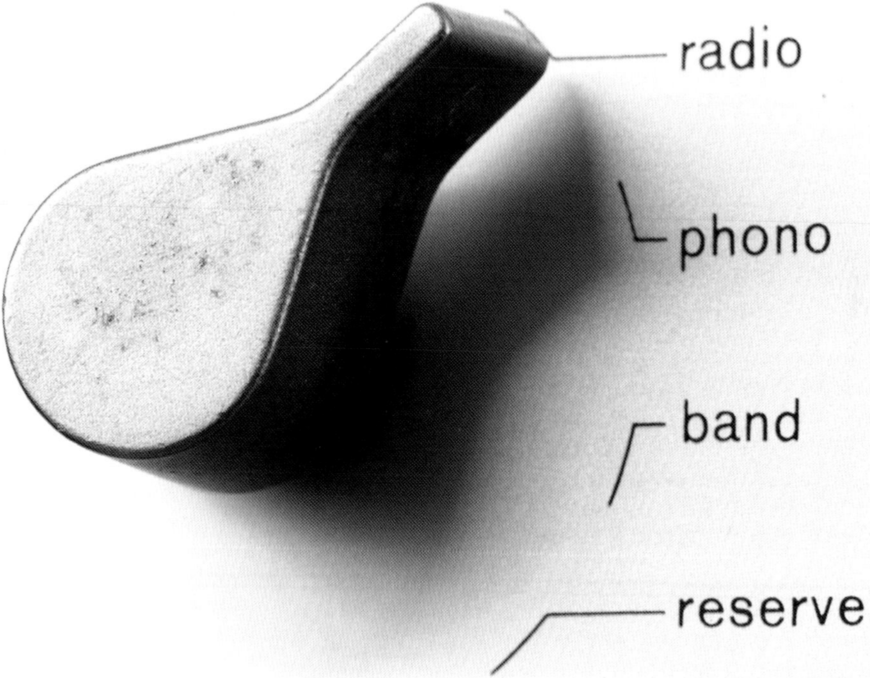
radio
phono
band
reserve

KW
LW
Sender

78
45
33
16
0
1

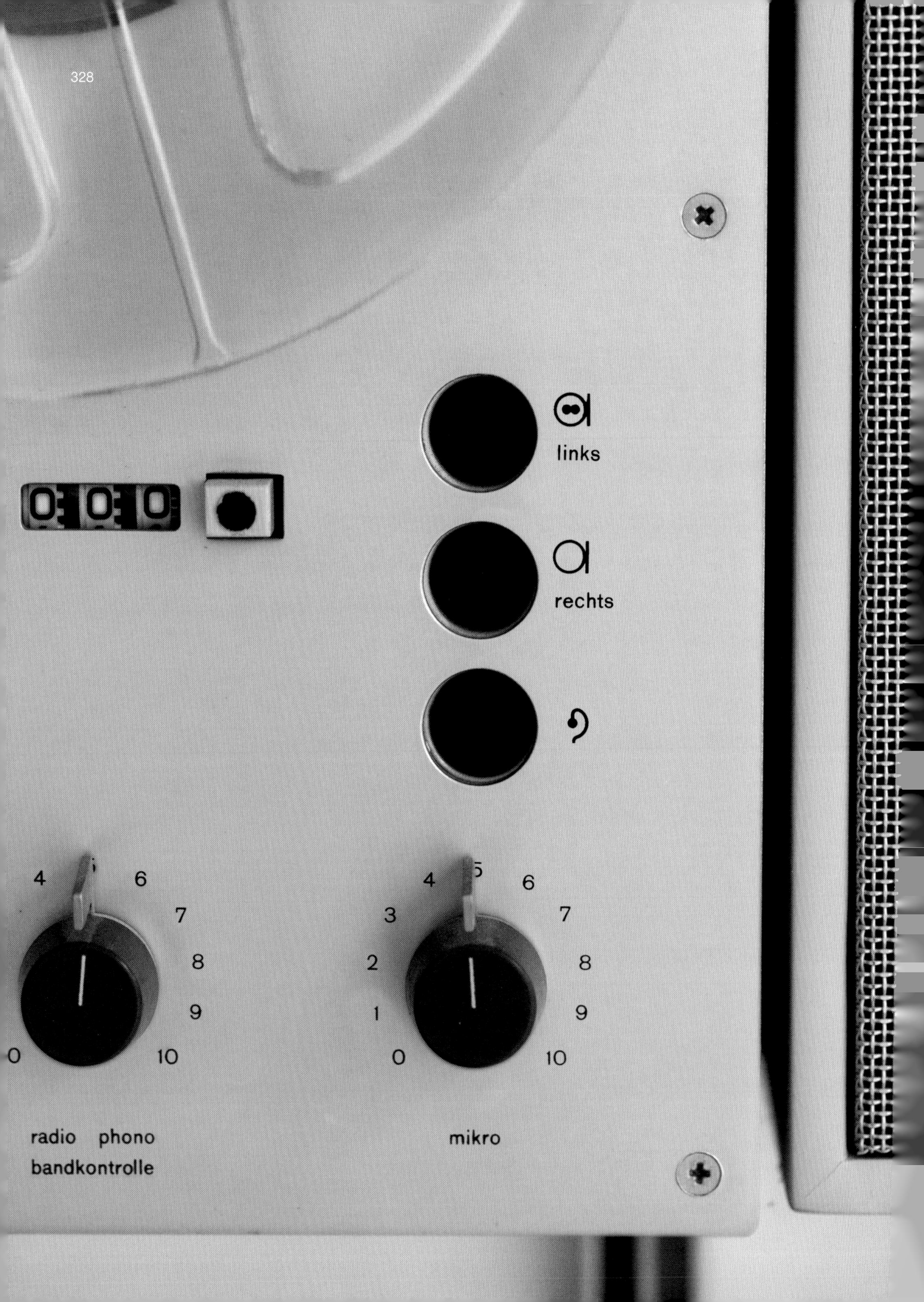

links
rechts
radio phono
bandkontrolle
mikro

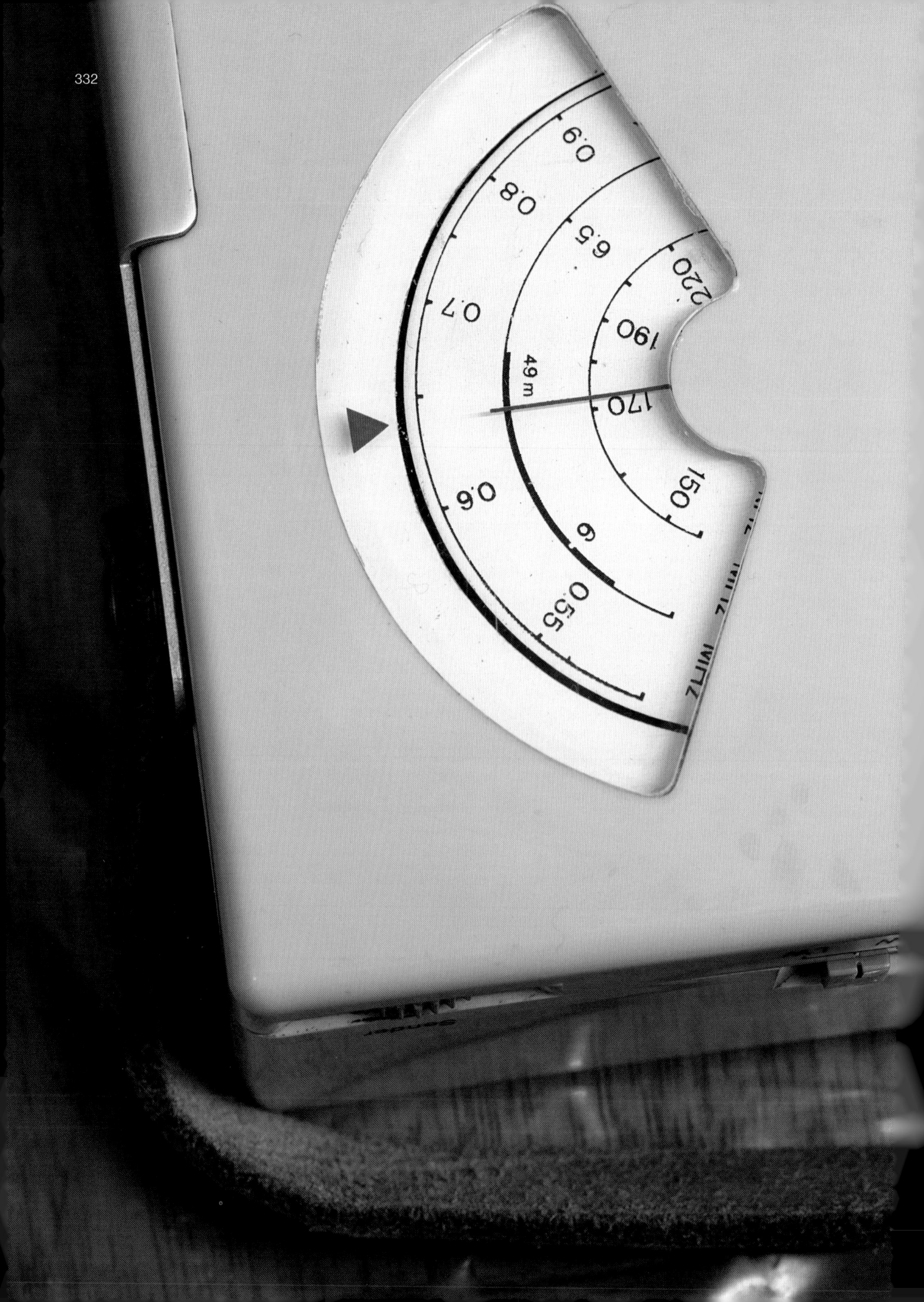

stereo
reserve
phono
band
– balance +
– tiefen +
– höhen +
feldstärke
skala
LW
150 160 170 180 190 200 220 240 260 280
MW
0.55 0.6 0.7 0.8 0.9 1.0 1.1 1.2 1.3 1.4 1.5 1.6
KW
5.92 5.96 6.0 6.04 6.08 6.12 6.16 6.2
UKW
88 90 92 94 96 98 100 102 104
stereo
ein__aus
linear
mono
monitor
band
phono
lw
mw
memory

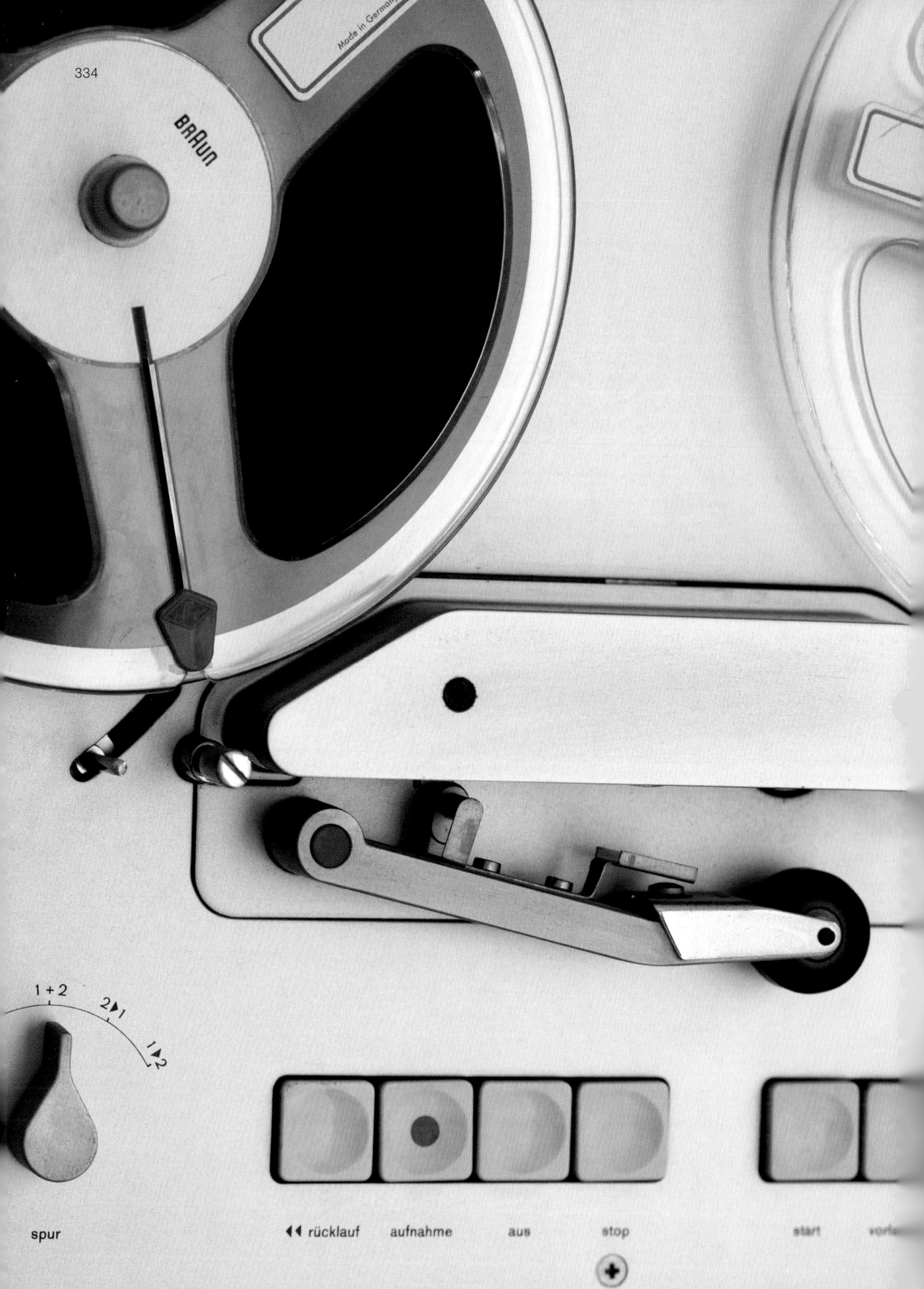
Made in Germany
BRAUN
1 + 2
2▶1
1▶2
spur
◀◀ rücklauf
aufnahme
aus
stop
start

BRAUN

少，却更好

不论从设计还是为人处世的角度出发，迪特·拉姆斯最出众且令人印象深刻的特点之一便是他高度完备且统一的视野。他的作品、住宅（由他亲自设计）、生活、思想，甚至他的外表都互有关联，且源自一套清晰的伦理标准。每个要素都各居其位，其中不存在转瞬即逝的浮华之物。没有招摇的领带，置物架上不见琐碎的纪念品和小摆件，庭院里也没有艳俗短暂的一年生植物。他为博朗、维索，偶尔还有其他公司独立或与人合作设计了数百件产品，如若一件件仔细看来，你便会发现没有一件产品存在着毫无功能的明显装饰。色彩只有在需要出现的地方才出现，主要为了给用户提供视觉上的辅助。你几乎不可能找到他有意进入艺术界的任何迹象。虽然他的一些草图因其非平衡感可以很轻松地达到在画廊展示的标准，然而它们的功能是辅佐他设计出这些用于日常生活的工具，仅此而已。他信奉简洁实用的美学，而且人们几乎无法在他的产品、他的为人、他所居住的环境以及他所说的话语中找到与之相悖之处。

尽管他的工作生涯贯穿了在各个方面都变化剧烈且迅速的 20 世纪后半叶，但是他的思路、方法、准则，甚至风格都大体上未曾改变。拉姆斯一边在高科技产品领域紧跟着科技创新的步伐，一边则以一种罕见的强大信念力坚持着自己的道路，坚定地抵抗任何形式的新奇、时尚、潮流以及突发奇想的诱惑。这份坚定的责任感可以清楚地见于他参与的演讲、讲座、采访以及研讨会中，不管他是作为博朗公司的一员、作为设计师，还是后来作为德国设计委员会（Rat für Formgebung）主席、国际工业设计协会（International Council of Societies of Industrial Design，简称 ICSID）的理事会成员，以及汉堡美术学院（Hochschule für bildende Künste Hamburg）的工业设计教授。

本章将考察拉姆斯职业生涯初期涉猎的设计与文化遗产，他有关工业设计和设计师的思考与著作，他对设计师的角色、价值、要求与责任的看法，以及他认为设计在塑造我们在这个星球未来的生存中起着何种重要的作用。最初，拉姆斯发展出来的这些思想是一种他在博朗公司内部进行交流的方式，它们随着他一生中专注的设计实践不断发展。拉姆斯一次又一次地回溯这些思想，在数十年间一直在提炼与改进它们。这是他的信条，他生活与工作的准则。随着时间的推移，它们被提炼成一组主旨，这便是他如今著名的好设计的十诫、十项准则或者说十个命题。

— 历史背景

当迪特·拉姆斯于 1955 年最初作为建筑师与室内设计师入职博朗时，他已经通过大学以及为建筑师奥托·阿佩尔工作接触了关于工业方法的现代理念。在博朗，拉姆斯看到了一个活力充沛、创造力惊人且极具冒险精神的公司，它的目标是为广大消费人群提供实用、现代且魅力十足的电器产品。此目标有一条清晰的继承路线，从德国建筑师戈特弗里德 · 森佩尔（Gottfried Semper）与赫尔曼 · 穆特修斯（Hermann Muthesius）开始，至路易斯 · 沙利文（Louis Sullivan）与阿道夫 · 路斯（Adolf Loos）提出的功能主义原则，最后到包豪斯。这些原则产生自对社会需求的考量，并随之创造出了可以满足这些需求的最为实用的解决方案。

装饰因其自身而被禁止出现。工业时代的产品设计几乎完全脱离了艺术领域，并且必须遵从批量化生产的准则。这意味着一位 20 世纪的设计师在进行设计时不仅要考虑普通人的需求，还要考虑涉及原材料、技术与实际操作的工业化生产的需求。要设计这些产品，必须具备一系列全新的技能，这便意味着全新的教学方式：正如包豪斯所经历的那场转型——从 1919 年于魏玛成立的传授艰深课程的魏玛工艺美术学院（Kunstgewerbeschule Weimar），到 1926 年在德绍创办的具有大学资质的“设计学院”（Hochschule für Gestaltung）。这场转型是一次早期的范例，它表明，相对培养工匠甚或是艺术家而言，社会对于培养工业设计师的需求在日益增长。设立的课程也发生了变化，从培训诸如纺织、木雕和书籍装订等手工技能的课程转变为一种更系统且科学的培养方式，其科目涉及心理学、摄影，甚至建筑学。1933 年，因德国纳粹政权的干涉，包豪斯关闭，其多数成员移居国外，当时它已经就如何培训建筑师与设计师设立了一套全新的标准。

第二次世界大战之后，奥托 · 艾舍与英格 · 朔尔（Inge Scholl）创办了乌尔姆设计学院，从包豪斯手中接过了德国的设计教育。汉斯 · 古格洛特与托马斯 · 马尔多纳多（Tomás Maldonado）等教师致力于在他们各自对功能主义的阐释下将设计、科学与技术更紧密地结合。乌尔姆对设计的教学更偏重工程制造，而非艺术造型。虽然乌尔姆设计学院仅存在了 15 年（于 1968 年关闭），但与包豪斯一样，它对当时的工业设计思想与实践都有着巨大的影响力，并且这种影响力持续了多年。

当埃尔温与阿图尔在 20 世纪 50 年代着手重整他们父亲的公司时，他们找到了前包豪斯设计师威廉 · 瓦根费尔德，还有汉斯 · 古格洛特与奥托 · 艾舍（当时还在乌尔姆设计学院），来为他们的产品寻找一种全新的造型语汇。虽然博朗并未全职聘用这些设计师，但是年轻的拉姆斯自然受到了他们的气质与思想的影响，也能感受到他们对博朗兄弟产生的影响。拉姆斯未曾在乌尔姆学习，而是就学于一所位于威斯巴登的氛围融洽的工艺美术学院。当他于 1956 年成为公司的产品设计师时，便已经显示出他不仅吸纳了以功能为导向的思维和工程制造方式，并且有能力帮助公司塑造其形象与经营方式的基础。博朗公司用“好造型”（Gute Form）的口号来营销他们的新产品，这句口号后来变成了“好设计”的同义词。战后的德国工业设计以其优良的品质在国际上赢得了声誉，这很大一部分都归功于博朗公司。至 1958 年，迪特·拉姆斯已证明了自己是公司的核心设计师，并且参与设计了被纽约现代艺术博物馆永久收藏的所有 5 款博朗产品。

值得注意的是，不论过去还是现在，一家以设计与设计部门作为强大构成部分的产品制造公司，即一家以设计为主导的公司，都是一个极其特殊的存在。正是如此，博朗的设计部门必须不断地证明并且保持自己在公司中的地位。拉姆斯于 1961 年开始领导博朗的设计部门，直到他于 1995 年晋升为董事会成员，开始负责公司的形象事务为止。当美国的吉列公司于 1967 年成为博朗公司的主要股东之后，设计部门更是如此。因此可以说，这种理性且充满捍卫精神的思维立场在博朗的设计部门从未缺席。

论好的设计与功能

拉姆斯最著名且最喜爱的一句话便是“好的设计是尽可能少的设计”。他这句话实际上意为，一件设计精良的产品应当好到甚至不会让人注意到。拉姆斯称，通过抹去所有的非必要性，核心要素便能凸显，产品因此变得“安静、令人愉快、易于理解并且经久不衰”[1]。然而，为了设计出拥有这种品质的产品，设计师必须走过一条漫长且艰辛的道路，其中满是问题、摸索、讨论与实验。产品可以是简洁的，但是对“真正”的产品设计师而言，创造它而所经的道路却极其复杂。拉姆斯解释道：“产品设计是在整体的层面上对产品的组织，以便尽可能好地实现其各个功能。同时，此设计还必须满足现实的条件以使产品得以投入市场。解决这些问题的设计师与那些自称为设计师却仅根据品味标准为产品披上一层过时表皮的人完全不同。”[2]

拉姆斯对“设计”一词有着绝对理性的理解——所有正式的决定都必须“可证实、可检验、可理解”。他坚信，衡量好设计的标准是可用性或“功能品质”、“可行性”以及“美学品质”——这里说的衡量并不是“我喜欢”或“它看起来很诱人”这样含糊不清的话。产品的可用性能直接反映出设计师对使用者需求的预见能力。设计必须保证产品尽可能出色地满足使用者（在正常条件下）的所有需求。设计师越是高明地预见使用者的需求，产品越能够出色地满足这些需求，这个设计就越好。“有用的

1 Dieter Rams, speech to the Braun International Marketing Meeting (Feb. 1976), Dieter Rams archive 1.1.2.5.

2 Dieter Rams, 'Die Rolle des Designers im Industrieunternehmen', talk given at *Deutscher Designer-Tag* (German Designers' Day) in Karlsruhe (4 October 1977), Dieter Rams archive 1.1.2.2.

设计必须从最开头着手。设计师必须了解产品在使用时的真实情况，必须理解使用者的愿望与期望，必须知晓科技与生产本身的局限性。设计师一定要理解市场，知道什么事情最好放手不管，什么事情是绝对的欺骗行为。”他如是说。

产品的可行性指的是它在一定限制条件下的产能，这些条件包括成本、材料、生产技术、时间以及竞争者。拉姆斯解释道：“当一位设计师是‘强大的’——这包括想象力、工作能力、耐力、勤勉，以及乐观的心态——那么他自然能针对涉及的条件做出许多调整与改进……然而总体来说，设计师必须能够在一个严格定义的框架内施展手脚，这便是可行性的框架。”他认为，美学品质是一个更难定义的东西：在他看来，对大多数人而言，这个品质最终都会归结为肤浅的品味问题，并因此成为一个存在争议的变量。但对一位训练有素的设计师而言，他有能力欣赏创造一件产品时所涉及的相互关联的元素的复杂性，其中的美学价值即使无法量化，也可以得到判断。

在拉姆斯眼中，好的设计还涉及仔细且精深的研究。在 1980 年一个讨论设计师在工业背景下的角色的讲话中[3]，拉姆斯列举了 15 个问题，如果设计师意欲创造出好的设计，那么这些便是他们对产品或产品雏形应当提出的问题。它们让人们得以了解拉姆斯本人与他的团队平时使用的标准的广度与深度，以及塑造着他们的产品设计的极强的以用户为导向的价值观。这些问题如下：

1 首要的问题并不是问自己是否应该设计此物，而是要问应当如何设计它。
2 我们设计的产品是否真的不可或缺？是否已有经过测试与试用的、人们已经习惯且优质实用的其他同类产品？创新在此是否真的必要？
3 它是否真的能丰富人们的生活，还是只能满足人类的贪欲、占有欲或是对地位的追求？还是说，它之所以受到喜爱是因为它能给予人们某些新鲜的东西？
4 它是为短期还是长期设计的？它是加快了一次性用品的循环速度，还是有助于使其减缓？
5 它是易于维修，还是必须依赖于昂贵的维修服务设备？事实上，它真的可以被修好吗？还是只要某个部件损坏了，整个设备就变成了无用的垃圾？
6 它是否使用了那些看似时尚却在美学上极易过时的设计元素？
7 它是帮助了人们还是剥夺了他们的能力？它让人们更加自由还是更有依赖性？
8 它的设计是否太过高超且完美无缺，以至于有时你或许会感到无能或是被羞辱？
9 它代替了人们先前的哪项活动，以及这能算是一次真正的进步吗？
10 此产品为人们带来了哪些改变的可能性，以及开拓了人们的哪些视野？
11 此产品能否以某种其他的（或许有趣的）方式被使用呢？

[3] See Dieter Rams's, 'Die Rolle des Designers im Unternehmen', speech (18 January 1980), Dieter Rams archive 1.1.2.10.

12 此产品是否真的为人们带来便利，还是说它在鼓励人们被动地接受？

13 在更广泛的背景下，它能产生怎样可预期的改进？

14 从整体上看，它是简化还是复杂化了某个行为或活动？它的操作简单吗，还是说需要学习如何使用？

15 它能唤起好奇心与想象力吗？它能否激起人们使用它、理解它，甚至改进它的欲望？

所有这些对产品设计的考量都涉及其功能，而这是阐明拉姆斯的功能性观点的一个极佳的切入点。在思考功能主义与功能主义设计师时，我们会首先想到密斯·凡德罗以及瓦尔特·格罗皮乌斯这样的建筑师。功能主义经常与“无装饰”混为一谈，它始于对历史主义的反抗，后来变成了一种宣言（“形式追随功能”），以及一种有时几近专横的理念（“住宅是居住的机器”），并最终像它的所有先例那样被评判为一种美学风格。尽管功能在拉姆斯的设计理念中占有中心地位，然而他不认为它是一种装饰属性，也没有将其看作一种严苛的束缚：“近些年来，严格的功能性已经声名扫地。这在某种程度上或许理所应当，因为一件产品需要实现的功能总是被过于狭隘且极其拘谨地决定。人类的需求具有多样性，这种多样性可能超出许多设计师的考虑范畴，甚至他们的认知范畴。对我而言，‘功能’一词的边界一直在不断延展。设计师几乎是被迫去不断了解一件产品的功能可以达到何种复杂与多样的程度。”[4] 这些包括心理、社会与美学功能，当然也包括恰当的可用性。拉姆斯一直都不遗余力地强调，工业设计师的首要职责是对使用者负责，而总体来说，使用者是有着各自的复杂性、习惯、想法与癖好的人类：“事实上，设计中唯一能犯下的大罪，便是漠视人，以及他们生活的现实。以功能为导向的设计是对人类的现实、生活、需求、欲望与感受进行集中、全面、耐心与深刻的反思而收获的成果。”[5]

— 论是什么造就了优秀的设计师

纵观拉姆斯的设计经历，他的整个职业生涯都主要为一家公司工作。因此，我们也不会惊讶于他把工业设计师看作是一个更大的系统中的一个元素，而不是一个独立的存在。他将设计理解为一个“整体”中不可分割的步骤，而这个步骤则有着举足轻重的分量。故而在他看来，一个优秀设计师应当具备的基本品质与公司系统内其他优秀员工所体现出的品质有许多共同之处：“设计师必须有良好的思考理解能力且反应机

[4] Rams, ‘Die Rolle des Designers im Industrieunternehmen’.

[5] Dieter Rams, ‘Functional design: A Challenge for the Future’, lecture (1987), Rams archive 1.1.3.1.

敏……他应当掌握技术与工艺。他应当具有批判性，同时理智且现实。他应当具备团队合作的天赋……同时他还必须耐心、乐观且坚持不懈……最后，他要有能力产出更好的想法，对比例和色彩要保有良好的感知力且敏锐，以及同样重要的是，具有手工制作的基础和天资。”[6]

拉姆斯坚称，做一名产品设计师与做“艺术家”或“室内装潢师”没有任何关系。这个角色更像是一位“造型工程师”或是“以技术为导向的设计师”。拉姆斯解释道：“他根据技术、生产与市场的既定条件，综合考量而设计出一个实在的产品。他的工作基本上是理性的，这是因为所有正式的决定都可证实、可检验、可理解。”[7]这是一个强硬且坚定的观点，它几乎没有为设计中涉及的更柔和、更艺术性的感觉留有余地。然而，这也可以看作是设计师需要在一个复杂的等级制工作环境中建立且维持自己的权威地位的结果。

然而，这种对设计师的工作有些严苛的观点其实并非全部。除此之外，设计师还必须关注文化与社会的价值观，以及社会的发展情况，同时还要将使用者个体纳入考量，最终将这些全部整合进设计之中。“如果意欲开发出一款拥有恰当功能的产品，那么设计师必须从使用者的角度思考与感知……设计师就是使用者在公司内的代言人。”[8]拉姆斯如是说。因此，他/她必须同时具备理性、敏锐度还有同理心。[9]

但这样似乎还不够，制造企业的设计师还必须理解所有人的处境与需求（特别是顾客的），并且用他/她设计的产品与他们交流。这意味着，工业设计师或许首先必须是一位沟通者，能熟练使用各式语言进行表达，从文字、模型、绘图、技术参数到造型的人体工学。

总的来说，一位优秀的设计师必须能够感知、倾听和理解，能够精确且可量化地在细节层面进行分析，随后分享与传达出自己分析的成果，即运用恰当的媒介生产出一件产品，而这件产品则会与使用者进行交流并满足他们的需求。最终，好的设计师必须创造出“好的设计”，他们必须具有真正意义上的创造力。在最后，如拉姆斯所说，设计师需要问自己：“我是否成功改进了事物？是否比其他产品做得更好？我的设计是好的设计吗？”[10]

6 Rams, ‘Die Rolle des Designers im Industrieunternehmen’.

7 Dieter Rams, ‘Design ist Eine Verantwortliche Aufgabe der Industrie’, speech (1977), Dieter Rams archive 1.1.2.8.

8 Dieter Rams, presentation at the AT (27 March 1980), Dieter Rams archive 1.1.2.11.

9 此观点与托马斯·马尔多纳多的理念相似。后者是一位极具影响力的设计理论家，他于 1954 年至 1966 年间在乌尔姆设计学院教学。

10 Dieter Rams, speech in Boston (October 1984), Dieter Rams archive 1.1.5.1.

论设计在公司内的角色

“工业设计师的工作取决于他效力的公司所追求的商业目标”，这是德国工业设计理论家贝恩德·勒巴赫（Bernd Löbach）1976 年提出的观点。[11] 这诚然正确无疑，然而，一位优秀的设计师对用户的首要责任与其所在公司对其他事务的优先考虑这二者之间很容易产生巨大的利益冲突。如果埃尔温与阿图尔·博朗没有在 1955 年听从弗里茨·艾希勒等人的建议，并决定将博朗打造成一家以设计为主导的公司，那么我们很可能会从未听过迪特·拉姆斯的名字。“设计绝不能仅是为了获得更好的销售机遇的投机一瞥。”拉姆斯这样说，“它是一项更为全面的工作，只有通过直率且自信地执行整体概念才能得以实现。一旦公司将此作为目标，那么它将影响整个企业，影响它的立场以及目标。”[12] 制造新产品最为安全的方式便是观察市场，看其中哪些东西畅销，然后做一些与之相似的产品。这种“人有我有”的方式保守且以市场为导向，它不会鼓励创新或产生以使用者为导向的设计。

然而，跳脱出既有系统开发出全新的设计则具有风险。研究与开发出优秀的设计也十分费时且昂贵。这种信念需要公司的全员支持。“因此，尝试创造出优秀设计的决定必须是全公司的决定。”拉姆斯说，“这意味着，这个决定决不能由设计部强加并最终负责。它必须是公司基本目标的一个组成部分，并且最后还一定要有一个特定的组织与决策架构加以支持。”[13] 他补充道，公司的职责是为设计师提供能够创造出优秀设计的空间，而设计师的职责则是创造出设计作品并且持续地捍卫它们。最后，拉姆斯说道，对设计的投入必须全方位地渗透入公司的方方面面以及它的产品中：“在一件设计作品的研发过程中，整个产品世界，包括从产品概念（远在实际设计开始前）到产品的平面设计、操作手册、包装、广告、营销与展示，所有这些都必须被视为设计环节的一部分，它们需要被理解、加以细致考虑和解决。”[14]

这种捍卫设计创新与设计决策的需求，以及对研发新产品的复杂考量，促使拉姆斯、博朗设计团队以及沟通部门起草了一份内部规划系统，或称好设计的系列指导方

11 Bernd Löbach, *Industrial Design: Grundlagen der Industrieproduktgestaltung* (Thiemig, 1976), 187.

12 Dieter Rams, introductory lecture to the exhibition 'Form – Nicht Konform 20 Jahre Braun-Design' at the Haus Industrieform, Essen (1976), Dieter Rams archive 1.1.2.3.

13 Dieter Rams, 'The Designer's Contribution to Company Success', lecture given as part of the Canadian government's Industrial Design Assistance Program (22 September 1975), Dieter Rams archive 1.1.2.1.

14 Dieter Rams 'Braun Design Philosophie', lecture at the Internationales Design Zentrum, Berlin (August 1989), Dieter Rams archive 1.1.5.3.

针——拉姆斯称其为博朗设计的“语法”。这些指导方针为以设计为主导的品牌提供了基础，它概述了两类相关联的设计策略：为公司的产品如何成为一个特色的产品家族提出建议，并致力于促进公司员工在产品研发过程中对核心重点保持关注。“对今天所谓的‘企业形象’而言，好的设计不仅仅是其中的一部分，而且越来越大程度上成为其核心。而此形象最终是由那些向大众推出的产品本身来体现的。”[15] 拉姆斯如是说。这份指导方针一直在不断演进之中，它囊括了创新、品质、功能、美学、质朴、真诚、可理解性、一致性、生态友好以及持久的使用寿命，它也启发了拉姆斯于 20 世纪 70 年代和 80 年代发展出好设计的十项准则。拉姆斯称：“依照这些准则，设计便成为产品的效益，它能助力产品获得赢利且持久的市场表现，同时还能帮助公司在新的市场找到立足点。”[16] 的确，在他任职的大部分时间里，博朗公司蓬勃发展，并且持续不断地创新。1955 年，博朗拥有约 2000 名雇员，营业额为 5050 万德国马克；到了 1975 年，公司的雇员人数已达 9000，营业额则超过了 7 亿德国马克。[17]

— 论美学

拉姆斯通常不愿谈论美学问题，其中最重要的原因是，此问题极其主观（“情人眼里出西施”），并且不论是否经受过系统教育，每个人对此都会有自己的观点。对拉姆斯而言，一件工业产品的设计是“美的，如果它真诚、均衡、简约、细致且低调中性”[18]。换言之，产品外观的美不是也不应该成为主角：“设计绝不只是为了赏心悦目而存在，它不是艺术品或装饰品。”[19] 拉姆斯称，如果一件物品是美的，它也必须履行好自己的职责。当产品的设计好（也就是“有用”），那么它们就具备了一种美感，而这种美与其功能有着密不可分的关联，“比如一件工具或是飞机的外形”。因此，工业产品的美感与其功能紧密相连。

拉姆斯承认，超越功能性而存在的美学标准的确存在，但是在许多情况下，由于缺乏可量化的定义或是缺乏训练，它们很难得到精确表达。“美学的品质很难讨论，”他说道，“主要有两个原因：其一，任何视觉的东西都不容易讨论，这是因为文字对

15 Dieter Rams, speech at the opening of a Braun design exhibition at the Victoria and Albert Museum's Boilerhouse project, London (29 June 1982), Dieter Rams archive 1.1.2.13.

16 Dieter Rams, 'Market Performance with “Technology” Design', speech (July 1988), Dieter Rams archive 1.1.4.2.

17 Dieter Rams, 'Kann Design zum Erfolg eines Unternehmens Beitragen?', lecture (October 1975), Dieter Rams archive 1.1.2.1.

18 Rams, 'The Designer's Contribution to Company Success'.

19 同上。

不同人来说有着不同的意义。其二，美学的品质涉及细节、微妙的差别、和谐感以及对各个视觉元素的平衡。一双好眼睛必不可少，它需要经过多年经验的训练，以得出正确的结论。”[20] 他显然在谈论安静且由可量化的秩序构成的理性世界时显得更为自在。在他看来，人类对美的需求与如今这个充斥着视觉污染的世界相对立：“与不协调、突兀、复杂到令人困惑或虚伪的物品相伴左右一起生活，这件事非常困难，它令人紧张、消耗我们的能量。”[21] 这是拉姆斯最直接地显露出其美学倾向的话。他的设计是他对这个令其忧虑的世界所做出的本能反应，他情不自禁想要将它打理干净。

对拉姆斯而言，美来自简洁与一定程度的谦逊：“我认为，在与使用者的关系中，产品应当处于次要的角色；它不应当持续不断引起人的注意，它应当给予使用者自由和余地，以让其独立地表达自我的主张。”[22] 设计师的这一坚定信念也构成了博朗的设计方式的基础：“这也是为何我们竭尽全力地赋予博朗产品这种朴素的美，这种美的吸引力经年不衰。我们坚信，协调、安静、清爽、中性且简洁的设计最能满足使用者的真正需求。”[23] 然而这并不是说，拉姆斯的美学理念在博朗内部或其他地方没有反对的声音。他经常需要为产品争取其素净且低调的权利：“公司中某些决策者飘忽不定的品味经常成为设计师的阻碍。有太多的人认为自己有资格做出某些决定。然而（这些决定）时常缺乏敏锐度且极其肤浅。”[24] 拉姆斯认为，品味也需要训练，因为在产品设计中，这一层面的美学决策本质上都与物品的整体造型和功能有关。这就像航空公司的管理层让设计师把新型飞机的机翼缩短，因为他们认为这样看起来更好看，这绝对令人难以想象。

拉姆斯同样不太信赖消费者的品味：“购买者多变的品味对许多公司而言是极大的诱惑——几乎没有其他事物能像差品味那样能如此轻松地被加以利用，从而令这些公司赚得盆满钵满。许多产品的设计毫无疑问都建立在对消费者弱点的猜测之上。”[25] 拉姆斯称，这或许能在短期内赢利，但是并不能带来成功：“因为，在一个冷漠地利用他人弱点的社会中生活与工作，这绝不可能是我们自己的意愿。”[26] 他补充说，努力追求美学品质，并让人们相信低调的中性既不是缺点也不是最终目的，这是设计师需要一直做的事，既为他们自己，也为他们的公司。

20 'Master and Commandments', *Wallpaper** magazine, no.103 (October 2007), 317-339.

21 Rams, 'The Designer's Contribution to Company Success'.

22 Rams, 'Die Rolle des Designers im Industrieunternehmen'.

23 Rams, presentation at the AT.

24 Rams, 'Die Rolle des Designers im Industrieunternehmen'.

25 同上。

26 同上。

论肤浅与混乱

迪特 · 拉姆斯最为厌恶的就是“视觉污染”。这简直令他痛苦。对他而言，视觉上的混乱与地球上的水污染与空气污染一样，给我们的生活质量带来了极具破坏性和限制性的负担。他认为，人造的世界既丑陋又令人困惑。他的大部分设计都可以追溯到他个人对宁静与秩序的需求。“我想要做一场彻底的清扫，摆脱混乱。”他谈到职业生涯之初的自己时说，“然而混乱在此后愈演愈烈。它来自产品、噪声与污染。我们事实上没能掌控任何事情。在当时，我只想整理人类直接身处的周遭环境。现在我们则需要整理整个世界。”[27] 他将这种混乱与污染归咎于生产商、消费者、设计师与政府错置的优先级，以及日常文化中经过深思熟虑的设计的缺失。他相信，设计师能解救我们于这种污染之中：“我们的文化便是我们的家。特别是蕴含在物件之中的日常文化，而我作为一位设计师对此负有责任。如果我们能在这种‘日常’文化中感到更为自在，如果疏离感、困惑或是重负能够减轻一些，那它将会对我们很有帮助。”[28] 我们拥有太多，他说。我们的世界充斥着太多的产品，它们有着肤浅的吸引力，却几乎或是完全没有实际用处。我们盲目而贪婪。“设计”这词已经打着消费主义的名号被过度地利用与滥用了。

拉姆斯很早就预见了猖獗的消费主义不可能长盛不衰，并且预测到了 20 世纪 70 年代物文化（Dingkultur）时代的终结。此时期正值罗马俱乐部（Club of Rome）在 1973 年第一次石油危机爆发前不久发布报告《增长的极限》之时，这份报告预测，如果不对全球自然资源的消耗率加以控制，那么严重的后果将会在可见的未来产生，它在很大程度上让大众意识到了人类活动对环境所造成的影响。拉姆斯对罗马俱乐部的活动非常了解，并且在 20 世纪 70 年代，他越来越多地参加世界各地的会议与研讨会（包括著名的阿斯彭论坛 [Aspen Talks]，他于 1971 年首次参加，在此他听到了像理查德 · 巴克敏斯特 · 富勒 [Richard Buckminster Fuller] 与乔治 · 纳尔逊 [George Nelson] 这样的人的声音）。他参加了许多关于消费文化缺陷的讨论与辩论，其中的内容与拉姆斯在设计中追求内敛与品质的理念相契合。对拉姆斯而言，优秀的设计是世上对抗视觉混乱以及随之而来的产品污染的最强武器。他的设计是一种低调却有着坚定的抵抗信念的武器，服务于社会与使用者的需求，并且将设计本身也融入其中。它

27 Dieter Rams 'Ich habe einen Traum, Das Chaos beseitigen', *Zeit Magazin Leben* no.14 (27 March 2008), 49.

28 Braun Design Department, 'Design Philosophy – the importance of good design' (1987), Dieter Rams Archive 1.1.5.4.

一直“善解人意、有纪律地保持简洁与克制”[29]。对拉姆斯而言，简洁性便是抛弃所有的非必要之物:“我们唯一的机会便是回归简洁……如今的设计师最重要的（对于社会而言的）任务之一，便是清除我们生活的这个世界中的混乱。”[30] 所谓的纪律性体现在保有将事情进行到底的决心，而克制则是在设计过程中对自我的控制。拉姆斯花费了自己人生大部分的时光为这个膨胀的市场设计更多的消费产品，但是他对此并不感到矛盾。他认为，像博朗这样的公司是在引领更简洁的、更好的设计。他的目标是质量而非数量，他一直相信数量更少、设计更好且更为耐用的产品能够减少对环境的破坏。

论糟糕的设计

拉姆斯对视觉污染的反对与他对“糟糕的设计”的反对相似。对他而言，糟糕的设计在“冷漠地利用人类弱点”，它试图迎合人的贪婪的本性、虚荣心或者对地位的关注。糟糕的设计还“非常俗艳并且营造出假象”；它“将设计师而非产品的功能置于聚光灯下”，因此这样的产品一旦被置于日常使用的场景之中，便会“无法兑现它们许下的诺言”。他说，糟糕的设计“令人感到乏味且枯燥”[31]。这直接回应了那些批评造型简洁与在形式上做减法的（“好”）设计过于无趣的言论。他认为，那些因过量视觉刺激已然麻木的人无法看见克制和以功能为主导的设计所散发的美感。“(此种设计）绝不是平庸的，”他解释道，“相反……你能体会到思想的能量，体会到为实现造型的简约所必须投入的高强度的创造性工作。”[32] 因此，作为一位理解优秀的功能性设计所需要的智力与体力投入的人，他发现那些彰显自我、艳俗且过于复杂的产品因为缺乏纪律性与严谨性而枯燥乏味。

论使用者与消费者

在讨论其产品所针对的人群时，拉姆斯有趣地在语义上区分了使用者与消费者。在德语中，一般以“Verbraucher”来称呼消费者，可以直译为“用尽某物的人”或

[29] Braun Design Department, ‘Design Philosophy – the importance of good design’ (1987), Dieter Rams Archive 1.1.5.4.

[30] 同上。

[31] Dieter Rams, undated speech fragment (c. 1990), Dieter Rams archive 1.1.5.10.

[32] Dieter Rams, undated speech fragment (c. 1987), Dieter Rams archive 1.1.5.10.

是“消耗”某物的人。然而，拉姆斯更偏向于使用“Gebraucher”，可译为“使用某物的人”，即使用者。这种区分来自他的信念，即产品应当被设计得经久耐用。如果这是一件优秀的设计并且很好地完成了自己的任务，如果它是一件有用的工具，那么它必须尽可能耐用。拉姆斯的设计总是在说服其公司的消费者成为使用者，并且真的奏效了：博朗的顾客认定该品牌并且经常会为产品付出更多金钱，因为他们期待产品能很好地实现其功能，同时经久耐用；他们渴望品质。反之，如若以自己感兴趣的造型或流行色作为选择产品的主要因素，那么在拉姆斯眼中他们就是消费者。他们尚处肤浅的层次，只希望满足自己的短期欲求，或是做出并非出于功能需求的审美决策。拉姆斯时期的博朗产品的主要目标客户是“明智、老练且有修养的使用者，他们会有意识地选择自己能用到的产品”[33]。对拉姆斯而言，“消费者”（Verbraucher）一词带有贬义，它暗示了一类挥霍浪费、毫不思考且依冲动行事之人。

论可持续性与环境

对环境的关注是拉姆斯的谈话与著作中的一个持续的主题。它源自对消费者过度消费的反感，对廉价且糟糕的设计的过剩与“混乱”的反感，以及对随之造成的视觉上与物质上的污染的厌恶之情。众多设计糟糕的产品被生产和销售令他感到愤怒。它们虽然刺激了占有欲，但是毫无用处，故而很快被丢弃、被取代，变成了不断增加的废弃物品。如若这些产品设计得更好，那么我们便不需要如此之多的产品，这样此循环就能减速，甚至被完全改变：“如今我们不假思索地在公寓、城市与环境之中随意丢弃各式各样杂乱的垃圾，未来几个世纪的人们看到这种景象，一定会为之颤栗。在面对物品带来的影响之时，我们表现出了何等宿命论般的冷漠！想想看吧，所有这些强加于我们的东西，我们甚至都不甚明了。”拉姆斯于 1975 年如是说。[34]

他说，设计可以也必须成为“改变的引擎”。众所周知，“我们的技术 / 工业文明正在威胁地球上的生命”[35]，并且“彻底的变革是不可避免的”。1999年，拉姆斯再次呼吁“设计的新伦理”。他预测，设计的价值在未来将会体现在它对整个地球上的生命生存所做出的贡献之中。设计的职责在于显著地提升与材料和生态直接相关的产品品质。

33 Rams, introductory lecture to the exhibition ‘Form – Nicht Konform 20 Jahre Braun-Design’.

34 Dieter Rams, ‘Kann Design zum Erfolg eines Unternehmens Beitragen?’, talk (October 1975), Dieter Rams archive 1.1.2.1.

35 Dieter Rams, ‘Designed in Germany – Ökologie und Design’, opening speech for an exhibition organized by the German Design Council, Herbstmesse, Frankfurt am Main (21 – 25 August 1993) Dieter Rams archive 1.1.6.2.

设计还必须着手可持续地降低产品的总量以提升质量："设计将在重塑我们的消费者文化中扮演重要的角色。它必须向着最优的功能性与尽可能最佳的用户品质的方向努力，并且致力于达成长期且经济的使用。它还须助力于新的生产与分销结构的创建。"[36]

迪特·拉姆斯广为人知的那句"少，却更好"（Weniger aber besser），既是一句警言，告诫人们尽可能将每件产品精减至最重要的程度，又是一个号召，呼吁消费者文化的改变。我们必须用"一种支持产品经济且长期使用的美学"来取代我们贪婪的习性。他不屑于仅仅赢得顾客的好感，而是提出了彻底改变整个系统的方案。他最为深远的一项提议是一套租赁系统，由此，生产商不再向顾客售卖家用电器。产品的所有权依旧由生产商持有，而使用者则需付费使用它们，一旦他们使用完毕，或者产品需要维修，那么产品将回到生产商处进行升级或维修，抑或是再次循环使用。他坚信，这套系统能极大减少产品总量，提升质量，因为家电的良好运行与持久工作符合所有人的利益。拉姆斯称，在此背景下，设计仍存在另一个需要改进的地方，他称之为"再设计"。在此他的意思为，我们也需要跳脱对新奇的嗜好，转而开始优化与改进我们已有的事物："我确信，甚至是最为普遍的日用产品，例如门把手、开罐器、打孔器、订书机，更不用提汽车……都仍有巨大的改进空间。"[37]

— 论未来

"没有想象力的设计只有在没有想象力的生产和没有想象力的消费下才能繁盛，而这样的时代正在终结。"拉姆斯于 1975 年如是说。他非常清楚，未来的设计师需要面对的绝不仅是失控的增长、激增的污染以及短缺的资源。他预测，全球化以及"所有系统不断强化且不可逆转的混合"也将在设计的方法之中扮演更为重要的角色。个体的单独行为不再存在，没有事物能被孤立，所有事物都相互纠缠、相互关联，当这样的情况越来越显而易见时，我们必须开始更为广泛且深入地思考我们做的是什么、我们做这些的原因，以及我们如何去做："除非我们想要承担令整个系统崩溃的风险，否则我们决不能犯下任何错误，尽管对于单独使用的单件产品来说，我们或许可以逃过一劫。"[38]

至 1990 年，这些预测已经凝练成了一套观点，它指出了设计与设计师将如何调

[36] Dieter Rams, speech given at 'Bundespreis Produktdesign' award ceremony, Frankfurt am Main, Germany (27 August 1994).

[37] Dieter Rams, speech on market performance with technology design (July 1988), Dieter Rams archive 1.1.4.2.

[38] Rams, 'The Designer's Contribution to Company Success'.

整自己的角色，以面对未来这个系统主导而非物品主导的世界中的挑战："在未来，设计将会变得越来越偏向于管理上的策略，包括规划与构思全面的产品生产过程，如何将它们集约化、理性化并控制它们，无论涉及的是'工业'产品还是'文化'产品。然而，随着高度复杂的工业社会中的那些相互关联与工作流程变得愈发令人费解和模糊不清，对工业式解决方案的坚定信念便会开始崩塌。我们或许仅有能力'管理'许多我们能够很好地定义的设计问题，但却再不能按常规方式解决它们。"他至此已经承认了设计的复杂度将会逐步提升，并且将他的理念延展，以包括对工业设计的不断变化的理解，这种工业设计不再局限于单一的物件或产品。

在当时，拉姆斯还开始重新思考"功能"设计与"理性"设计的定义，不过他并未削弱它们的价值："如果站在复杂的相互关联性这一角度，那么如今我们理解的设计，即主要根据美学准则来塑造有形的物品的行为，将会退居次要地位。即便如此，可以做的事依然非常多。扩展功能主义的概念是明智的，因为死板的造型准则不能再被滥用以美化为实现经济性而带来的种种制约，就像是宣称设计已经通过功能主义而自成一派。即便它需要放弃它的某些绝对权威的领导地位以及它对社会的影响力，但作为其基石的理性绝不需要也绝不应该被抛弃。保留功能性的常量（简约性、可理解性、实用性、较长的使用寿命）当然也意味着接纳并开发运用全新的造型和它们可能的组合。虽然它们一定会不可避免地在越来越大的程度上受限于工业生产所制定的标准，但是设计师不应该只以技术人员的角度进行思考，因为这样会产生滑向无休止的实证主义的危险。他们应当时刻谨记，他们最重要的潜力便是创造力与创新力，这些能力也蕴藏在艺术之中，因此，他们应将注意力集中在结合技术与艺术的优点之上。"[39]

好设计的十项准则

自 20 世纪 70 年代以降，迪特·拉姆斯便着手将其对设计的观点浓缩并形成一套规则，以此向整个世界阐释塑造优秀的产品设计所涉及的价值与问题。它们最初见于 1975 年左右拉姆斯的演讲与文章中，特别是在一场于加拿大开设的设计研讨课中，此课程属于加拿大政府举办的工业设计辅助项目（Industrial Design Assistance Program）的一部分，他在课上这样说道："所有博朗的设计都由三项主要原则主导，

[39] Dieter Rams, 'Designed in Germany', keynote speech at the opening of the German Design Council exhibition at the Pacific Design Center, Los Angeles (1990), Rams archive 1.1.6.1.

即秩序原则、和谐原则，以及经济原则。”[40]1976 年，在一场国际营销会议（International Marketing Meeting）中，它发展成了六项设计准则：

1 对我们而言，功能是所有设计的起点与目标
2 与设计打交道的经验便是与人打交道的经验
3 只有秩序才能令设计为我们所用
4 我们的设计力图让每个元素都拥有其最佳的比例
5 我们认为的好的设计是：尽可能少的设计
6 我们的设计具有创新性，因为人类的行为方式处于变化之中

在 1983 年与 1984 年的讲话中，他用六条精简的准则总结了不同的演讲：

1 好的设计是创新的
2 好的设计赋予产品以效用
3 好的设计是美学设计
4 好的设计令产品容易理解
5 好的设计是低调的
6 好的设计是直率的[41]

在 1985 年于华盛顿举行的国际工业设计协会大会（ICSID Congress）的演讲中，这些准则发展为十条，除去一些细小的差异，这些准则自此一直没有改变过。在德语中，它们经常被统称为“Zehn Thesen zum Design”（设计的十个命题），而在某个略显浮夸的译笔下，此称呼成了“好设计的十诫”（Ten Commandments of Good Design），这显然完全不是迪特·拉姆斯的风格——它们不想被刻上石碑，不打算变得浮夸、僵化且顽固——因而，我们在此坚持使用“准则”（principle）这个词。拉姆斯这样介绍好设计的十项准则：“这是一些对于设计的本质的（全面的）基本思考，我与我的设计师同行一直遵循着它们，这在几年前被提炼成了十句简单的话。它们是定位和理解的一种有效方法。不过它们并不是就此固定的。好的设计处于不断的发展之中，就像科技与文化一样。”[42]

40 Rams, ‘The Designer’s Contribution to Company Success’.

41 Rams, speech in Boston.

42 Dieter Rams, Ten Principles of Good Design, June 1987/July 1991, amended March 2003, Dieter Rams archive.

1 好的设计 是创新的

创新的可能性永远都不会停止涌现。科技的发展总会为创新的设计带来全新的机遇。然而创新的设计总是会与创新的科技相伴出现，并且其本身绝不会终结。

2 好的设计 让产品是有用的

人们购买产品就是为了使用。它必须符合特定的标准，这不仅是功能上的，还有心理与美学上的。优秀设计总是强调产品的可用性，同时抛开任何可能影响其可用性的因素。

3 好的设计 是美的

产品的美学品质与其可用性密不可分，这是因为我们日常使用的产品会影响我们自身与我们的幸福感。然而只有制作精良的物品才能是美的。

4 好的设计 让产品是可理解的

它阐明了产品的结构。更好的情况是它能令产品开口说话。最好的情况便是它无须解释、不言自明。

5 好的设计 是直率的

没有比产品的真实存在更能体现它的创新、力量或价值。它不会试图用无法恪守的诺言来操纵消费者。

6 好的设计是低调的

能实现某种功能的产品如同工具一般。它们既不是装饰品，也不是艺术品。因此它们的设计必须既中性又克制，为使用者的自我表达余留出空间。

7 好的设计是经久不衰的

它避免追赶时髦，因此也永不过时。不似时尚设计那般，它能存在多年，甚至是在如今这种用之即弃的社会之中。

8 好的设计是细致入微的

任何地方都不能是武断的，或是听之任之。设计过程中的悉心与精准性，就是对消费者的尊重。

9 好的设计是环境友好的

好的设计能为环境保护做出巨大贡献。它节约资源，并且在产品的整个生命周期中，将物理与视觉的污染压缩至最低。

10 好的设计是尽可能少的设计

少，却更好——它专注于核心元素，产品摆脱了非核心元素的负担。回归纯净，回归简洁！[43]

[43] Dieter Rams, Ten Principles of Good Design, June 1987/July 1991, amended March 2003, Dieter Rams archive.

一 少，却更好

最终，“少，却更好”成为迪特·拉姆斯最根本的格言，以表达其变革的决心。它有意类比那句极简主义的宣言“少即是多”（Less is More），这句话一般被认为出自德裔美国建筑师路德维希·密斯·凡德罗，然而它事实上出自他的前导师——德国建筑师与设计师彼得·贝伦斯（Peter Behrens）。贝伦斯对20世纪的工业设计与建筑学有着巨大的影响。他曾是勒·柯布西耶、瓦尔特·格罗皮乌斯（后成为包豪斯的首任院长）以及密斯·凡德罗的老师，可被誉为工业设计的创始人之一。他使用砖块、钢铁与玻璃设计了开创性的建筑，包括1910年于柏林建成的德国通用电气公司（AEG）的涡轮机工厂。1907年，他参与创办了颇具影响力的德意志制造联盟（Deutscher Werkbund），此组织由致力于提升日常用品与产品的设计品质的设计师与公司组成。他也是“企业形象”这一概念的先驱，1907年，他包揽了德国通用电气公司从产品到平面设计和广告设计的所有设计工作。

贝伦斯影响了众多公司与个人，尤其是埃尔温与阿图尔的父亲马克斯·博朗。虽然他比迪特·拉姆斯早了两代，然而他提出的功能主义宣言，即使用减法以达成改善的目的，对拉姆斯而言是一个绝佳的为他所用并进行改进的选择。拉姆斯认为，要尽所有可能地做减法，但出发点必须是服务于功能与用户，而非仅出于美学的考量。减少数量、肤浅性、贪婪、浪费以及过度，同时还要做加法，增加谦逊、品质，以及付出更大的努力以实现更好的产品和更好的设计，还有随之而来的更好的世界：“一定要有更少的东西、更少的言语、更少的姿态，数以百万计的更少的一切。但是每句话、每个姿态都将变得更有价值。如若我们正确地处理这一切，那么我们自然便会需要更少的东西。”[44]

拉姆斯坚定的信念源自工业设计诞生之初，它已然架起了连接当时与我们所处的当代世界之间的桥梁，虽然这两者之间存在着众多科技、社会、政治的变革与创新思想的差异。这或许就是他之所以能成为这样一位迷人的设计师的原因。他在整个广阔的设计世界中践行着严格且理性的规则，并且将它们凝练成了一系列至今依然正确的准则。反复精简、检验、浓缩，直至他的所有哲学思想都汇聚为几个字：“少，却更好”。它们与他的草图和产品一样，拥有着自己的美感，实现并超越了他一直以来所追求的功能和理性的定位。

[44] Dieter Rams, ‘Statement’ (July 1994), Dieter Rams archive 1.1.2.29.

迪特·拉姆斯的影响

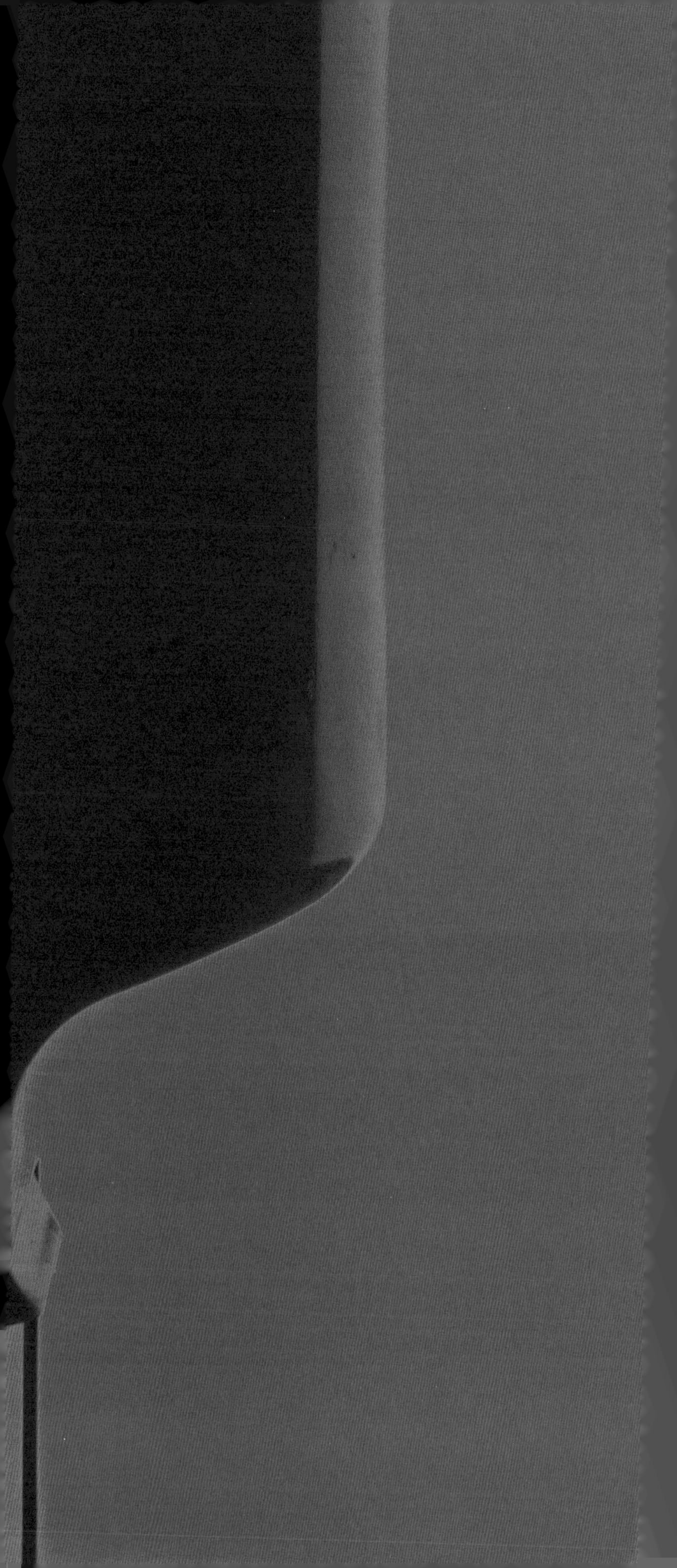

在职业生涯的晚期，迪特·拉姆斯越来越多地将精力投向设计教育，以及对产品设计的品质与可持续性的提升。不论过去还是现在，他都充分利用每次面向公众的演讲与采访的机会，着重强调他想传递的信息:“少，却更好”以及所有它可能产生的影响力。他在 1988—1998 年担任德国设计协会主席，这个政府支持的组织创立于 1953 年，旨在促进与改善德国的设计，特别是提升其经济效益。他在任职期间不遗余力地宣传他的理念，鼓励设计师、政治家、企业与大众反思“无限量的增长”的问题，并且鼓励他们“以足够勇敢、开放的心态与足够的资质重新调整自己，以大规模地重新设计我们的生活方式，以及与之相关的我们在这个星球上的未来”[1]。

拉姆斯猛烈地批判 20 世纪 80 年代至 90 年代兴起的“后现代”设计方式，他认为这导致近年来在设计师群体中不断增长并占据上风的自我中心主义与享乐主义。他将“一切皆可”的物质文化的盛行归咎于武断随意的胜利。对他而言，任由情感与视觉的刺激以及新奇事物的诱惑力凌驾于任何伦理价值体系之上，这是对环境与设计的未来的极端不负责，更遑论对使用者的不负责。“从我的经验出发，那些仅仅为不同而不同的事物几乎都不是更好的，”他在 1993 年阿斯彭举办的一场国际设计会议中这样说，“不过，更好的事物往往总是不同的。”[2]

虽然在过去的 50 年里，拉姆斯一直在宣讲着或多或少有些相似的内容，然而他很清楚这半个世纪的变化非同一般，他传道般的热情也不是在简单地呼吁人们回归“古老优良的价值观”之中。他在 2009 年于东京所做的演讲中承认，现在与未来的设计师面临的任务比他那时要艰巨得多。此外，他还认为，这个世界已经变得更加复杂且更大程度地相互关联，设计师的角色越来越多地偏向于成为科技与使用者的中间人。当为博朗与维索工作时，拉姆斯与他的同事相信，他们可以借助产品的力量，用设计来帮助这个世界变得更好，即设计出兼备实用性和美学品质的产品。拉姆斯称，对未来的设计师而言，至关重要的不仅是产品，还有“使我们能够与产品产生互动的全新的结构”。产品的系统化本质及其与世界的关联等拉姆斯一直所熟知的东西需要进一步的研究。拉姆斯认为:“继工业设计师的时代之后到来的，或许会是设计监理师的时代，他们将为人类、自然与科技带来新的和谐关系。若此成真，那么科技与经济发展的理念将会服务于一种全新的平衡观，平衡传统与未来、全球与家乡（Heimat）之间的关系，它源自人类同时作为个体和社会群体的一员的需求。”[3]

1 Dieter Rams, speech given at the opening of the 'Rat für Formgebung' exhibition '40 Jahre' (19 September 1993), Dieter Rams archive 1.1.6.6.

2 Dieter Rams, 'The Future of Design', lecture at the International Designer Congress, Aspen (1993).

3 Dieter Rams, 'Tokyo Manifest', speech at the opening of the 'Less and More' exhibition, Fuchu Art Museum, Tokyo (May 2009).

论教育

1995 年，距迪特 · 拉姆斯从博朗退休还有两年，他谈到了自己意图专注于设计教育。在同年的国际工业设计协会[4]会议的发言中，他宣布："在我的余生中，我想将教育作为我的主要工作，并且专注于提高设计师的教育。"[5]当时他已经作为在汉堡美术学院的教授任教了 15 年，有充足的机会研究并体验德国的设计教育并探索它与工业的"真实世界"之间的关系。

他提出了一个假定，即设计应当成为向可持续的产品文化转变的驱动力，基于此，他提出了一系列针对设计教育的改进方法，以促使设计达成上述任务。首先，他指出工业设计与技术息息相关："它既是一种艺术形式，同时也像医学、机械工程或者法学这些学科一样。"[6]在此他的意思是，有鉴于当代产品设计所涉及的领域的深度与复杂程度，设计师需要极强的技术背景，才能做出正确的抉择并与技术人员充分地交流。拉姆斯还呼吁与工业建立更为紧密的联系，以发展出一套更面向实践的教育方式。此外，他还建议大幅度减少（特别是在德国境内的）设计学院的数量，以集中财力与设施输出真正有意义的高质量成果。这种观点并没有为他在设计教育圈内赢得许多支持，然而拉姆斯从未特别在意过他人对他的看法。

迪特与英格博格 · 拉姆斯基金会

纵观迪特 · 拉姆斯的职业生涯，他都在为从整体上改善我们的产品世界而奋斗。甚至在今日，他还忙于为此在全球各地进行演讲、宣传、讨论以及写作。20 世纪 70 年代至 80 年代，基于自己在产品设计领域的长期经验，他提出了好设计的十项准则。这些准则最初是为了他自己的设计团队而设，不过如今，它们也在帮助年轻设计师，尤其是在找寻新思路与新方案的方面。对迪特 · 拉姆斯而言，设计不仅意味着理性且常识性地思考我们的生活环境，还意味着美学一词所涉及的方方面面。他也坚定地致力于推行以社会为导向的设计方式，此方式强调产品与交流的过程，而这个过程服务于一个对其全体成员负责的民主社会。

4 国际工业设计协会是一家全球的非营利组织，旨在在全世界促进更好的设计，它拥有来自 50 个国家的 150 个成员组织。迪特 · 拉姆斯曾于 1991 年至 1995 年任董事会成员。他还曾参与过德国工业设计师协会（Verband Deutscher Industrie Designer，简称 VDID）与德意志制造联盟的事务。

5 Dieter Rams, speech to the ICSID (1995).

6 同上。

1994 年 12 月，通过使用一部分两年前颁发给他的宜家设计奖的奖金以及他的私人资金，迪特 · 拉姆斯成立了一个基金会，旨在更深远地实践这些承诺，这便是迪特与英格博格 · 拉姆斯基金会（Dieter und Ingeborg Rams Stiftung）。虽然此基金会的核心目标是“好设计”的准则与方法，但它也特别有意鼓励并提供一处交流的平台，在为我们所有人追求更好的产品环境的过程中，帮助年轻一代的设计师找到全新的办法与方案。[7]

可持续性设计

迪特 · 拉姆斯毫无疑问是他的时代最具影响力的设计师之一，然而他最重要的成果或许并非他设计的产品，而是他对设计为可持续文化做出贡献之必要性的阐发。“在设计中，迪特 · 拉姆斯代表着正直。”批评家休 · 皮尔曼（Hugh Pearman）如此说，“他代表着真正的功能主义。他反对风格，反对浪费。他站在了用之即弃的社会的对立面。”[8] 拉姆斯于 20 世纪 70 年代在自己的设计中引入了可持续发展的理念。他的许多产品，特别是他为维索 + 察普夫公司（后来的维索公司）设计的家具，都被设计为灵活的系统，它们都可以按产品所有者的意愿调整，以适应不断改变的环境：它们能够扩大或缩减，如果有损坏或变得老旧，它们也可以进行部分替换。正因如此，这些产品的贸易都依赖于制造商与顾客之间维持的长期亲密的关系，以在必要时对产品进行保养、维修与调整。如今，维索只生产两套产品系统：606 万用置物柜系统，以及 620 座椅项目。自拉姆斯于 20 世纪 60 年代初的设计之后，这些产品只有过极小的改动，而且几乎所有改动之处都是随着新材料与工艺的出现而在细节上进行的微小的改进。因此，一套 20 世纪 60 年代生产的 606 万用置物柜系统依然可以使用 2008 年版本的部件进行更新。使用寿命长所带来的结果之一，便是异常忠诚的消费者群体。顾客希望他们的维索产品能使用一辈子，产品越好地服务于他们，他们购买其他产品来替换它们的可能性就越低。“我们一半的订单来自现有客户。”总经理马克 · 亚当斯颇感自豪地说。“我所管理的公司希望更多的人更少地购买我们的家具。”他补充道，

7 随着对拉姆斯的作品与设计方法的兴趣的增长（近年来尤为如此），让基金会提供信息与材料的呼声不断增多。因此自 2010 年起，迪特与英格博格 · 拉姆斯基金会以及位于德国法兰克福的应用艺术博物馆（Museum für Angewandte Kunst）开始将拉姆斯的个人档案扩充、电子化，并且建立访问入口，以供国际设计研究使用。这场合作还会促成一系列的研讨课、出版物、会议以及展览项目，以交流“功能性、美学性以及面向社会”的设计方法。

8 Hugh Pearman, ‘Simply Successful’, Blueprint (1 June 2002), 32-35.

“维索并不以赢利为主要目的，因为一旦我们做出了正确的决定，我们就会赢利。”[9]

这种商业模式只适用于尽可能完美的产品，那些外观看起来和谐且经久不衰的生活工具，即“少，却更好”的物品。通过这些案例，拉姆斯证明了这种方法的可行性。“设计师与制造好设计的企业面临着艰巨的任务，”他告诉我们，“此任务便是改变如今这个丑陋、令人恼怒且困惑的世界，让它从小到日常用品、大到我们的城市层面都变得更好。”[10] 而制造商、设计师与我们这些购买者都有责任共同出力完成这个任务。

设计师的设计师

设计要走向何方？如今的设计又是什么？我们正处在一个创新、探索与再评估的动态阶段之中，如若想避免迷失在过于丰富且复杂的困惑中，那么进行讨论甚至制定指导方针是很有必要的。最重要的是，有鉴于设计已渗透到了生活中如此之多的方面，与技术的发展如此紧密地相连，并越来越多地吸引着消费者的注意力，它已然肩负着越来越重要的责任。“好设计”不再仅仅指创造出有用的、易用的产品，它还需要考虑产品的可持续性，而这源自前瞻性的思考以及对产品的使用寿命与环境的慎重考量。

设计师处于一个独特的位置，可以影响我们这个产品饱和的世界的本质，但是为此他们需要明确的方向、意识、理解和道德体系。今天的设计师们对迪特·拉姆斯不断高涨的兴趣并非偶然，他将自己的职业生涯都献给了具有责任感的设计。除了他开创性地为产品定义了一种优雅、严谨、可读的视觉语言，并因此促进了用户和技术之间的交互，以及他对产品在环境中的位置的考量，他在伦理上的一致性也引起了人们的共鸣。他于 20 世纪 80 年代首次发表的“好设计的十项准则”[11] 在今天看来实在是非常息息相关，而他那句格言“少，却更好”在这个杂乱无章、挥霍无度、处于生态灾难边缘的疲惫不堪的世界之中则变得无比重要。

迪特·拉姆斯一直以来都是一位设计师的设计师。他和他的设计团队为博朗设计的产品源于一种继承自包豪斯、乌尔姆设计学院以及其他地方的思维方式，他们奋力将形式与功能的结合带进现代的工业化世界之中。他的准则是他持续演变的设计理论的一部分，通过他五十多年的实践经验和数百种产品不断精炼而来。如今，众多杰出

9 Dieter Rams, ‘Less but Better: A Return to Common Sense’, RSA address at Glasgow’s Lighthouse design centre (13 November 2007).

10 Dieter Rams, ‘The Responsibility of Design in the Future’, RSA Student Design Awards 75th anniversary lecture at Glasgow’s Lighthouse design centre (4 November 1999).

11 迪特·拉姆斯的“好设计的十项准则”如下：好的设计是创新的；让产品是有用的；是美的；让产品是可理解的；是低调的；是直率的；是经久不衰的；是细致入微的；是环境友好的；是尽可能少的。

的工业设计师都把拉姆斯作为灵感来源与榜样。尽管自拉姆斯的全盛时期以来，技术、材料和制造工艺已经有了巨大的发展，但是我们似乎仍然可以从他的设计方法中学到很多。

— 深泽直人

日本设计师深泽直人出生于 1956 年，正是迪特·拉姆斯开始任职博朗的一年之后。他是如今世界上最杰出的设计师之一，他与日本的无印良品公司和生产家用电器的 ±0 公司之间的联系最为密切。深泽直人称拉姆斯为“我认定的为数不多的导师之一”[12]，且与拉姆斯一样，他的作品展现出了对细节近乎痴迷的关注度，以及由此而来的一种追求完美直至最后一毫米的渴望。他在大学时代第一次接触到了博朗的产品，从那时起，博朗产品与迪特·拉姆斯的设计于他的脑海中“如一个单独意象般存在”。那时令他产生兴趣的是方法论。“从拉姆斯在博朗所做的设计中，我了解到了许多与产品相关的元素，例如沿着网格排列通风口、开关和操作面板的字符等。”他如是说，“我记得我当时不仅被它们精确、实用的设计所吸引，更被其中蕴含的充满人性的柔软与温情所吸引——那是一种实用、简约又不冰冷的状态。”

深泽直人承认，在 20 世纪 80 年代，他受到了当时“情感设计”浪潮的裹挟。他说，市场一直在索求“无意义”与“不必要”的造型，然而至 20 世纪 90 年代中期，他已然厌倦了这一方向。“我动摇了，我感觉自己在不断地寻找正确的道路。”他解释道，“当我终于发现了答案——‘难道会是这个吗？’——博朗的产品与拉姆斯所做的工作就在那里……他的作品是如此地无法忽略，我为自己寻求的结果与他给出的答案连接在了一起。这也许只是因为，我一边望着崖壁，一边向悬崖顶端攀登，而就在即将登顶之际，我抬起头来，发现他就在那里。”

深泽直人钦佩拉姆斯“具有辨别力的意志力”，他的作品抵挡住了那些追求时尚、吸引眼球或仅是为了创新而创新的冲动：“对设计师而言，这是一种难以抗拒的诱惑；哪怕只是一个表盘或旋钮，他们也会试图加入一些个性元素。”他认为，拉姆斯的设计来自物件本身“无法忽视的本质”，而非设计师的自我。这是“正确的设计”，也是必然的设计，因为它接近物体最终需要成为的样子。因此，诸如“唱片晶体管”（Phonotransistor）TP 1 系列收音机或 606 万用置物柜系统这样的产品告诉我们，“我们不需要比这更多的东西……它们让我们的欲望止于此，告诉我们这就足够了”，他如

[12] 除去特殊注明，此章节中引用的所有深泽直人的话，都来自作者于 2009 年 5 月所做的采访。

是说。

在深泽直人看来，“优秀品质的常态化”，即让我们已拥有的东西变得更好，是设计师应当努力的主要方向，尤其在如今这个物欲横流的时代。“探索和实验的时代已经结束了。我认为，我们应毫不犹豫地致力于研究生活中的功能，或是研究美丽、谦逊、宁静的器具。”他这样认为，“重要的是，改进好的物件以适应我们当下的生活，并且要一点点地修改它们，而非大量修改或是意图创造与众不同的刺激——这也正是迪特·拉姆斯在实践中证明的。我认为这才是必要的设计答案。”

贾斯珀·莫里森

备受尊崇的英国设计师贾斯珀·莫里森也是迪特·拉姆斯的公开推崇者。莫里森曾为诸如索尼、奥利维蒂和三星等多家公司设计过科技产品，但当他于 2004 年为德国制造商好运达公司设计一系列家电产品时，他对拉姆斯在博朗所取得的成就产生了加倍的敬意。莫里森认为，“能将那家公司控制到他所达到的水平，并且取得了如此一致的成果”是一项壮举，他说：“博朗的方式似乎很独特。当时，这是一家以设计为主导的公司。所有的公司内部都需要营销和设计之间的平衡。营销的常见策略为‘现在畅销的东西就是我们下一个产品的模型’。这种自相残杀的程序导致了极度的平庸与糟糕的设计。”[13]

SK 4 唱片机伴随着莫里森长大。这台唱片机在他的家中代代相传，从他的祖父传到他的父母，最终在他 16 岁时传到了他的手中。“尽管我当时还小，但那台机器给我留下了一些深刻的印象，”他说，“那透明的顶盖在当时如此现代，还有控制盘的布局与铝制的唱臂。”[14] 莫里森特别欣赏拉姆斯的设计在美学方面的造诣。“他在美学上远比他乐于承认的要更有创造力。”他说。他认为，拉姆斯经常在讲话时强调理性与功能，这有时有些过度。“但是，”他补充道，“抑制创新的冲动是正确的做法，而以分析技术参数的方式来引导创新的出现则是他的专长。”

与深泽直人一样，对莫里森而言，正是拉姆斯设计方法的正确性给予他很大的启发：“现如今，他对设计的最大贡献便是提醒人们，设计应当如何做。”莫里森最欣赏的是拉姆斯在设计中所实现的优雅的构件组成，以及其作品的完美程度。他认为，他的办公室所使用的 606 万用置物柜系统这样的产品展现出了一套精妙的设计方法。“它是置物柜系统的最终形式。人们没有必要再设计其他置物柜了。”莫里森在一件堪

13 Interview with Jasper Morrison by Gerrit Terstiege, *Form* magazine, no. 195 (March/April 2004), 70.

14 除去特殊注明，此章节中引用的所有贾斯珀·莫里森的话，都来自作者于 2009 年 5 月所做的采访。

称典范的高度复杂的作品中发现了一定程度的和谐。“我认为，没有人像他一样如此在意把设计做得好，并且真的有能力做到。”他总结道，“对我而言，他仍然为设计的更好的未来指明了方向。”

萨姆 · 赫奇

另一位著名的英国设计师萨姆 · 赫奇（Sam Hecht）出生于 1969 年，他在父母位于郊区的家中长大，其中置备了许多博朗家电。他说自己的家是典型的英式风格，且有着不协调的审美品味，但是“出于某种原因，我爸妈总是会购买博朗的产品”[15]。他认为，部分原因是这些产品“产自德国，这在如今依然是卓越、可靠与高品质的象征”，但至少在一定程度上，这本身也是因为博朗家电的品质在当时的家用电器中遥遥领先。“这些东西经久耐用。”赫奇说，“它们是可维修的，因为它们的‘组装’经过了设计，而且其制造过程也不简单。”它们塑造了赫奇在之后作为一个设计师和消费者的期望。

在他的职业生涯中，赫奇曾受雇于美国大型工业设计公司 IDEO，并于 2002 年与合作伙伴金 · 科林（Kim Colin）一起成立了自己的公司——工业设备（Industrial Facility）。除了设计从家具到烤面包机等各式产品之外，他们还同时是无印良品公司与赫曼米勒公司的创意顾问。赫奇非常了解在一家大型机构里做设计工作的压力。当他于 20 世纪 90 年代在美国设计电话与电脑等设备之时，他意识到“事情有些不对劲”，与莫里森一样，他对设计日益成为营销工具的情况感到非常不满。他开始重新阅读奥托 · 艾舍和汉斯 · 古格洛特的著作，然后是拉姆斯，因为他认为，当时的人们对这种以设计为主导的方法并不感兴趣：“当时没有人关注博朗；说句实话，当时完全没有人对此表示任何赞赏。然而就其功能上的可靠性而言，它的质量依然在那里。”赫奇说，他与当时的同事深泽直人进行了多次谈话，两人都意识到“有些事情需要改变”。

赫奇说，作为一门相对较新的学科，工业设计只有有限的历史参考，而在 20 世纪 90 年代，这些参考严重缺失。“以文学为例，在引用之前作家的作品时，你能体会到一种连续性，他们可以说出有价值的东西，但设计却没有这种感觉。”赫奇说。他意识到，我们能从艾舍、古格洛特和拉姆斯的作品与理念中学习到一些东西，尤其是设计师在公司内和对自己工作的责任感。他说，优秀的设计归根结底就是做出一系列正确的决定，“而且你合作的公司或企业越大，这些决定就会越复杂”。设计师必须了解

15 除去特殊注明，此章节中引用的所有萨姆 · 赫奇的话，都来自作者于 2009 年 5 月所做的采访。

设计过程中的每个步骤，大到技术工艺，小到微型芯片、平面设计、字体与材料。如果他们失去了对设计过程的控制，或者没有注意其中的某个环节，并导致最终的产品品质不尽如人意，那么根据赫奇的说法，他们只能归咎于自己。

对赫奇而言，拉姆斯对工业设计做出的巨大贡献在于其工作的系统性与连贯性。"作为一家公司，你所生产的东西产生的影响力不仅局限在商店中，还作用在它被使用的环境之中……在这一问题的理解上，博朗和拉姆斯无疑是先驱。"他如是说。这种系统性的品质不仅体现在博朗产品之间以及博朗与维索产品系列之间的关系上，也可见于每件产品本身。"比如，当你设计一台吹风机时，你不仅在为手或头发做设计，你还在设计它的插线方式、它的电线如何接入与收纳、它放在房间里时看起来怎么样、哪里存放它，以及它是否会令人不适——我们称之为前景/背景控制（foreground / background throttle）。"他解释道。若以这种方式进行设计，设计师会拥有相当大的权力，也能做出更好的产品，"但这样做的周期很长，不是短期的，并且你需要有一个才华横溢的头脑来引领"，赫奇如是说。

拉姆斯不仅创造了伟大的产品，他还意识到，设计师的角色超越了产品。赫奇总结道："他们对环境负有责任，包括这些东西去向何方、如何被使用、如何与我们所有人的生活以及我们的奋斗联系在一起。我觉得能够做到所有这些（它们在某些方面经常与现代营销手段相矛盾）是一项了不起的成就。"

— 迈克尔·迪图洛

迈克尔·迪图洛（Michael DiTullo）是匡威（现为耐克集团旗下的品牌）的设计总监，他成长于与赫奇相隔一个大西洋的美国，在一个高度市场导向性的设计环境中工作。他也是在童年时期第一次接触到了博朗的产品，并认为自己从拉姆斯的这些作品中学到了很多。对迪图洛而言，其祖父母拥有的战后开放式现代主义住宅激发了他早期对设计的鉴赏力，并且促使他自己年轻时也购买了博朗的旅行闹钟与电动剃须刀。"当我第一次体验迪特·拉姆斯的产品时，我还没有掌握能够解释它吸引我的原因的设计语汇，"[16]他说，"但我本能地知道它这样是正确的。"

在迪图洛追求他的设计师事业的过程中，他称自己不断地在拉姆斯的作品中获得全新的体验。"我开始欣赏它的功能性，欣赏这些复杂的物件是如何以最简单的方案简化其与用户之间的交互而变得平易近人的。这虽然看似简单，然而事实上却涉及对形

[16] 除去特殊注明，此章节中引用的所有迈克尔·迪图洛的话，都来自作者于 2009 年 5 月所做的采访。

式、色彩以及材料的复杂运用。”在下一个层面，他体会到了拉姆斯作品中的极简主义，它们的“造型的经济性”，以及它们如何在任意的室内风格下“富有表现力地与周遭环境相呼应”。以他的博朗旅行闹钟为例，他称其设计有一种“本身的自在。它以最为简单的状态实现了一款闹钟的存在，所以它适用于任何地方”。作为一位亲身经历过设计过程的设计师，他认为拉姆斯的作品以及博朗的产品所展现出的简约的品质绝不是自行诞生的。“我知道每款产品都倾注了汗水与心血，每个设计上的决策都是一场战斗，但作为消费者，这些看起来都是如此地毫不费力，仿佛它们根本没有经过设计。”迪图洛说。正是这种“时尚怪想”的缺失令产品不受时间流逝的影响，并且因此依然重要。

影响作为设计师的迪图洛的第三点是，博朗的产品如何像一家人一样“相互对话”，如何独自与共同地彰显出博朗的精华所在。“每款产品本身都是强大的，但若作为整体来看，其影响力就是巨大的”。作为一个经典运动鞋品牌的设计总监，他会就自己的工作来思考这一理念，以及博朗电器的“经久不衰”：“这些作品不仅简洁，而且是在有选择地做减法，我认为，这便是它在任何时间适合任何情境的原因。”

世上不存在“完美的产品”，“工业设计师只能给出最佳方案，以在尽可能长的时间里满足尽可能多的人。”迪图洛说，“物件需要被设计得灵活，考虑被误用的可能，并允许使用者为其打上自己情感和价值观的印记。”在这方面，迪特·拉姆斯是一位伟大的设计师。“他做出了堪称典范的工作，将造型凝练至最相关、最理性的本源，这引起了广大用户的共鸣。造型的延展性让所有人都能加以阐释。”他解释道，“拉姆斯没有寻找最小公分母，而是在寻找我所称的最大公分母。其作品不去迎合，而是有所追求。”迪图洛还对拉姆斯作品的价值持有另一个有趣的观点，即其方法指向了一种他认为的更为健康的唯物主义。“我们被教导说，物质不能让我们幸福，因为世间之物都是琐碎而短暂的。而拉姆斯的作品则证明这是错误的。”他说，“它表明，物质也非常重要，我们应当尊重我们所制造、购买与使用的物品。它告诉我们，一件简单的功能性物品，在实现其功能的同时，还能传递愉悦、乐观与民主。拥有一件具备这样特性的物品意味着我们得到了它，我们认同它，我们会尽全力运用有限的方法做到最好，我们对明天、对平等充满希望。”因此，消费者把钱花在“好的设计”上，不仅获得了更好、更耐用的产品，也是对一套特定的观点或原则的认同。

迪图洛在国际时尚品牌这个尤其具有竞争性的市场中有着丰富的工作经验。他强烈批判现存的循环，其中消费者不断获得“新的”产品且“更好”的产品有“更多的功能、更强的个性表达与更低的成本”，或是这三者的结合。“赤裸裸的真相是，这些东西大部分都更糟，而不是更好，我们都知道这点，但是这就是我们一手设计出来的现实。”他如是说，“我们的消费导向型经济需要向人们销售新的东西。出于这种压力，他们去寻求更为便宜的产品，而它也催生了一个极差的循环，令设计以及产品本身变得琐碎平庸。”他认为解救之道在设计师自己的手中：“设计师可以成为自己机构中的变革者，并且慎重地为拉姆斯的思维方式的回归埋下种子。我认为，我们可以通过拉姆斯所做设计的类型，让公司与我们的设计所面向的人们信服，让他们重视更具原则的产品。我将其称为新物质主义，这是一种对物质世界的尊重，它意味着我们要停止购买那些我们不重视的物品，转而购买那些我们珍视的物品。”

康斯坦丁 · 格尔契奇

康斯坦丁 · 格尔契奇（Konstantin Grcic）是德国最杰出的当代工业设计师之一，他于 1965 年出生，在德国长大。在他看来，博朗的产品是 20 世纪 70 年代与 80 年代“非常普遍的产品文化的一部分”[17]。虽然他很欣赏博朗电器的品质，但是这些产品也代表着过去，他认为我们需要从中走出来。当还是学生时，他就已经了解到了迪特 · 拉姆斯，当时他认为拉姆斯是“一个非常教条主义的人，他对什么是优秀的设计以及优秀的设计应当如何都有自己的准则。我当时对此完全不喜欢。”在 20 世纪 80 年代，给予格尔契奇启发最大的是包括埃托雷 · 索特萨斯（Ettore Sottsass）在内的意大利设计师的作品。对那时的格尔契奇而言，他们的设计方法，以及他们周围的整个设计文化，都“与博朗和拉姆斯所代表的德国设计之中那些负面的、令人厌恶的理念相对”。

1995 年，格尔契奇在一场组织委员会中第一次见到了拉姆斯，此会议的目的是商讨次年将在阿斯彭举办的名为“造型：德国设计的理念”（Gestalt: Visions of German Design）的大型设计会议。这次见面并不愉快。“他完全契合了我对他的所有偏见。”格尔契奇回忆道，“我们因为一场我负责策划的展览发生了争执，展览要展示出德国设计中的代表作品。他对于展览应当如何有着严苛的想法，我觉得我无法与此人沟通。”但是，格尔契奇将会在几年之后彻底改变他的观点。他受邀与拉姆斯一起参与一场专题讨论会[18]，他本来后悔自己接受了邀请，直到他与自己之前的对手一起坐在安静的门厅内，等待着被叫上台。他们于是开始了交谈。“他开始以一种亲切平常的方式给我讲一些他在博朗工作时的轶事，这在某种程度上打破了那些有关他自己的传

17 除去特殊注明，此章节中引用的所有康斯坦丁 · 格尔契奇的话，都来自作者于 2009 年 7 月所做的采访。

18 此处专题讨论会的德语为 Podiumsdiskussion，通常是在主持人的引导下专家或特邀嘉宾在听众面前对谈的研讨会。——译者注

言以及对一家有着纯粹的工业产品的公司的刻板印象。”格尔契奇回忆道，“这一切都变得如此充满人性；它们的尺度是如此美丽。我突然间觉得，他设计的计算器上的按键都变成了聪明豆[19]，而不是符合人体工学的配色方案，就好像一个完全不同的人出现在我的面前。所以你可以说，在我的职业生涯中，我很晚才认识了迪特 · 拉姆斯。”

格尔契奇与拉姆斯的谈话帮助他了解到了这个产品背后的人、这位设计师，他难得地窥见了拉姆斯对工作的热情，还有他本人都极少谈论的其自身的强烈的艺术感。“当你重新评价迪特 · 拉姆斯的作品时，你可以说他从来都不像他假装的那样教条。这就是他讲给我听的那些轶事的魅力所在，它们是如此随性，而且很多都非常主观，其中包含了感性的决定。当然博朗有他的接班人，但是绝对不一样。说到底，他毋庸置疑的感知力、灵感，以及艺术性的格调让一切与众不同。”

乔纳森 · 伊夫

苹果公司工业设计高级副总裁、首席设计师乔纳森 · 伊夫或许是迪特 · 拉姆斯最著名、最直言不讳的崇拜者。伊夫为苹果公司设计的产品线条利落、造型简约，具备用户友好的界面和直观的控制方式，这无疑是我们这个时代最具有代表性的设计，并且可以自然地追溯到拉姆斯的标志性风格和博朗的传统。

苹果 iPod 音乐播放器与 1958 年的博朗 T 3 口袋式收音机在外观上的相似性，以及首款 iPhone 操作系统中的计算器键盘与 1978 年的 ET 44 便携式计算器的相似性就反映了这一点。这些产品的造型结合了自然演进、极简主义的哲学，以及内行之间的心领神会。与拉姆斯一样，伊夫也非常注重“少，却更好”的信条，而他的产品也大部分（但不是全部）遵循了拉姆斯提出的好设计的十大准则。苹果于 2007 年推出的 iPhone 不仅因其创新的技术与革命性的界面而引人注目，还因为它没有附带使用说明书——也无须附带——这非常清楚地证明了“好的设计帮助我们理解产品”这一点。设计师们在相似的目标下给出了相似的解决方案，这不足为奇，尤其是当他们需要做尽可能简约的设计之时。但考虑到几十年的时间跨度以及技术发展的巨大飞跃，这些都将拉姆斯时期的博朗产品与今天的苹果产品区别开来，而它们在外形上依然有着非凡的密切关联，这也说明了博朗的一些设计是多么具有洞察力与前瞻性。同样值得注意的是，苹果与博朗一样，也是一家罕见的设计导向型公司，其中设计团队对公司的产出与定位有着很强的发言权。“在博朗，他们总是愿意冒险。”拉姆斯说，“作为

[19] Smarties，这是一种雀巢公司生产的外裹彩色糖衣的圆形巧克力糖果。——译者注

设计师，我们不能闭门造车。”他接着说，“企业家必须愿意冒险；公司高层必须愿意冒险。”[20] 在另一次采访中，他继续说道：“我们需要的是准备好去冒险的人，以长远的眼光思考问题，而不是用短期经济成效来决定所有事情……设计不是营销，尽管越来越多的公司表现得好像是这样。我们必须全身心地投入设计和技术之中。这两者必须相互协调与契合。”[21]

一家制造业公司忠于支持其设计师，并且知晓如何培养而不是扼杀创造力，这是极为罕见的现象，尤其是在跨国公司层面上，这涉及数百万美元的资金。因此，人们经常会将博朗与苹果相比较。对于这两家公司来说，设计师的名字几乎都与品牌密不可分。迪特·拉姆斯在博朗长期以来都受到极高的信任，并因此获得了很多自主权。“博朗信赖拉姆斯。”康斯坦丁·格尔契奇说，“这是极好的，而如我们今天所知，这也非常难得。苹果信赖乔纳森·伊夫，这同样非常难得。”

拉姆斯的当下与未来

在为本书做准备研究时，我与许多设计师以及其他人都谈论过迪特·拉姆斯，不只是上面列的做出评价的这些人。我从中窥见了他们如何看待拉姆斯的作品，他们是否区分他的设计与“博朗设计”，其设计方式在今天的意义（尽管他设计的许多产品在技术上已经过时），以及他们是否认为自己受到了其作品与 / 或其思想的影响。他们的回答时常精彩绝伦。与我交谈的人中，有很多并不是与设计相关的专业人士，之前从未听说过拉姆斯，但是当我开始描述他设计的一些博朗产品时，他们的眼睛不自禁地因为赞许之情而亮了起来。拉姆斯的设计与他在博朗期间创作的产品，在千千万万与它们共同生活与成长的人们的集体记忆中扮演着重要的角色；这些“可靠的仆人”优秀地履行了自己的职责，往往成为人们深深喜爱或者深切怀念的伙伴。

然而，正如康斯坦丁·格尔契奇所描述的那样，在德国的设计界中，人们对拉姆斯的欣赏还夹杂着其他情绪。尽管几乎没有人对其产品给出不好的评价，但是拉姆斯仍然被某些德国设计师认定为来自包豪斯尾声的教条主义和沉闷的“保守派”的一员。德国设计技术正确的“工程化”形象——制造优良，但却无趣——是很多年轻设计师仍在尝试逃脱的牢笼。

在英国、美国、互联网以及其他地方，人们对迪特·拉姆斯其人以及他提出的好

20 Marcus Fairs 'Dieter Rams', *icon* magazine no.10 (February 2004), 60–68.

21 Dieter Rams, 'Dieter Rams Der Apple-Inspirator' (Interview with Mirjam Hecking) manager-magazin.de (October 2007) <http://www.manager-magazin.de/life/technik/0,2828,511925,00.html>.

设计的十项准则的兴趣大增。我认为这与全球经济不景气有关，这种趋势始于我开始本书的写作之时，也与全球范围内日益增长的对生态环境的焦虑感有关。对浪费文化激增的不满情绪，以及大家普遍勒紧裤腰带过日子的状态，令消费者开始质疑自己放纵的生活方式。适度与节俭再次成了美德。从未经历过真正的苦难与战争的西方一代谈论起了自己种菜、针织，以及修理而不是丢弃物品的经验。迪特 · 拉姆斯所倡导的理念，即制造出质量更好、寿命更长的产品以帮助我们减少消费，引起了越来越多人的共鸣。每两年买一辆新车与一台电脑、每年买一台新打印机与新相机、每半年买一部新电话，这不是也不可能是可持续的。尽管人们普遍承认这一事实，但我们已然忘记，或者说从未学会过如何过另一种生活。在这种背景下，拉姆斯提出的设计原则的吸引力是显而易见的，尤其因为这些原则是这样一位设计师的思想结晶，他明确地践行着自己的理念，始终在思想上致力于发展更具社会关怀的设计，把用户与环境的全部意义置于时尚、自我以及俗艳的奢侈浪费之前。

但是，这里存在着一种过度简化的英雄崇拜的危险。迪特 · 拉姆斯并不是权威。他是一位设计师，一位杰出的设计师，他有幸在特定的时间进入了一家特定的公司，从事一份新的职业：那是一个充满着新思想、新态度、新成长、新技术、新材料与新机遇的重生时刻。他的天赋在于对细节一丝不苟的考量，对造型、手感与色彩超乎寻常的敏感，一旦找到自己的道路便一以贯之地坚持，以及一种令他在这条路上走了半个多世纪的十分倔强的性格。然而他的工作，就像那些他亲自设计、合作设计与监督的产品一样，都属于整个系统的一部分。工业设计现在是并且一直以来都是依靠团队合作完成。虽然很多人将“拉姆斯设计”与“博朗设计”混为一谈（他曾不止一次地被称作“博朗先生”），但是尽管他曾是多年的设计指导者，他显然不是曾为博朗工作过的唯一的伟大设计师。汉斯 · 古格洛特、格尔德 · 阿尔弗雷德 · 米勒、赖因霍尔德 · 魏斯以及其他许多人，都为博朗产品设计的黄金时代做出了巨大贡献，这更不用提所有那些没有记录名字的尽职尽责的技术人员与工程师，或是发起并推动了所有的家电产品项目的公司老板的远见卓识。例如博朗的高保真产品（其中包括了拉姆斯最伟大的一些设计）从未产生过盈利，因而不得不依靠其他诸如剃须刀这样更为成功的产品线为它提供补贴。在另一种环境下，拉姆斯或许永远不会如他在博朗那样蓬勃发展，也不会拥有能够同时在维索公司做设计的自由。

他提出的设计的十项准则亦源自其工作环境与所属的系统。拉姆斯经常在德国与其他国家参加各种讲座、会议与展览，最初代表博朗，而后则是作为德国设计协会主席，以及作为一名设计师参加。他的每一次演讲都显示出其思想与理念的进一步凝练，而所有这些其实在 20 世纪 60 年代初就已基本成形。就如同对他设计的产品一样，他一直在不断地改善它们，直到归纳出十项准则，还有他最爱的格言："少，却更好"。设计界的潮流来来去去，而迪特·拉姆斯、他的设计，以及他一定要说出的关于设计的那些话恒久留存。因此，他成了德国功能性设计的一个象征、一个标志，甚至一个品牌（鉴于我们生活在一个痴迷于品牌的世界里）。而他身上某些偶然的特征促成了这一事实，包括他那与众不同、容易发音的名字，以及令人难忘的外表——这些年来，他的外表几乎没有变化，只是他那不可思议的白头发愈发银白。他的顽固是他的力量，但也可能是他的弱点：他的适应能力不强，无法忍受他人的愚蠢之处。他的许多设计都很出色，完全可以被誉为 20 世纪的杰作，但不得不承认，他也设计过一些失败之作。迪特·拉姆斯本人以及他与博朗和维索的合作为我们留下了宝贵而重要的财产，为能够取得卓越进步的工业设计的未来留下了一个系统化的概念。正如萨姆·赫奇所说，他所创造的物品以及他的设计方法都是其追随者的参照点。而这无疑是伟大的功绩。

迪特·拉姆斯，约 1975 年

大背景下的迪特·拉姆斯

克劳斯·克伦普

1851年5月1日，在维多利亚女王在伦敦水晶宫（Crystal Palace）为第一届世界博览会——万国工业博览会举办开幕式之时，25000名来宾立即意识到，商品的生产与消费已经演化成为西方社会经济发展的主导模式。工业化在当时已然带来了广泛的社会和经济变革，创造了一个广阔且全新的产品世界。然而这600万参观者中的很多人在惊叹于大约10万件展品的同时，并没有意识到这些物件都只是看似由工匠用传统的方法制造出来的。大多数参展的物品都借鉴了传统的艺术形式，这掩盖了它们使用了利用劳动分工的新型生产系统的事实。起初，制造商和消费者都忽略了这种真实性的缺失，它既表现在工艺上，也表现在材料上。在18世纪，企业家乔赛亚·韦奇伍德（Josiah Wedgwood）就已成功地将机器制成品作为“手工制品”进行宣传。而在接下来的两个世纪里，人们都在努力寻找一种新的机器美学，这不仅导致了设计作为一种职业的出现，也促成了现代作品的诞生。

如果要对迪特·拉姆斯作为一个设计师所取得的成就做出中肯的评价，我们最好回顾一下18世纪末至20世纪中叶的创造性设计的哲学概念。没有任何一个实践者在虚无之中或完全不受其他思想的影响进行创作；他们的画板不是白板（tabula rasa）；即使在实际需求发生变化之后，旧的传统仍在持续产生影响力。

迪特·拉姆斯看待设计的出发点是伊曼努尔·康德（Immanuel Kant）与弗里德里希·席勒（Friedrich Schiller）等人发展出的唯心主义哲学，他们的思想主要基于一个前提，即艺术与技术，或者甚至是艺术与设计，是两个独立的领域。伊曼努尔·康德在其1790年出版的《判断力批判》中提出了“纯粹美”（与目的无关）与“依存美”（与目的相关）的概念，并因此建立了一种唯心主义美学概念，它将商品与建筑置于艺术的较低层面上，因为它们不能成为无利害乐趣的事物。在这种理解之中，建筑装饰因其在结构上的非必要性，而应被视为真正的建筑的或是艺术的元素。而在弗里德里希·席勒看来，艺术，以及美，是人类自我实现的最崇高的要素。艺术应该提供我们所需的精神工具，以塑造出一个人性化的社会，而不是“机械化的生活”。要做到这点，它必须摆脱一切目的：“要以精神的需求而非物质的需要引领它。”席勒（在《审美教育书简》中）如是写道[1]。而歌德则警告我们，如果将艺术与手工艺所追求的功能性用途相联系，那么艺术便会失去它的灵晕（aura）。

到1935年，瓦尔特·本雅明（Walter Benjamin）断言，艺术的祛魅已是既定事实，并且已然导致了艺术失去其灵晕，并带来了其新的社会功能。显然，这种从双手劳作所创造的艺术作品到机械复制的作品的转换，不仅让人们开始重新评估所有设计

1 Friedrich von Schiller, 'Von der Notwendigkeit der Geister, nicht von der Notdurft der Materie will sie ihre Vorschrift empfangen', *Die ästhetische Erziehung des Menschen* (1795), reprinted as the 2nd letter in Sämtliche Werke in 5 Bänden, vol. 5 (Gütersloh, 1955), 323.

活动的历史基础，而且让新的媒介成为可能，包括摄影、电影、版画，以及唱片机或收音机。尽管如此，相较于英美国家，德国的唯心主义传统使得其艺术与设计领域之间的鸿沟更为巨大。但是自 19 世纪以降，德国出现的一种新的设计理论开始反对这种观念，并确立了一个主张，即美可以产生于一个具有实际用途的物品。艺术史学家卡尔·伯蒂歇尔（Karl Bötticher，1806—1889 年）研究以功能为基础的“核心形式”的概念以及由历史决定而因此叠加而来的装饰性的“艺术形式”的概念。德国现代主义设计的历史将会见证核心形式逐渐从艺术形式中解放出来，也正因为此，马克斯·比尔才于 1949 年呼吁“一种从功能发展而来的美，并通过它的美来实现其功能”[2]。

然而，在此变革发生之前，还必须具备许多条件。其中的两个条件在德国的影响尤为重大，它们分别出现在唯心主义哲学涌现之前和之后。其一便是 16 世纪初宗教改革的基本主旨，它在德国产生了特别的影响，不仅带来了一个全新的基督教教派，而且最为重要的是，它还带来了新的伦理体系，此体系摒弃了形式上的过度和绘画性，推崇节俭与世俗上的节制。1517 年，马丁·路德发表《九十五条论纲》，要求回归基督教圣经中的伦理体系。这一基督教的革新在信徒与上帝之间建立了直接联系，也改变了信徒与物质世界的关系。这个持续了约 150 年的改革或多或少地淘汰了教会的权威中介，包括圣物、圣人、教堂建筑、绘画与雕塑等。新教的教堂建筑不再神圣，本质上只是供信众聚集的中性空间。这对装饰产生了持久的影响：至少从神学意义上来说，它不再是必不可少的。新的宗教美学植根于这样一个基础，即与事物之间的有关目的的关联，这也具有强烈的政治色彩。16 世纪中叶，法律规定“教随君定”（cuius regio, eius religio），要求在整个（无论是天主教还是新教的）国家或地区之内统一伦理体系，这将在未来几个世纪致使地区一元化的发展。德国北部和东部各个地区的新教土壤，一直到 20 世纪还存在着影响力，并且还辐射到西南地区，包括符腾堡地区、加尔文派的瑞士地区、荷兰，以及现在的捷克共和国，值得注意的是，20 世纪德国现代主义设计的主要推动力也恰恰影响到了这些地区。

但或许战胜唯心主义理论的最重要的基础，是由建筑师卡尔·弗里德里希·申克尔（Karl Friedrich Schinkel，1781—1841 年）与戈特弗里德·森佩尔（1803—1879 年）于 19 世纪中叶建立的。他们提出了针对适当的工业设计的首要原则。从申克尔设计的于 1836 年建成的柏林建筑学院可以见得，他运用了来自古典时期与哥特时期的设计原则，并创造了一套体系化与功能性建筑的原型。同时，森佩尔早在 1860 年就写道：“现代问题的解决方案必须从当下的需求中自由地发展而来……每件

2 Max Bill, 'Schönheit aus Funktion und als Funktion', *Werk* no. 8 (1949), reprinted in Volker Fischer and Anne Hamilton, eds., *Theorien der Gestaltung: Grundlagentexte zum Design*, vol. 1 (Frankfurt, 1999), 193.

技术产品都从目的与材料之中诞生。”[3]

首先，森佩尔为一种全新的设计方式奠定了理论基础，他试图把那“被错误的理论所撕裂的东西”都整合在一起。在伦敦的四年（1851 年万国博览会期间以及之后）中，森佩尔将一个条理清晰且极具前瞻性的关乎功能的理论[4]介绍给约翰·罗斯金（John Ruskin）以及他那些参与艺术与工艺运动（Arts and Crafts Movement）的同伴。英国艺术与工艺运动理想化了以手工艺为主导的中世纪，并且断然采取了反工业化的立场。这带来了一种以造型为基础的设计准则，即“正确地”处理材料，同时将造型与功能相联系，但这些都与新的工业生产条件背道而驰。然而作为回应，森佩尔主张在艺术和工业之间建立起新的联系，这是一种结合了技术与美学的“艺术工业”。森佩尔认为，由于缺乏经验以及合适的启发式教学，科学与新的工业技术造成的资源过剩在实践中并未得到恰当的处理。不过，他也开始对此问题的解决之道进行了理论化：自然界中的外在形式已不再能为人工制品提供原型；相反，结构与基本要素（“原始形式”）将成为设计的基础。在他提出的方法中，设计的刺激因素不应来自叶子或花瓣的外在造型，而应来自其细胞的结构或组成方式。这让那些正交形态的设计，亦即外观上的无机设计显得合乎道理。在当时，使用立方体、球体与其他柏拉图立体来创造正交的建筑已经于几十年前风靡一时，不过在克洛德·尼古拉·勒杜（Claude Nicolas Ledoux）与艾蒂安-路易·布雷（Étienne-Louis Boullée）共同设计的“乌托邦革命建筑”这一未实现的设计方案中，采用此手法的原因却完全不同。森佩尔提出的第二个重要原则是物品应该与其材料相适合，这也是艺术与工艺运动的基本原则之一。但森佩尔明确强调了所使用的材料与工具、制造商的所在地、气候与地区风俗，以及设计者与制作者的社会地位对物品的影响。

这些设计理念在 1900 年左右被各种改革运动采纳，包括维也纳工坊（Wiener Werkstätte）、坐落于德累斯顿海勒劳地区的德国工坊（Deutsche Werkstätten）、位于达姆施塔特的玛蒂尔德高地（Mathildenhöhe，艺术家村所在地），以及后来的德意志制造联盟[5]，并且被应用到工业生产中，取得了不同程度的成功。日本传统文化的影响是另一个因素，最初的传播是通过木刻版画，这从 19 世纪中叶开始便一直为法国的现代主义提供灵感，随后的传播则通过人们对日式房屋的认知，包括其模块化

3 Gottfried Semper, *Der Stil in den technischen und tektonischen Künsten oder praktische Ästhetik, Ein Handbuch für Techniker, Künstler und Kunstfreunde* (vol. 1: Frankfurt, 1860; vol. 2: München, 1863), quoted in Fischer and Hamilton, eds., *Theorien der Gestaltung*, 194.

4 See Gottfried Semper, ‘Wissenschaft, Industrie und Kunst. Vorschläge zur Anregung nationalen Kunstgefühles’ (London, 1852), reprinted in Fischer and Hamilton, eds., *Theorien der Gestaltung*, 86–89.

5 See Joan Campbell, *The German Werkbund: The Politics of Reform in the Applied Arts* (Princeton, 1978).

的结构与轻盈感。

德意志制造联盟是一个由企业家、艺术家与设计师组成的协会，致力于提高德国产品的设计品质。自 1907 年直至 1914 年第一次世界大战爆发，它已然成了理论和实践的宝库。其早期最重要的理论家是建筑师赫尔曼·穆特修斯（1861—1927 年），在 1907 年，他对即物主义（Sachlichkeit，客观性或功能性）[6] 的诉求引发了一场长期的辩论。这也导致了以工业化为主导的德意志制造联盟的建立，1910—1930 年，德国最著名的设计师与建筑师都属于该组织。穆特修斯深受英国设计文化的影响，部分原因是他曾于 1896—1903 年期间在德国驻伦敦大使馆工作。他研究建筑与工业，从英国乡村别墅中获得了诸多想法。这些房子的设计师本身就深受艺术与工艺运动的影响，他们的设计灵感更多来自功能性而非声望。

1914 年，在德意志制造联盟于科隆举办的首次大型展览上，其两位成员穆特修斯与亨利·凡·德·威尔德（Henry van de Velde）进行了一场根本性的辩论。这场辩论在当时已经持续了一段时间，并且将对设计的观念做出持久的贡献。后来，它作为“制造联盟之争”而被载入史册，它展现出了两个对立面，即产品设计的标准化（穆特修斯）与设计师最大限度的个人自由（凡·德·威尔德）。穆特修斯的观点在第一次世界大战后胜出，但在他看来，标准化并不意味着样板化，并且如果没有艺术参与，标准化完全不可想象。“如果一个人认为，工程师所创造的建筑、仪器、机器只要实现某种用途便以足够，那他就错了；而人们常说的，如果它能实现其功能，那么它便也是美的，这更是错上加错。实用性本身与美完全没有任何关系。就美而言，它仅与形式有关，而非其他；而就实用性而言，（它）关于的是简单地实现一种服务功能。”[7]

对于这场辩论，维也纳建筑师与理论家阿道夫·路斯发出了另一种截然不同的声音。他认为包括维也纳工坊在内的整个艺术与工艺运动都是多余的。路斯提议一场宣泄性质的运动（尽管其持续时间有限），在这项运动中，设计师应抛弃所有风格上的诉求与装饰的形式。以 1910 年的斯坦纳住宅（Steiner House）为例，建筑师设计了一个纯粹的立方体，它没有任何装饰，至少是在花园一侧的建筑外部。早在 1908 年，他就在其雄辩有力的《装饰与罪恶》（*Ornament und Verbrechen*）[8] 一书中将装饰的缺失定义为一种文化上的进步，这成了其思想的灯塔：“……我们的时代无法产生新的装饰，这正是其伟大之处。我们已经征服了装饰，我们披荆斩棘，终于摆脱了装

6 Hermann Muthesius, 'Die moderne Umbildung unserer ästhetischen Anschauungen', *Kultur und Kunst* (Leipzig, 1904), 74.

7 Hermann Muthesius, 'Die ästhetische Ausbildung der Ingenieurbauten', *Zeitschrift des Vereins Deutscher Ingenieure*, no. 53 (1909), 1212.

8 Adolf Loos, 'Ornament und Verbrechen' (1908), reprinted in Fischer and Hamilton, eds., *Theorien der Gestaltung* 112-120.

饰……对装饰的摆脱是心智与精神力量的标志。”[9]

路斯对装饰的激进批判令其将大量精力投入基于基础且原始的形式的设计之中。此处引用的这句标志性宣言来自 1924 年德意志制造联盟的展览：“立体几何体的形式：智慧、冷静、明亮、警觉、晶莹剔透、通过理性驯服一切本能、使一切都服从于严格理性的合法性。”[10] 然而，这场反对装饰的讨论也带来了一种极端的功能主义，它随后演变得非常粗野，几乎完全不关心形式。卡雷尔 · 泰格（Karel Teige）在 1925 年评价构成主义（Constructivism）提出的新思路时这样写道：“它与形式无关，而是关乎将功能性最大化这一事实。”[11] 构成主义将取代艺术，将人类的需求设定为自己的标准。然而不幸的是，在很长一段时间内，这成了平板结构的建筑在全球范围内泛滥的合理理由，建筑业因此获益，而人类却没有。

最后，彼得 · 贝伦斯（1868—1940 年）是这些思想的重要贡献者，他是一位有影响力的理论家，而最重要的是，他是一位活跃于 1914 年之前的德国现代主义的实践者。贝伦斯早先是一位画家与平面设计师，当他在玛蒂尔德高地时，他成了一名活跃的建筑师与产品设计师，他的第一件著名作品便是 1901 年在那里建成的住宅。1907—1914 年，他为柏林的德国通用电气公司设计的全品类作品被认为是最早的为大型公司所做的“企业设计”[12]。在他自己的工作室里，他与自己的员工一起设计了德国通用电气公司的一切，从信纸信头到厂房，以及这家当时有着重要地位的公司所生产的几乎所有产品。

1910 年，贝伦斯发表了一篇名为《艺术与技术》（“Kunst und Technik”）的文章，他在其中称，最初，建筑师仅倾向于历史，而工程师仅倾向于技术。但作为一位已成为建筑师与设计师的艺术家，他希望这两个领域可以共生。如同路斯在之前所做的那样，他在相应的演讲中将文化的概念置于美的对立面。“技术进步创造了一种历史上迄今从未出现过的文明，尽管还只是一种文明，而不是（至少现在还不是）一种文化……因为技术与艺术这两个领域没有相互接触，事实上，在它们最应当交融的建筑与大规模生产的产品这两个领域，它们反而接触得最少。”[13] 在贝伦斯看来，技术绝对

9 Adolf Loos, 'Ornament und Verbrechen' (1908), reprinted in Fischer and Hamilton, eds., *Theorien der Gestaltung* 115-120.

10 Walter Riezler, *Form ohne Ornament*, catalogue for the Werkbund exhibition of the same name held in Stuttgart (Berlin, 1924), 9.

11 Karel Teige, 'Der Konstruktivismus und die Liquidierung der Kunst', *Disk*, no. 2 (1925), reprinted in Fischer and Hamilton, 152-158.

12 See Tilmann Buddensieg, *Industriekultur: Peter Behrens und die AEG* (Berlin, 1979).

13 Peter Behrens, 'Kunst und Technik', lecture delivered at the XVIII annual assembly of the Verband Deutscher Elektrotechniker in Braunschweig (1910), printed in *Elektrotechnische Zeitschrift*, no. 22 (2 June 1910), 21.

无法产生文化（“建造不产生风格”）：它只能来自“艺术语汇”。

贝伦斯还引用了维也纳艺术史学家阿洛伊斯·李格尔（Alois Riegl）与其“艺术意志”（Kunstwollen）的概念，此概念以目标和目的为导向的方法与森佩尔的“机械主义观点”对立。在森佩尔运用“原始形式”遵循一套冷静的功能性方法之时，贝伦斯则认为有必要论证设计诞生自“伟大而强烈的个性的活力”。在这一理念中，我们绝不可能忽视弗里德里希·尼采（Friedrich Nietzsche）在新文化的目标以及“意志”这一概念上的影响，他可能是1900年前后的德国哲学家中阅读受众最多的一位。在发表于1873年的《过时的考察》（译自英文书名*Unmodern Observations*[14]，德文原书名为*Unzeitgemässen Betrachtungen*；此书已出版的中文版的书名包括《不合时宜的沉思》和《不合时宜的思考》——编者注）一书中，他这样问道：“如果所有的科学不是意在通向文化，那它们来自哪里，将去向何方，又是为什么存在？”对尼采而言，在这本论文集中，文化意味着“不再做像人类一样的单位”，而是遵循德尔斐神庙上镌刻的箴言“认识你自己”。每个人都必须“整理自己的混乱，其健全且真实的品格必须在某个时刻奋起反抗那些仅仅不断重复、重新学习、模仿的行为；然后，他才开始体会到，文化可以是生活的装饰品之外的东西，装饰本质上仍然是虚伪与困惑；这是因为，所有的装饰都掩盖了被装饰之物。”[15]

尼采的精英主义（“人类的目标不能存在于末端，而只能存在于它的最高典范”[16]）也可以被解读为对其所处时代中对技术的盲目信仰的一种批判，而对许多艺术家与设计师而言，更为自信是一种挑战。贝伦斯显然接受了这一挑战，而在其1910年的《艺术与技术》一文中，贝伦斯还接受了尼采思想的其他部分，他指出，“合理有效的艺术法则”是存在的，例如关于比例与三维空间的性质（“线条是无形的，建筑在于实体”）。在此，“艺术法则”一词并不只适用于艺术，还适用于它赋予形式相关的辅助科学。

贝伦斯在其演讲中还更进一步引地入了三个重要立场。他明确反对“个人主义风格”，赞成标准化，这将成为随后辩论的核心主题。他呼吁工程师与设计师之间的紧密合作，但不主张工程师和建筑师的工作合并由一人承担。在他看来，每个领域的工作都太过复杂，仅凭一个人不可能做到最好。包豪斯的拉兹洛·莫霍利-纳吉（László

14 此书标题的微妙之处很难在英文中翻译出来。其他的译法还有《不合时宜的沉思》《过时的思考》《不合时宜的反思》《不合时宜的思索》《不适时的推断》，或者更清楚直白地译为《击碎骗局的论文集》。

15 Friedrich Nietzsche, *Unzeitgemäße Betrachtungen* (Vom Nutzen und Nachteil der Historie) (Munich, 1984), 145.

16 同上，34页。

Moholy-Nagy）与乌尔姆的汉斯·古格洛特喜欢玩“自主的设计师-工程师”这一理念，与他们不同，迪特·拉姆斯与贝伦斯在此观点一致，认为这两个专业领域应当保持独立，但同时相关人员又应当密切合作。

工业设计或以技术为主的工作，比如汽车制造，以及计算机、手机与家庭娱乐设备的生产，在如今已经复杂到甚至在理论上也不可能再由一个人完成。因此，未来的设计一定不是作为个人的创造而诞生，而是作为一种流程设计而存在，其挑战在于组织与优化参与每个项目之中的个体之间的沟通过程。这就要求设计师必须具备新的能力，尤其是在沟通方面。从彼得·贝伦斯和瓦尔特·格罗皮乌斯到迪特·拉姆斯发展来的这条思路对此发展至关重要。

至 20 世纪上半叶，现代主义设计的讨论最终归结于美、功能性与社会性这三个概念。然而，在这三个概念中，美这一概念在德国遭受了极大的贬低。德意志皇帝威廉二世在文化方面是个保守之人，他利用一切可能的机会宣扬“美与和谐之法则”[17]，他认为这些法则在他们的历史中正确而有效。但是，尽管他使用了“阴沟艺术”（gutter art）[18] 这种贬损之词来影射想把社会的苦难展现得比现实更令人震惊的现代艺术家，他并没有成功地诋毁现代主义这一更广泛的艺术运动——它扎根于广大的社会之中——反而诋毁了他自己以及任何真正的与美的概念有关的讨论。与之相反，在 1914 年之前和之后，先锋派将目光投向了那些支离破碎、并不完整、缺乏和谐感或具有破坏性的事物。

贝伦斯在其 1910 年的文章中也有这样一段重要论述：出于伦理原因，同时也出于经济原因，我们应当尽力向所有人提供充满美感的工业设计。然而，尽管宜家、H&M 等公司尽了最大的努力，但如今，真正的民主化设计仍有待有效地实现。诸如引领变革的青年风格派（Jugendstil）、包豪斯的钢管家具，当然还有博朗的收音机如此之多的想法都以明确的社会追求为出发点，然而最终却沦为奢侈品的范畴。

在这些讨论中，有两个对拉姆斯产生影响的大型项目值得我们在此仔细研究：它们是 1919 年由格罗皮乌斯创立的包豪斯，以及始于 1925 年的“新法兰克福”项

17 Kaiser Wilhelm II., speech at the opening of the Siegesallee in Berlin (18 December 1901). See Doede, Werner, *Berlin Kunst und Künstler seit 1870: Anfänge und Entwicklungen* (Recklinghausen, 1961), 82.

18 威廉二世没有直接说过“阴沟艺术”这个词，虽然他的意思大致为此。他在一场演讲中谈到，只有当一个国家的艺术理想能够深入底层的时候，以及“当艺术伸出手来引人上升而非陷入阴沟的时候”，这个国家才能成为他人的榜样。后人把他的话错引成了“阴沟艺术”，这个说法后来广为流传。（参见 Peter Gay, *Modernism: The Lure of Heresy: From Baudelaire to Beckett and Beyond*, New York and London: W. W. Norton & Company, 2010, 105.）——编者注

目。长期以来，包豪斯都被认为是现代主义设计的绝对代名词。就此观点，最近的研究为我们提供了一种相对的看法，它们指出该机构早期的理论基础被约翰内斯·伊顿（Johannes Itten）与保罗·克利（Paul Klee）的神秘主义特质所渗透，完全不符合理性与科学导向的现代主义。此外，奥托·巴特宁（Otto Bartning）在“艺术工会”（Arbeitsrat für Kunst，又称“艺术苏维埃”）里提出了辅导教育计划的核心内容，此工会由一群艺术家在战后德国的革命氛围中成立。事实上，格罗皮乌斯最初的“艺术与手工艺”的思路源自1914年之前的讨论之中，而直到1922年，他才将包豪斯的主张从“艺术与手工艺”改为“艺术与技术，一种新的融合”。这一新方向不仅仅基于两个主张抽象的非德国运动的发起者：1921—1922年间在魏玛开设私人课程的荷兰风格派（De Stijl）核心人物特奥·凡·杜斯堡（Theo van Doesburg），以及俄国的构成主义者，尤其是卡西米尔·马列维奇（Kasimir Malevich）与埃尔·利西茨基（El Lissitzky）。包豪斯是一种国际性的实验室，虽然很多实验都是从其外部而来，但它就这些实验提出了自己的问题。然而在包豪斯，尤其是在刚起步之时，一些小型的项目却更为突出，例如儿童跷跷板、灯具、家具、应用艺术、手工编织的纺织品，甚至是国际象棋与小茶壶。包豪斯从未设计过汽车或收音机，也没有常规的建筑学课程，直至其第二任校长汉斯·迈耶（Hannes Meyer）在1927—1928年开设了一门建筑学课程。即使到今日，包豪斯的神话仍然首要建立在其创始人的沟通技巧和自信之上，他可以更多地被看作是一个营销负责人与出色的主持者，而不是现代主义设计的鼻祖。包豪斯的故事之所以能长久流传，部分应归因于格罗皮乌斯在流亡美国期间依然是解读包豪斯的权威，而路德维希·密斯·凡德罗也是如此，他是包豪斯因纳粹政权而关闭之前的最后一位校长。

然而，包豪斯的影响力依然非常强大，并且当设计学院在战后的乌尔姆成立之时，学校的创办者、瑞士艺术家马克斯·比尔提出将德绍包豪斯作为一个机构继续开办下去，此提议很快得到了格罗皮乌斯的支持。其他地方也存在着类似的抱负，包括拉姆斯的母校——由汉斯·泽德创办和领导的威斯巴登工艺美术学院。比尔和泽德都曾受到包豪斯的惠泽。在威斯巴登，这一尝试在市政府的犹豫不决中破灭，因为市政府对学校的财政负责。而在乌尔姆设计学院，教授托马斯·马尔多纳多拒绝了比尔的艺术思路，且迫使这位前包豪斯学生离职，同时将乌尔姆设计学院引向了一条更为学术性的道路，包括方法论设计研究。然而此时，拉姆斯已经完成了他的学业，并在法兰克福开始了他的职业生涯。

法兰克福这座城市是博朗总部所在地，曾经开展过一项始于1925年的大型现代主义项目。这一项目按照现代主义路线重新定义了这座历史悠久的欧洲城市。建筑师与城市建设部长恩斯特·梅，在一个自由-社会民主的市政府的领导下，不仅管理着市政建筑工程项目以及提供共计 15000 个居住单元的若干大型住宅区的建设，而且还需要全方位地控制设计的方方面面，从诸如厨房家具等家庭用品到城市规划无所不包。梅不仅是始终如一的现代主义者，致力于采用几何、理性与无装饰的设计方法；他还成功地邀请到了许多优秀设计师来到法兰克福，一起参与这场伟大的实验。建筑师马丁·埃尔泽塞尔（Martin Elsaesser）、瓦尔特·格罗皮乌斯、马尔特·斯塔姆（Mart Stam）、阿道夫·迈耶（Adolf Meyer）、费迪南德·克拉默，以及室内设计师弗朗茨·舒斯特（Franz Schuster）都在此进行建造与设计，而且还有玛格丽特·许特-利霍茨基和平面设计师维利·鲍迈斯特（Willi Baumeister）、瓦尔特·德克塞尔（Walter Dexel）、汉斯·莱斯蒂科（Hans Leistikow）和罗伯特·米歇尔（Robert Michel）。当然，所有这些都对这座城市，这个马克斯·博朗将会创立公司的地方产生了巨大的影响。但"新法兰克福"的影响力还强有力地辐射向了城市之外，尤其是在 1926 年，它通过一本同名刊物传播开来，其副标题为"现代设计问题月刊"，该刊物旨在向读者提供文化背景的全貌，以及其所称的"诚实的创造"。马尔特·斯塔姆于 1928 年写道："正确的尺度同时也是最小的尺度，如若把餐具做得比我们所需的更大更重，这显然是错误的；将座椅做得更大、更重、更壮观，这也是错误的。它们就应当简约地满足我们的需求，也就是说，它们应当轻盈且易于移动……所以，我们物品的尺度应该就是人的尺度。"[19]

这本面向国际读者的杂志探讨了各种设计问题，从涉及建筑、家具、家居用品的城市发展，到艺术、电影和摄影。它在艺术与设计、先锋与量产之间架起了桥梁。因此，始于包豪斯的某些设计实验在法兰克福的大规模批量化生产中变成了现实。这本杂志与《造型》（由德意志制造联盟于 1925 年出版）和《包豪斯》（由德绍包豪斯于 1926 年出版）等出版物一起，在德国引发了一场始于 20 世纪 20 年代中期的广泛的公众讨论。这场讨论的内容涉及产品的工业化生产，以及对一种更加清晰的功能主义的需求，这些都将影响到迪特·拉姆斯。

[19] Mart Stam, 'Das Maß, das Richtige Maß, das Minimum-Maß', *Das Neue Frankfurt* 2, no. 1 (1928), in Heinz Hirdina, *Neues Bauen Neues Gestalten: Das Neue Frankfurt/Die Neue Stadt; eine Zeitschrift Zwischen 1926 und 1933* (Dresden, 1991), 215.

索引

斜体字页码指的是插图页码；方括号中的数字对应的是第 88、152 和 314 页所列出的图片。

大事年表

1932

— 出生于德国威斯巴登

1947

— 15 岁开始，在威斯巴登工艺美术学院攻读建筑学与室内设计专业

1948

— 完成木匠学徒生涯，并获得黑森州"年度最佳"称号

1953

— 从威斯巴登以优等生的成绩毕业
— 进入奥托·阿佩尔建筑师事务所工作，并与美国的 SOM 建筑设计事务所合作

1955

— 以建筑师和室内设计师的身份加入博朗

1956

— 在博朗作为产品设计师的第一个项目

— 569 桌项目
— PA 1 幻灯片放映机[1]

1

— PC 3 唱片机，威廉·瓦根费尔德、G. A. 米勒和迪特·拉姆斯设计
— SK 4 收音 – 唱片组合机，汉斯·古格洛特和迪特·拉姆斯设计[1]

1

1957

— 首次为察普夫公司设计家具

— "晶体管 1"便携式收音机
— 573 床项目
— 571/72 蒙太奇系统[1]
— RZ 57/570 桌项目
— "工作室 1"收音 – 唱片组合机[2]
— L 1 扬声器
— PA 2 自动式放映机[3]

1

3

2

— SK 4/1 收音 – 唱片组合机，汉斯·古格洛特和迪特·拉姆斯设计
— DL 5 剃须刀，G. A. 米勒和迪特·拉姆斯设计[1]

1958

— 首次为察普夫公司设计家具

— L 2 扬声器[1]
— EF 1 闪光灯[2]
— "晶体管 2"便携式收音机[3]
— "工作室 1"立体声系统[4]
— EF 2/NC 特殊电子闪光灯[5]

1

2

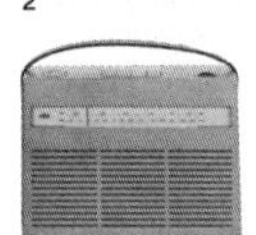

3

4

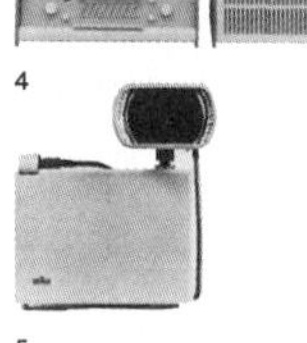

5

— SK 4/2 收音 – 唱片组合机，汉斯·古格洛特和迪特·拉姆斯设计
— SK 5 收音 – 唱片组合机，汉斯·古格洛特和迪特·拉姆斯设计[1]
— T 3 晶体管收音机，迪特·拉姆斯和乌尔姆设计学院联合设计[2]

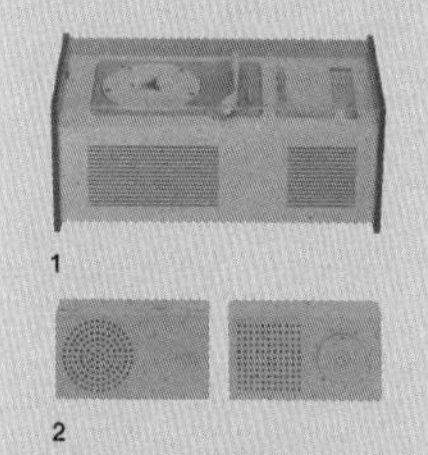

1

2

1959

— 奥托·察普夫、尼尔斯·维泽·维索和迪特·拉姆斯组建了维索 + 察普夫公司

— 由迪特·拉姆斯和博朗设计部设计的若干博朗产品被纽约现代艺术博物馆纳入永久设计收藏

— CE 12 接收器
— ZL 5 闪光棒
— "录音室 2"紧凑型音响系统
— L 01 扬声器[1]
— T 4 晶体管收音机[2]
— TP 1 收音 – 唱片组合机（T 4 收音机和 P 1 唱片机[3]）
— 晶体管 K 便携式收音机[4]
— KTH 1/2 耳机
— "工作室 1"紧凑型立体声系统[5]
— "工作室 1-81"紧凑型立体声系统[6]
— P 1 电池型唱片机[7]
— L 02 外接扬声器[8]
— L 40 书架式扬声器[9]
— H 1/11 电暖器[10]
— F 60/30 闪光灯[11]

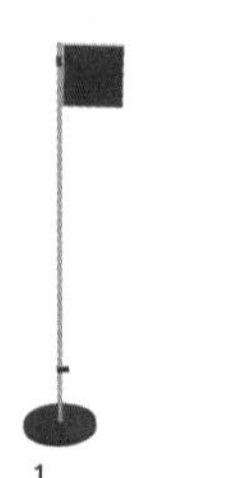

1

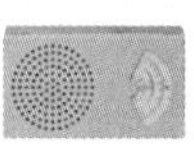

2

3

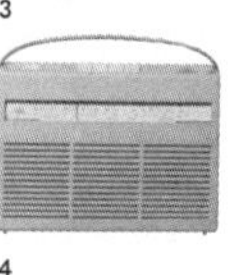

4

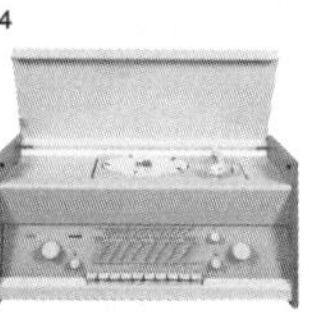

5

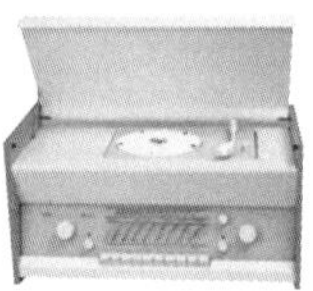

6

7

8

9

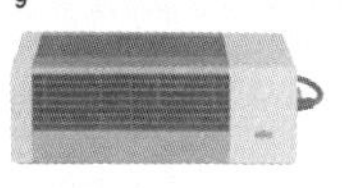

10

11

— PC 3 SV 唱片机，W·瓦根费尔德、G. A. 米勒和迪特·拉姆斯设计

1960

— T 22-C 便携式收音机
— L 02 X 外接扬声器
— H 2/21 电暖器
— RZ 60/606 万用置物柜系统[1]
— 601 座椅项目[2]
— T 22 便携式收音机[3]
— T 23 便携式收音机[4]
— T 24 便携式收音机[5]
— PCK 4 便携式紧凑型立体声音响[6]
— L 11 工作室扬声器[7]
— F 22 闪光灯[8]

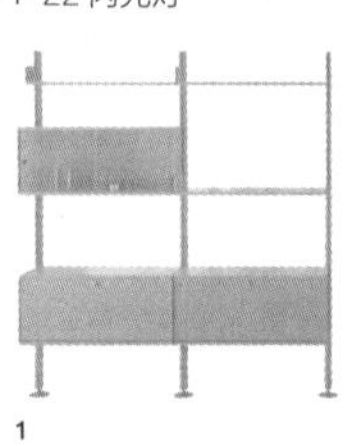

1

2

3

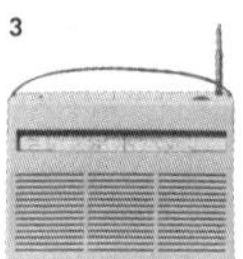

4

5

6

5

6

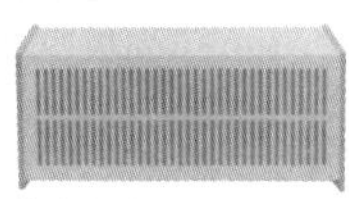

7

8

— T 31 晶体管收音机，迪特·拉姆斯与乌尔姆设计学院联合设计
— SK 5 C 唱片机，古格洛特和迪特·拉姆斯设计
— T 2 晶体管收音机组合机（T 31 和 P 1），迪特·拉姆斯与乌尔姆设计学院联合设计[1]
— SK 6 唱片机，古格洛特和迪特·拉姆斯设计[2]

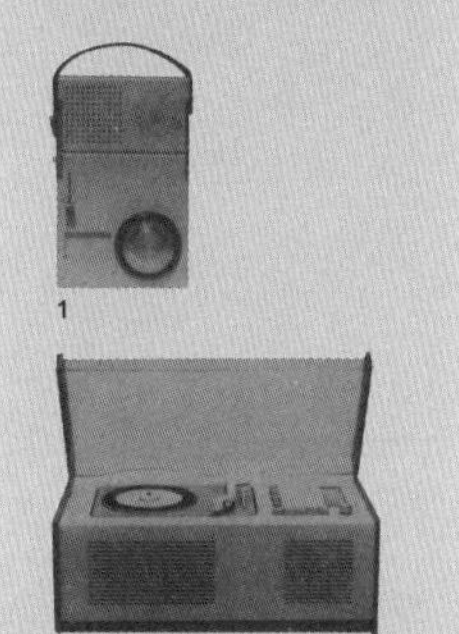

1

2

1961

— 担任博朗设计部总监

— T 220 便携式收音机
— T 52 便携式晶体管收音机
— T 54 便携式收音机
— L 60 书架式扬声器
— L 61 书架式扬声器
— RT 20 桌面式收音机[1]
— RZ 61/610 门厅搁架系统[2]
— T 52 便携式收音机[3]
— PCV 4 便携式立体声音响与放大器组合[4]
— L 12 工作室扬声器[5]
— LE 1 扬声器[6]
— L 50 低音反射扬声器[7]
— CSV 13 放大器[8]
— RCS 9 控制单元[9]
— "工作室 11"紧凑型系统[10]
— "工作室 2"紧凑型系统[11]
— F 20 闪光灯[12]
— D 40 自动式放映机[13]

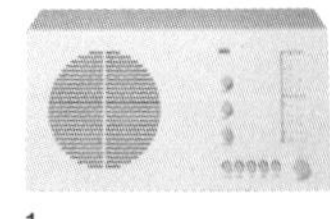

1

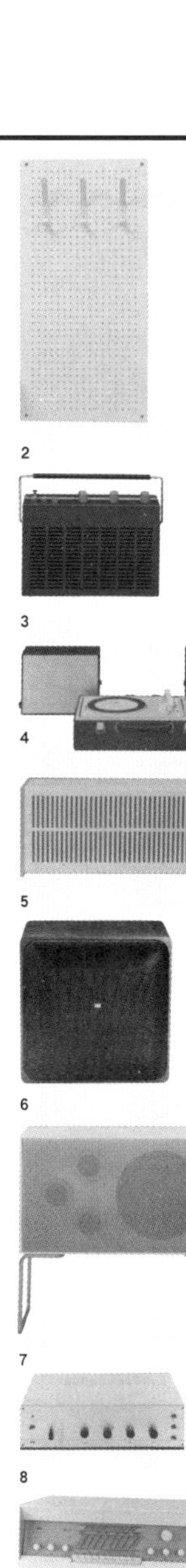

2

3

4

5

6

7

8

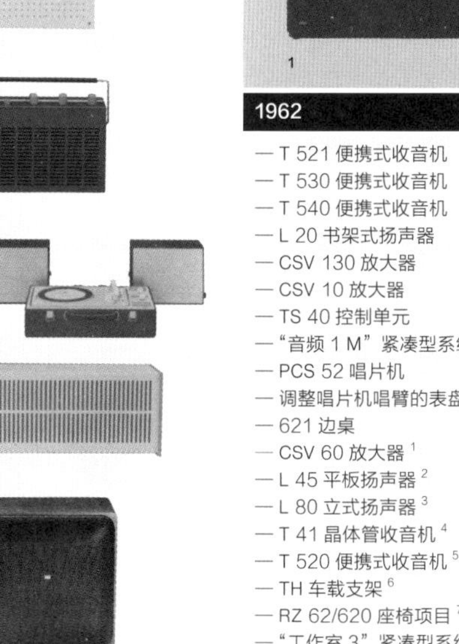

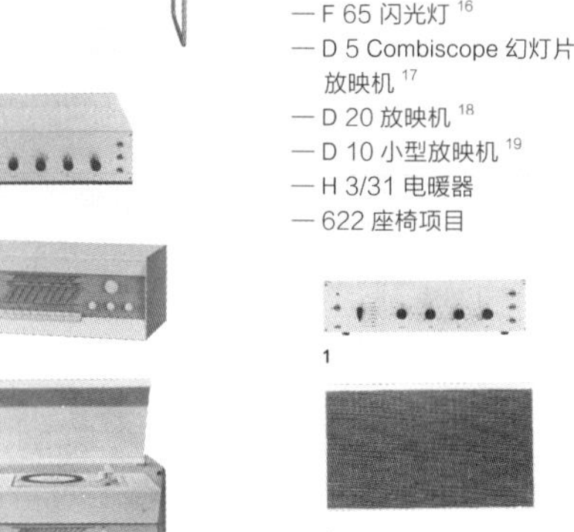

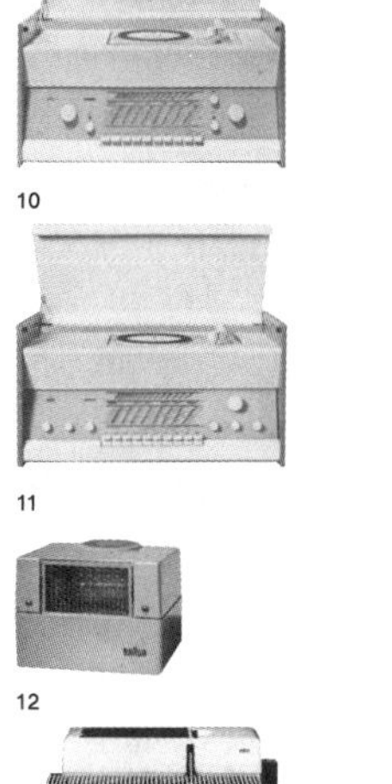

9

10

11

12

13

— SK 61 唱片机，H. 古格洛特和迪特·拉姆斯设计
— PCS 4 唱片机，W. 瓦根费尔德、G. A. 米勒和迪特·拉姆斯设计 [1]

1

1962

— T 521 便携式收音机
— T 530 便携式收音机
— T 540 便携式收音机
— L 20 书架式扬声器
— CSV 130 放大器
— CSV 10 放大器
— TS 40 控制单元
—“音频 1 M”紧凑型系统
— PCS 52 唱片机
— 调整唱片机唱臂的表盘
— 621 边桌
— CSV 60 放大器 [1]
— L 45 平板扬声器 [2]
— L 80 立式扬声器 [3]
— T 41 晶体管收音机 [4]
— T 520 便携式收音机 [5]
— TH 车载支架 [6]
— RZ 62/620 座椅项目 [7]
—“工作室 3”紧凑型系统 [8]
—“音频 1”紧凑型系统 [9]
— PCS 45 唱片机 [10]
— PCS 51 唱片机 [11]
— PCS 5 A 唱片机 [12]
— PC 5 唱片机 [13]
— FZ 1 光电池 [14]
— F 21 闪光灯 [15]
— F 65 闪光灯 [16]
— D 5 Combiscope 幻灯片放映机 [17]
— D 20 放映机 [18]
— D 10 小型放映机 [19]
— H 3/31 电暖器
— 622 座椅项目

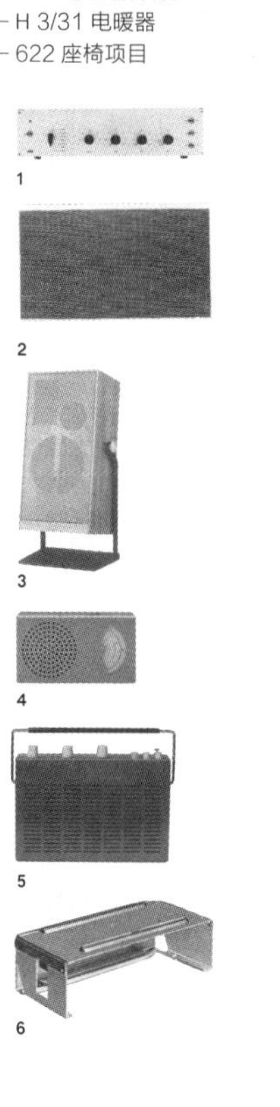

1

2

3

4

5

6

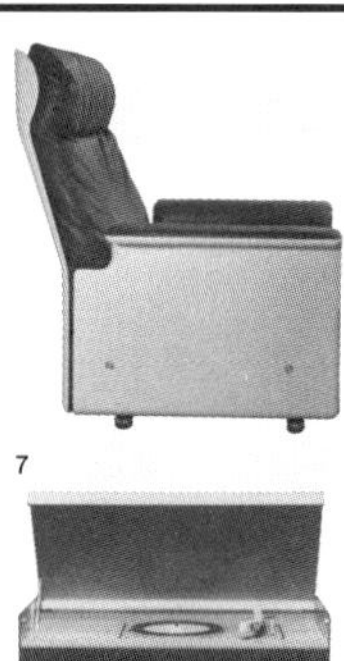

7

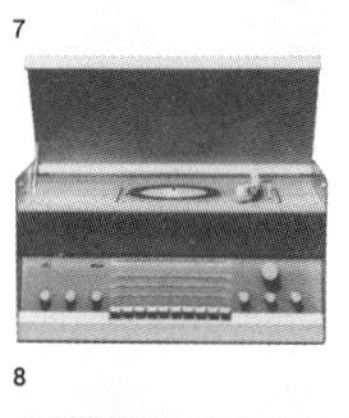

8

9

10

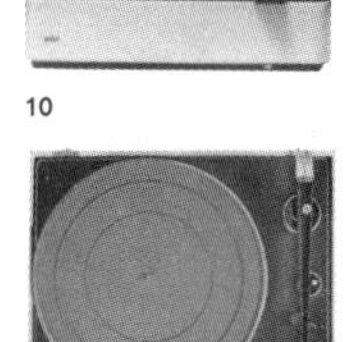

11

12

13

14

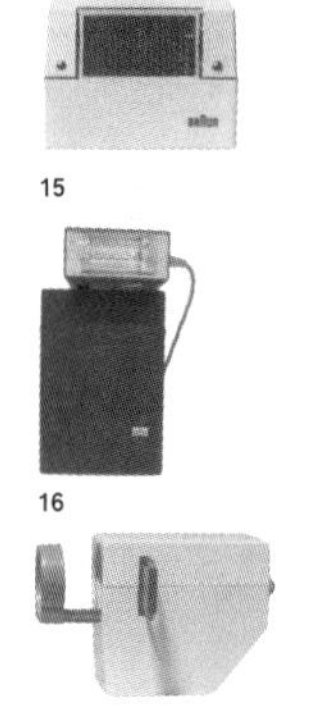

15

16

17

18

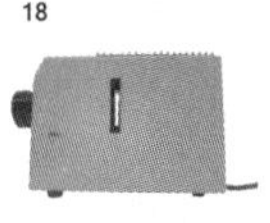

19

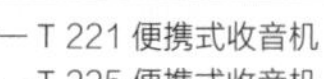

1963

— T 221 便携式收音机
— T 225 便携式收音机
— T 510 便携式收音机
— T 580 晶体管收音机
— PS 2 唱片机
— PCS 46 唱片机
— PC 2 唱片机
— PCS 5 唱片机底座
— T 1000 短波收音机 [1]
— L 25 平板扬声器 [2]
— L 46 平板扬声器 [3]
— CET 15 接收器 [4]
— TC 20 紧凑型系统 [5]
— PCS 5-37 唱片机 [6]
— F 25 闪光灯 [7]
— F 26 闪光灯 [8]
— D 6 Combiscope 幻灯片放映机 [9]

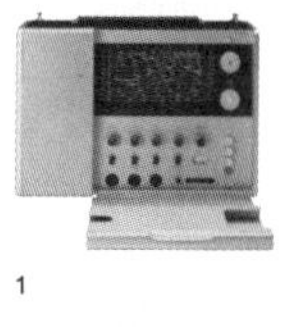

1

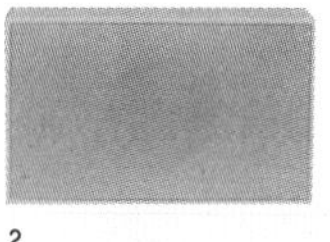

2

3

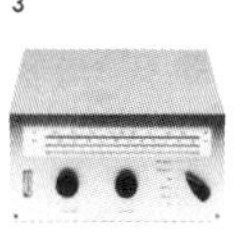

4

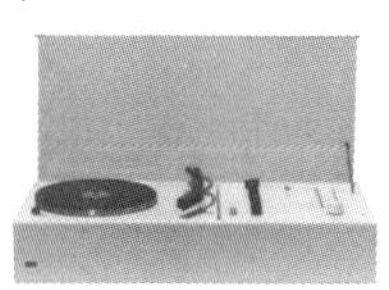

5

6

7

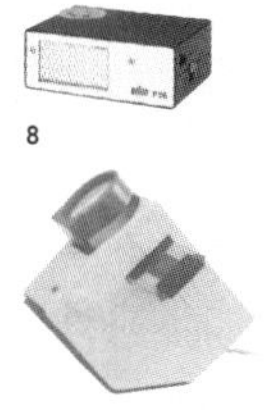

8

9

— SK 55 唱片机，H. 古格洛特和迪特·拉姆斯设计 [1]
— FA 3 摄影机，迪特·拉姆斯与理查德·费舍尔和罗伯特·奥伯海姆设计 [2]

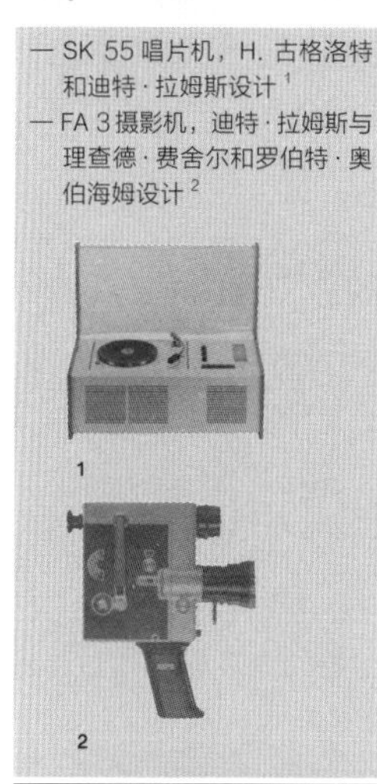

1

2

1964

— TN 1000 电源适配器
— L 40/1 书架式扬声器
— L 60/4 扬声器
— T 1000 短波收音机 [1]
— CE 16 接收器 [2]
— TS 45 控制单元 [3]
—“音频 2”紧凑型系统 [4]
— FS 80 电视机 [5]
— EF 300 闪光灯 [6]
— F 40 闪光灯 [7]
— HTK 5 冰柜 [8]

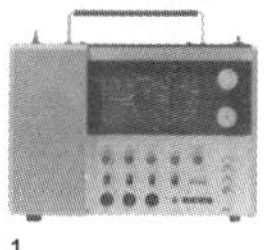

1

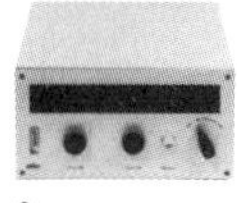

2

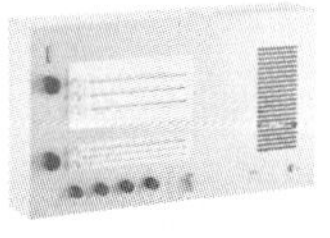

3

4

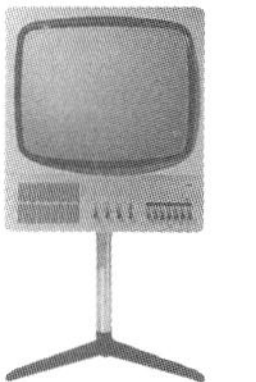

5

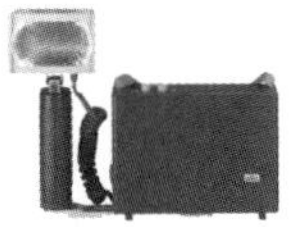
6

7

8

— D 21 自动式幻灯片放映机，迪特·拉姆斯与 R. 奥伯海姆设计
— EA 1 摄影机，迪特·拉姆斯与 R. 费舍尔和 R. 奥伯海姆设计[1]
— FP 1 Nizo 电影放映机，迪特·拉姆斯与 R. 奥伯海姆设计[2]
— HUV 太阳灯，迪特·拉姆斯与 R. 魏斯和 D. 鲁布斯设计[3]
— FS 60 电视机，H. 希尔歇与迪特·拉姆斯设计[4]

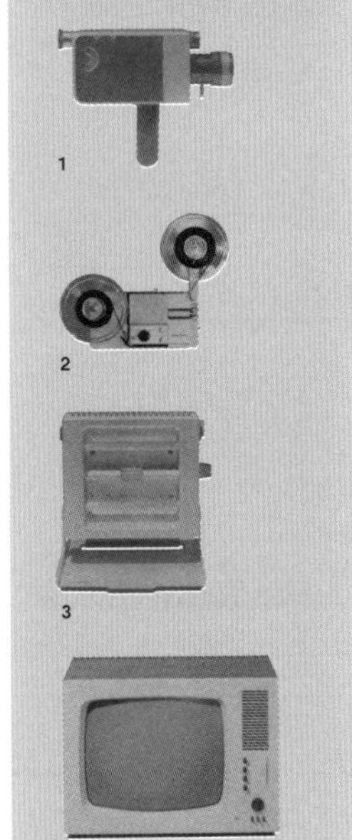
1
2
3
4

1965

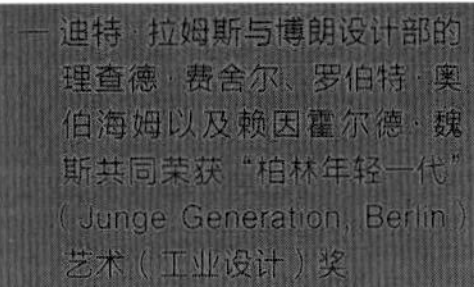
— 迪特·拉姆斯与博朗设计部的理查德·费舍尔、罗伯特·奥伯海姆以及赖因霍尔德·魏斯共同荣获“柏林年轻一代（Junge Generation, Berlin）艺术（工业设计）奖

— TS 45/TG 60/L 450 可壁挂的模块化立体声音响系统
— “音频 2/3” 紧凑型系统
— L 700 扬声器[1]
— L 700-4 扬声器[2]
— L 1000 扬声器[3]
— L 300 小型扬声器[4]
— L 450 平板扬声器[5]
— CE 1000 接收器[6]
— CSV 1000 放大器[7]
— PCS 52-E 唱片机[8]
— PS 400 唱片机[9]
— PS 1000/1000 AS 唱片机[10]
— TG 60 卷对卷磁带录音机[11]
— LS 75 PA 柱式扬声器[12]
— F 200 闪光灯[13]
— F 260 闪光灯[14]
— HZ 1 室内恒温器[15]

1

2

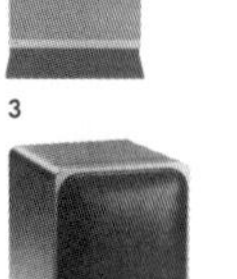
3

4

5

6

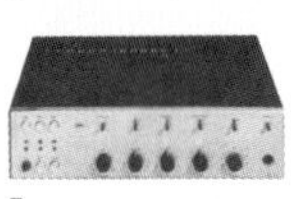
7

8

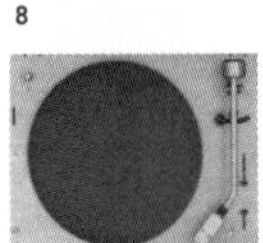
9

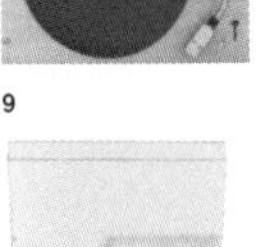
10

11

12

13

14

15

— KM 2 系列之 KMZ2 柑橘榨汁机，迪特·拉姆斯与 R. 费舍尔设计
— KM 2 系列之 KMK2 咖啡磨豆机，迪特·拉姆斯与 R. 费舍尔设计
— FP 1 S Nizo 电影放映机，迪特·拉姆斯与 R. 奥伯海姆设计[1]
— D 45 幻灯片放映机，迪特·拉姆斯与 R. 奥伯海姆设计[2]
— KM 2 厨房机，迪特·拉姆斯与 R. 费舍尔设计[3]
— H 6 对流电暖器，R. 费舍尔与迪特·拉姆斯设计[4]

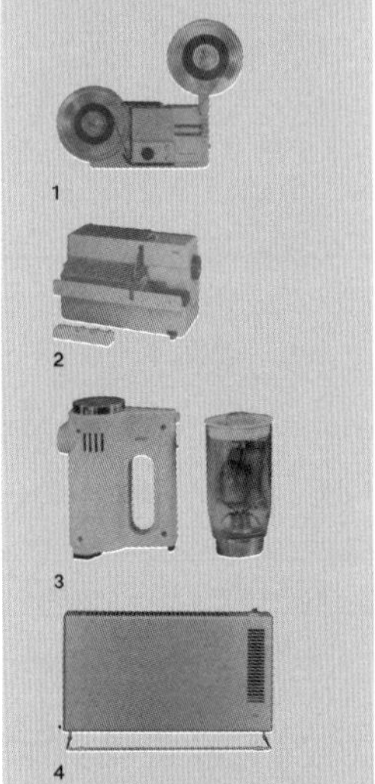
1
2
3
4

1966

— CE 500 接收器
— CE 500 K 接收器
— PK 1000 天线[1]
— L 800 扬声器[2]
— L 900 扬声器[3]
— CSV 12 放大器[4]
— CSV 250 放大器[5]
— FS 600 电视机[6]
— F 100 闪光灯[7]
— F 270 闪光灯[8]
— F 650 闪光灯[9]
— F 1000 闪光灯系统[10]

1

2

3

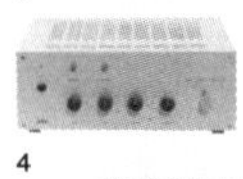
4

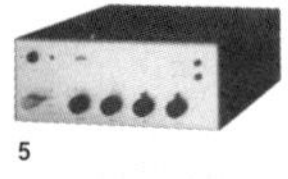
5

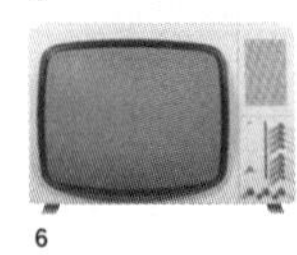
6

7 8

9

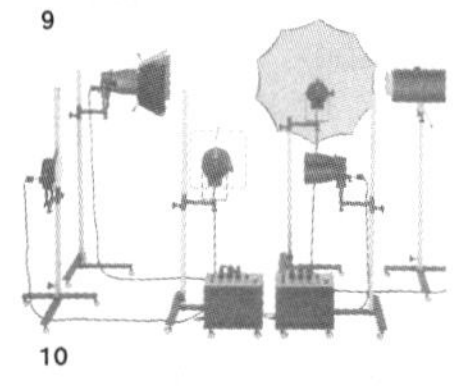
10

— D 47 幻灯片放映机，迪特·拉姆斯与 R. 奥伯海姆设计[1]
— parat BT SM 53 电动剃须刀，迪特·拉姆斯与 R. 费舍尔设计[2]

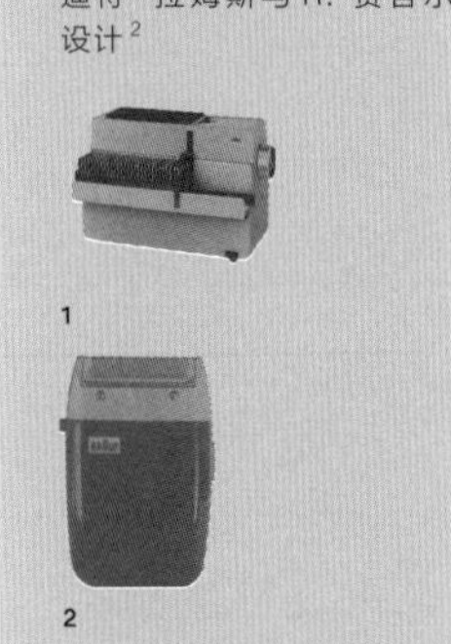
1
2

1967

— L 300/1 小型扬声器
— L 450/1 平板扬声器
— CE 250 接收器
— CSV 60-1 放大器
— TG 504 卷对卷磁带录音机
— FS 600 电视机支架
— FS 电视机系统支架的金属基座
— 系统支架的连接板
— 系统支架的唱片盒
— DSM 1 迪斯科调音控制台
— EVV 600 PA 放大器
— MP 1 立体声调音控制台
— EDL 2 PA 迪斯科扬声器
— L 250 书架式扬声器[1]
— L 600 书架式扬声器[2]
— CSV 500 放大器[3]
— “音频 250” 紧凑型系统[4]
— PS 402 唱片机[5]
— TG 502/502-4 卷对卷磁带录音机
— TGF 1 遥控器[6]
— FS 1000 电视机[7]
— EVS 400 PA 控制放大器[8]
— DSV 2 PA 大功率放大器[9]
— EKF 1 PA 电源及控制单元[10]
— ETG 502/4 PA 卷对卷磁带录音机[11]
— EPL 1 PA 唱片机收纳柜[12]
— EVL 500-1 PA 大功率放大器[13]
— EMM 68-2 PA 麦克风混音器[14]
— ELF 1 PA 通风单元[15]
— EVV 600 PA 大功率放大器[16]
— EGZ 器材架[17]
— ETG 402/4 PA 卷对卷磁带录音机
— SP 1 控制台[18]
— ETE 500 PA 调频器[19]
— EDL 2 PA 迪斯科扬声器[20]
— D 46/46 K 幻灯片放映机[21]

1

2

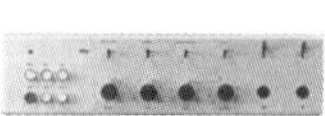
3

4

5

6

7

8

9

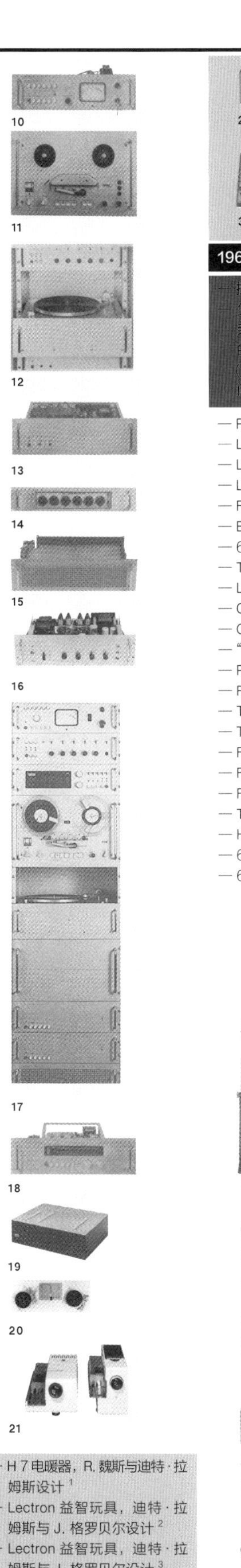

10 11 12 13 14 15 16 17 18 19 20 21

— H 7 电暖器，R. 魏斯与迪特·拉姆斯设计[1]
— Lectron 益智玩具，迪特·拉姆斯与 J. 格罗贝尔设计[2]
— Lectron 益智玩具，迪特·拉姆斯与 J. 格罗贝尔设计[3]

1

2 3

1968

— 担任博朗设计部总监
— 凭借杰出的家具和照明设计，荣获伦敦皇家艺术学会授予的荣誉皇家工业设计师称号（Honorary Royal Design for Industry，简称 Hon. RDI）

— PV 1000 适配器
— L 400 书架式扬声器
— L 250/1 扬声器
— L 450-2 平板扬声器
— FS 1000/1010 电视机支架
— ELR 1 PA 线阵列扬声器
— 682 座椅项目
— T 1000 CD 接收器[1]
— L 910 扬声器[2]
— CE 1000/2 接收器[3]
— CSV 1000/1 放大器[4]
— “导演 500” 控制单元[5]
— PS 410 唱片机[6]
— PS 500/E 唱片机[7]
— TG 550 卷对卷磁带录音机[8]
— TGF 2 遥控器[9]
— F 110 闪光灯[10]
— F 210 闪光灯[11]
— F 700 专业闪光灯[12]
— T 2/TFG 2 圆柱体打火机[13]
— HW 1 人体秤[14]
— 680 床项目[15]
— 681 座椅项目[16]

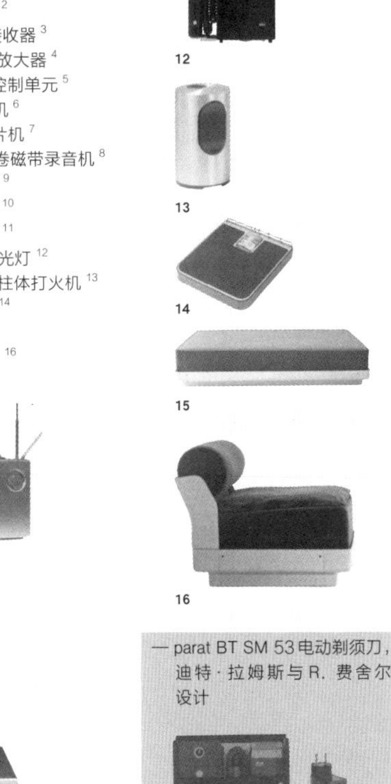

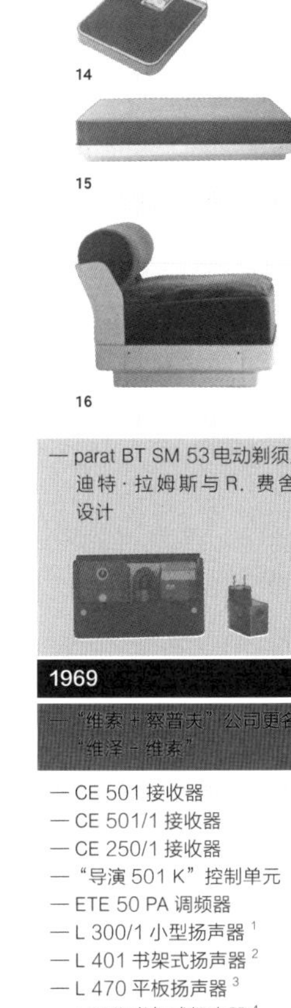

1 2 3 4 5 6 7 8 9 10 11 12 13 14 15 16

— parat BT SM 53 电动剃须刀，迪特·拉姆斯与 R. 费舍尔设计

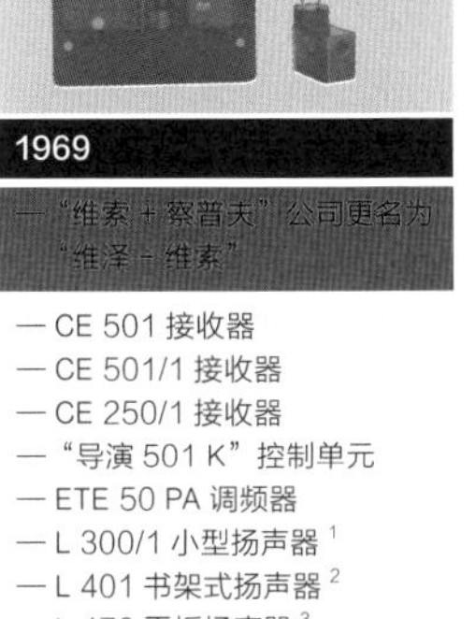

1969

— “维索 + 察普夫” 公司更名为 “维泽 – 维索”

— CE 501 接收器
— CE 501/1 接收器
— CE 250/1 接收器
— “导演 501 K” 控制单元
— ETE 50 PA 调频器
— L 300/1 小型扬声器[1]
— L 401 书架式扬声器[2]
— L 470 平板扬声器[3]
— L 610 书架式扬声器[4]
— L 710 录音室扬声器[5]
— L 810 录音室扬声器[6]
— CE 501/K 接收器[7]
— CE 251 接收器[8]
— CSV 250/1 放大器[9]
— “导演 501” 控制单元[10]
— “音频 300” 紧凑型系统[11]
— PS 420 唱片机[12]
— PS 600 唱片机[13]
— FS 1010 电视机[14]
— F 220 闪光灯[15]
— F 280 闪光灯[16]
— F 290 闪光灯[17]
— F 655 闪光灯[18]
— F 655 LS 闪光灯[19]
— KMM 2 咖啡磨豆机[20]
— 690 推拉门系统[21]

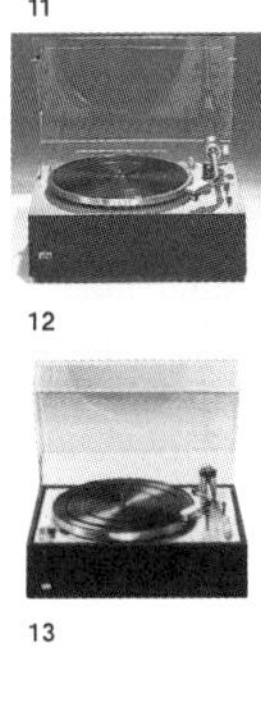

1 2 3 4 5 6 7 8 9 10 11 12 13

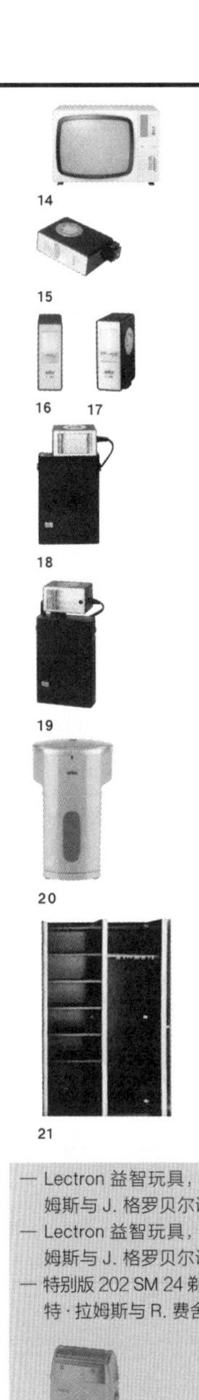

14 15 16 17 18 19 20

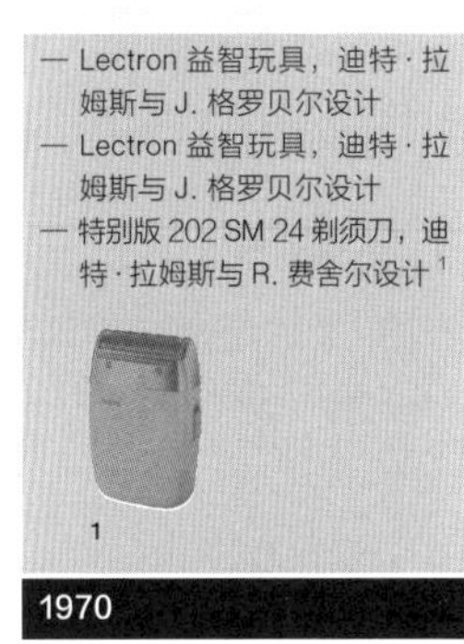

21

— Lectron 益智玩具，迪特·拉姆斯与 J. 格罗贝尔设计
— Lectron 益智玩具，迪特·拉姆斯与 J. 格罗贝尔设计
— 特别版 202 SM 24 剃须刀，迪特·拉姆斯与 R. 费舍尔设计[1]

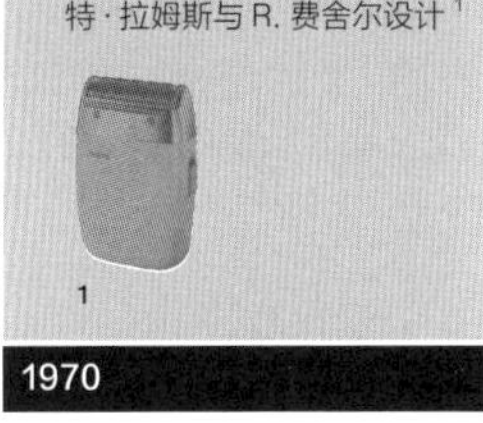

1

1970

— 250 SK 紧凑型系统
— EDI 3 PA 迪斯科扬声器
— EL 450 PA 扬声器
— EL 250 PA 扬声器
— HLD 4 吹风机[1]
— L 310 平板扬声器[2]
— L 500 书架式扬声器[3]
— L 550 扬声器[4]
— CSV 300 放大器[5]
— CSV 510 放大器[6]
— 250 S 紧凑型系统[7]
— TG 1000/1000/2 磁带录音机[8]
— TG 1000 系列之 TGF 2 遥控器[9]
— TG 1000 系列之 TD 1000 外壳[10]
— F 240 LS 闪光灯[11]
— F 111 闪光灯[12]
— F 410 LS 闪光灯[13]
— T 3 “多米诺” 电池打火机[14]

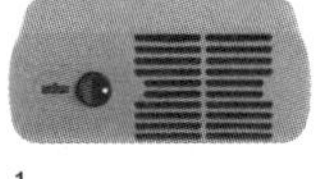

1

— Manulux NC 闪光灯，R. 魏斯与迪特·拉姆斯设计

1971

— L 550/1 平板扬声器
— L 480 书架式扬声器
— L 500/1 书架式扬声器[1]
— L 650 书架式扬声器[2]
— L 620/1 书架式扬声器[3]
— LV 1020 有源扬声器[4]
— “音频 310” 紧凑型系统[5]
— PS 430 唱片机[6]
— F 16 B 闪光灯[7]
— F 17 闪光灯[8]
— F 245 LSR 闪光灯[9]
— F 18 LS 闪光灯[10]
— “马可特龙” F 1 打火机[11]
— 710 储物箱柜项目[12]

— “相位 1” 电池电源钟表，迪特·拉姆斯与 D. 鲁布斯设计[1]
— mach 2 打火机，迪特·拉姆斯与 F. 赛费特设计[2]

1972

— L 810-1 立式扬声器[1]
— L 260 扬声器（驾驶舱 250/260 音响系列）[2]
— L 485 平板扬声器[3]
— L 555 平板扬声器[4]
— L 420 书架式扬声器[5]
— L 420/1 书架式扬声器[6]
— L 480/1 书架式扬声器[7]
— CES 1020 接收器 / 前置放大器[8]
— “导演 510” 控制单元[9]
— 260 S 紧凑型系统[10]
— 260 SK 紧凑型系统[11]
— TG 1000/4 磁带录音机[12]
— 720/21 椭圆桌[13]

— MPZ 2/21/22 “橙汁机器” 榨汁机，迪特·拉姆斯与 J. 格罗贝尔设计[1]
— DS 1 sesamat 开罐磨刀器，迪特·拉姆斯与 J. 格罗贝尔设计[2]

1973

— “导演 308 S” 控制单元
— “导演 308” 控制单元 8°[1]
— L 710/1 录音室扬声器[2]
— L 380 扬声器 8°[3]
— LV 720 扬声器[4]
— CE 1020 接收器[5]
— “音频 400” 紧凑型系统[6]
— “音频 308” 紧凑型系统 8°[7]
— CSW 1020 前置放大器（配有 SQ 解码器）[8]
— PSQ 500 唱片机[9]
— CE 1020 接收器[10]

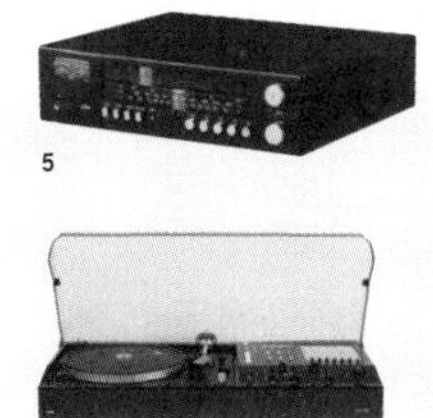

5

6

7

8

9

10

— PS 450 唱片机，迪特·拉姆斯与 R. 奥伯海姆设计
— PS 350 唱片机，迪特·拉姆斯与 R. 奥伯海姆设计 [1]
— PS 358/458 唱片机，迪特·拉姆斯与 R. 奥伯海姆设计 [2]
— 六分仪 8008 剃须刀，迪特·拉姆斯与 F. 赛费特和 R. 奥伯海姆设计 [3]
— Synchron plus 剃须刀，迪特·拉姆斯与 F. 赛费特、R. 奥伯海姆和 P. 哈特魏因设计 [4]
— 六分仪 6007 剃须刀，迪特·拉姆斯与 F. 赛费特设计 [5]

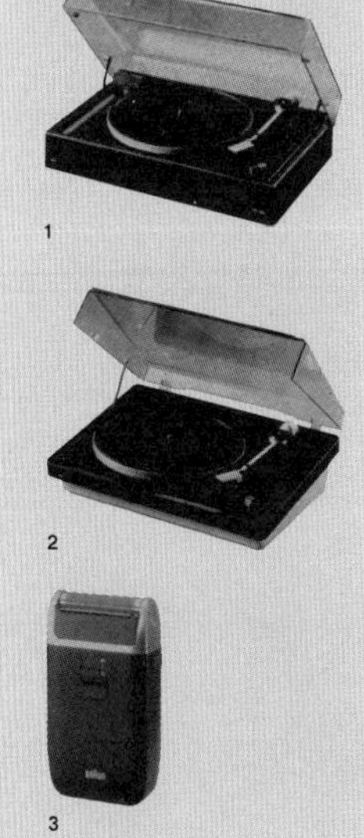

1

2

3

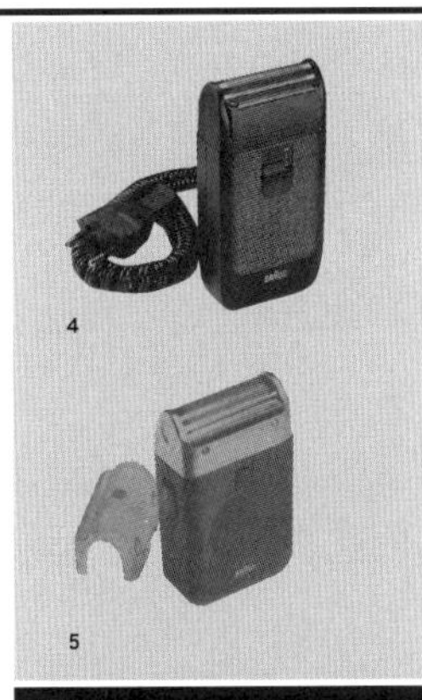

4

5

1974

— “导演 308 F”控制单元 8°
— TG 1020/4 磁带录音机
— L 505 书架式扬声器 [1]
— L 425 书架式扬声器 [2]
— L 625 书架式扬声器 [3]
— “导演 520”控制单元 [4]
— TG 1020 磁带录音机 [5]
— CD-4 解调器 [6]
— QF 1020 遥控单元 [7]
— 活力日光打火机（energetic solar lighter）[8]
— 740 堆叠项目 [9]

1

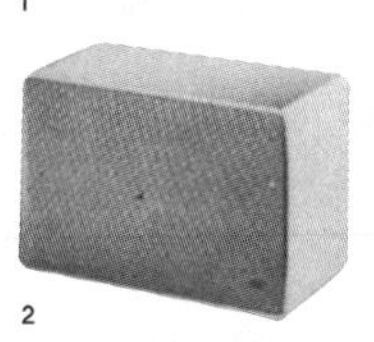

2

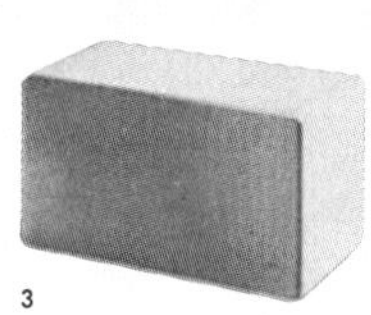

3

4

5

6

7

8

9

1975

— L 715 录音室扬声器
— TGC 450 卡带录音机
— L 530 书架式扬声器 [1]
— L 530 F 平板扬声器 [2]
— L 630 书架式扬声器 [3]
— L 730 书架式扬声器 [4]
— L 830 书架式 / 立式扬声器 [5]
— L 321 书架式扬声器 [6]
— L 100 小型扬声器 [7]
— L 322 书架式 / 壁挂式扬声器 [8]
— L 320 书架式扬声器 [9]
— “音频 400 S”紧凑型系统 [10]
— “音频308 S”紧凑型系统8° [11]
— KH 500 立体声耳机 [12]
— “导演 450”控制单元 [13]

1

2

3

4

5

6

7

8

9

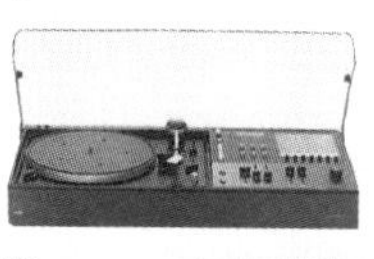

10

11

12

13

— AB 20 钟表，迪特·拉姆斯与 D. 鲁布斯设计
— ET 11 计算器，迪特·拉姆斯与 D. 鲁布斯设计 [1]

1

1976

— L 2000 紧凑型录音室扬声器
— “导演 450”控制单元
— “导演 450 E”控制单元
— L 200 书架式 / 壁挂式扬声器 [1]
— “导演 450 S”控制单元 [2]
— “导演 550”控制单元 [3]
— “多米诺”打火机（压电式点火）[4]
— “多米诺”打火机与三个烟灰缸组合 [5]

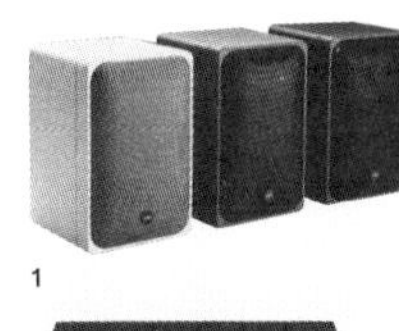

1

2

3

4

5

— PS 550 唱片机，迪特·拉姆斯与 R. 奥伯海姆设计 [1]
— DN 40 闹钟，迪特·拉姆斯与 D. 鲁布斯设计 [2]
— ET 22 计算器，迪特·拉姆斯与 D. 鲁布斯设计 [3]

1

2

3

1977

— L 1030/4 US 扬声器
— L 530 F 平板扬声器
— L 350 书架式扬声器
— CT 1020 接收器
— L 1030 扬声器 [1]
— L 300 小型扬声器 [2]
— “导演 525”控制单元 [3]
— “导演 526”控制单元 [4]
— “导演 528”控制单元 [5]
— “导演 530”控制单元 [6]
— P 4000 音响系统 [7]
— PC 4000 音响系统 [8]
— C 4000 音响系统 [9]

1

2

3

4

5

6

7

8

9

— PS 550 S 唱片机，迪特·拉姆斯与 R. 奥伯海姆设计[1]
— PDS 550 唱片机，迪特·拉姆斯与 R. 奥伯海姆设计[2]
— DW 20 腕表，迪特·拉姆斯与 D. 鲁布斯设计[3]
— ET 23 计算器，迪特·拉姆斯与 D. 鲁布斯设计[4]
— ET 33 计算器，迪特·拉姆斯与 D. 鲁布斯设计[5]

1

2

3

4

5

1978

— L 1030 扬声器
— L 1030/8 扬声器
— TS 501 和 A 501 模块化高保真音响系统
— “导演 540 E” 控制单元
— GSL 1030 扬声器[1]
— L 100 车载扬声器[2]
— SM 1002 扬声器[3]
— SM 1003 扬声器[4]
— SM 1004 扬声器[5]
— SM 1005 扬声器[6]
— A 301 放大器[7]
— “导演 550 D” 控制单元[8]
— “导演 540 E” 控制单元[9]
— RS 1 控制单元[10]

— LC 3 书架式扬声器，迪特·拉姆斯与 P. 哈特魏因设计[1]
— LW 1 低音扬声器，迪特·拉姆斯与 P. 哈特魏因设计[2]
— T 301 接收器，迪特·拉姆斯与 P. 哈特魏因设计[3]
— PC 1 整体录音室系统，迪特·拉姆斯与 P. 哈特魏因设计[4]
— C 301 卡带录音机，迪特·拉姆斯与 P. 哈特魏因设计[5]
— AB 21/S 钟表，迪特·拉姆斯与 D. 鲁布斯设计[6]
— ABR 21 钟表收音机，迪特·拉姆斯与 D. 鲁布斯设计[7]
— ABR 21 FM 钟表收音机，迪特·拉姆斯与 D. 鲁布斯设计[8]
— DW 30 LCD 数码手表，迪特·拉姆斯与 D. 鲁布斯设计[9]
— ET 44 LCD 计算器，迪特·拉姆斯与 D. 鲁布斯设计[10]

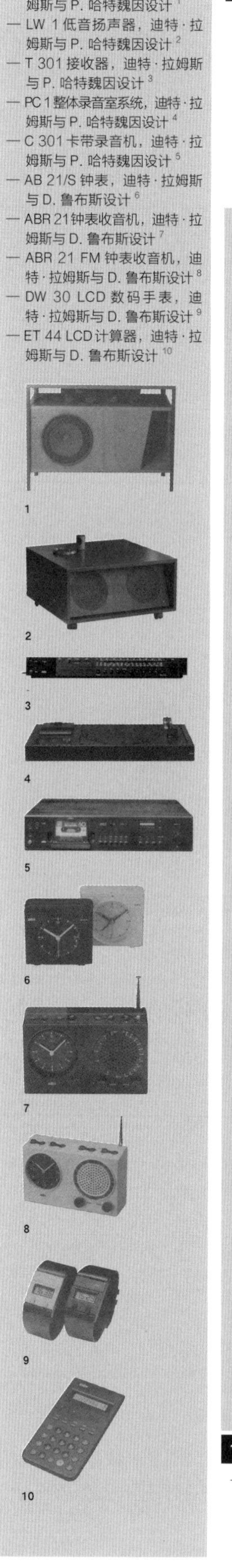

1979

— L 300 小型扬声器
— SM 1006 TC 扬声器[1]
— SM 1002 S 方形扬声器[2]

1

— C 301 M 卡带录音机，迪特·拉姆斯与 P. 哈特魏因设计
— SM 2150 扬声器，迪特·拉姆斯与 P. 哈特魏因设计[1]
— IC 50 扬声器，迪特·拉姆斯与 P. 哈特魏因设计[2]
— IC 70 扬声器，迪特·拉姆斯与 P. 哈特魏因设计[3]
— IC 90 扬声器，迪特·拉姆斯与 P. 哈特魏因设计[4]
— PC 1 A 唱片机及卡带录音机，迪特·拉姆斯与 P. 哈特魏因设计[5]
— 六分仪 4004/ 紧凑型 s 剃须刀，迪特·拉姆斯与 R. 奥伯海姆和 R. 乌尔曼设计[6]

1

2

3

4

5

6

— IC 80 扬声器
— SM 1006 扬声器[1]
— AP 701 功率放大器[2]
— dymatic 打火机[3]

1

2

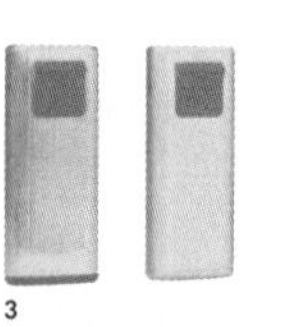

3

— T 1 接收器，迪特·拉姆斯设计，时任博朗产品设计团队负责人
— A 1 放大器，迪特·拉姆斯设计，时任博朗产品设计团队负责人
— P 1 唱片机，迪特·拉姆斯设计，时任博朗产品设计团队负责人
— C 1 卡带录音机，迪特·拉姆斯设计，时任博朗产品设计团队负责人
— L 8060 HE 扬声器，迪特·拉姆斯与 P. 哈特魏因设计
— L 8070 HE 扬声器，迪特·拉姆斯与 P. 哈特魏因设计
— L 8080 HE 扬声器，迪特·拉姆斯与 P. 哈特魏因设计
— BTB 50 telerope box 扬声器，迪特·拉姆斯与 P. 哈特魏因设计
— BTB 70 telerope box 扬声器，迪特·拉姆斯与 P. 哈特魏因设计
— BTB 90 telerope box 扬声器，迪特·拉姆斯与 P. 哈特魏因设计
— ic 1002 扬声器，迪特·拉姆斯与 P. 哈特魏因设计
— ic 1003 扬声器，迪特·拉姆斯与 P. 哈特魏因设计
— ic 1004 扬声器，迪特·拉姆斯与 P. 哈特魏因设计
— ic 1005 扬声器，迪特·拉姆斯与 P. 哈特魏因设计
— AC 701 接收器，迪特·拉姆斯与 P. 哈特魏因设计
— L 8100 HE 扬声器，迪特·拉姆斯与 P. 哈特魏因设计[1]
— LA 低音反射扬声器，迪特·拉姆斯与 P. 哈特魏因设计[2]
— P 4/T 2/C 2/A 1/AF 1 高保真系统，迪特·拉姆斯与 P. 哈特魏因设计[3]

1

1980

— 在柏林国际设计中心（Internationales Design Zentrum）举办展览“设计：迪特·拉姆斯 &”（Design: Dieter Rams &）

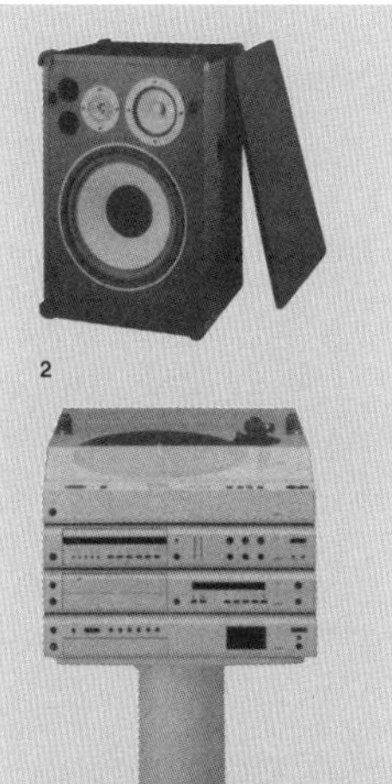

2

3

1981

— 担任汉堡艺术学院教授

— ic 100 扬声器
— 俱乐部打火机[1]
— 可变魔杖打火机[2]

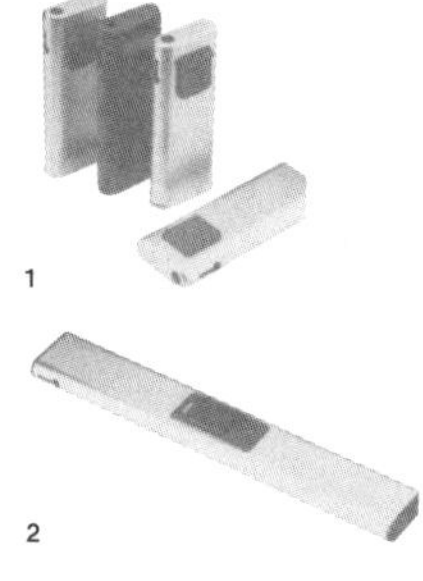

1

2

— ic 60 扬声器，迪特·拉姆斯与 P. 哈特魏因设计
— ic 1003 扬声器，迪特·拉姆斯与 P. 哈特魏因设计
— ic 1004 扬声器，迪特·拉姆斯与 P. 哈特魏因设计
— ic 1005 扬声器，迪特·拉姆斯与 P. 哈特魏因设计
— R1 控制单元，迪特·拉姆斯与 P. 哈特魏因设计，时任博朗产品设计团队负责人
— P 701 唱片机，迪特·拉姆斯与 R. 奥伯海姆设计[1]
— P 501 唱片机，迪特·拉姆斯与 P. 哈特魏因设计[2]
— ABR 11 megamatic 收音机，迪特·拉姆斯与 D. 鲁布斯设计[3]

1

2

1982

— P 2 唱片机，迪特·拉姆斯与 P. 哈特魏因设计，时任博朗产品设计团队负责人
— P 3 唱片机，迪特·拉姆斯与 P. 哈特魏因设计，时任博朗产品设计团队负责人
— AB 22 钟表，迪特·拉姆斯与 D. 鲁布斯设计[1]

1

1983

— C 3 卡带录音机，迪特·拉姆斯与 P. 哈特魏因设计，时任博朗产品设计团队负责人

1984

— AB 2 钟表，J. 格罗贝尔与迪特·拉姆斯设计

1985

— 维素英国公司创立

— 850 会议桌

— CD 3，迪特·拉姆斯与 P. 哈特魏因设计，时任博朗产品设计团队负责人

1986

— 860 椭圆桌
— rgs-2 FSB 1136 门把手项目
— rgs-3 FSB 1137 门把手项目
— FSB 1495 门把手项目
— FSB 1462 门把手项目
— FSB 0836 门把手项目
— FSB 0838 门把手项目
— FSB 1714 54 门把手项目
— FSB 3631 门把手项目
— FSB 2891 门把手项目
— FSB 0640 门把手项目
— FSB 0641 门把手项目
— rgs-1 FSB 1138 门把手项目[1]

1

— R 2 控制单元，迪特·拉姆斯与 P. 哈特魏因设计，时任博朗产品设计团队负责人
— 工作室系列之 CD 4，迪特·拉姆斯与 P. 哈特魏因设计，时任博朗产品设计团队负责人
— TV 3 桌面电视机，迪特·拉姆斯与 P. 哈特魏因设计，时任博朗产品设计团队负责人
— RC 1 遥控器，迪特·拉姆斯与 P. 哈特魏因设计，时任博朗产品设计团队负责人

— 862 座椅，迪特·拉姆斯与 J. 格罗贝尔设计

1987

— 606 万用置物柜系统的铝制版本，由米兰德帕多瓦公司生产

— CD 2，迪特·拉姆斯与 P. 哈特魏因设计，时任博朗产品设计团队负责人
— CD 5 控制单元，迪特·拉姆斯与 P. 哈特魏因设计，时任博朗产品设计团队负责人
— VC 4 录像机，P. 哈特魏因与迪特·拉姆斯设计
— CC 4 前置放大器 / 接收器，迪特·拉姆斯与 P. 哈特魏因设计，时任博朗产品设计团队负责人
— PA 4 放大器，迪特·拉姆斯与 P. 哈特魏因设计，时任博朗产品设计团队负责人
— R 4 控制单元，迪特·拉姆斯与 P. 哈特魏因设计，时任博朗产品设计团队负责人
— C 4 卡带录音机，迪特·拉姆斯与 P. 哈特魏因设计，时任博朗产品设计团队负责人
— PHa1 台灯，迪特·拉姆斯与 A. 哈克巴特（Hackbarth）设计
— ET 66 计算器，迪特·拉姆斯与 D. 鲁布斯设计[1]
— ET 77 太阳能计算器，迪特·拉姆斯与 D. 鲁布斯设计[2]

1

2

1988

— 担任博朗公司执行总监
1988 年 -1998 年
— 担任德国设计协会主席

1991

1991 年 -1995 年
— 担任 ICSID（国际工业设计协会）董事会成员

1992

— 荣获官家设计奖

1995

— 离开博朗设计部，成为博朗企业形象事务执行总监
— “维素英国”更名为“维素”，并开始在英国生产 606 万用置物柜系统
— sdr+ 公司与设计师托马斯·默克尔合作在德国生产拉姆斯设计的家具

1997

— 从博朗公司退休
— 出任汉堡艺术学院名誉教授

1999

— 成为柏林艺术学院成员

2001

— 展览“迪特·拉姆斯自宅”，举办于葡萄牙里斯本贝伦文化中心
— 展览“事物之隐秘秩序”，举办于瑞典隆德斯基塞纳斯博物馆（Skissernas Museum）

2002

— 荣获德意志联邦共和国十字勋章

— “迪特·拉姆斯——少，却更好”设计展，举办于德国法兰克福应用艺术博物馆

2003

— 获得 ONDI 设计奖（古巴，哈瓦那），以表彰其对工业设计和世界文化所做出的特殊贡献

— “迪特·拉姆斯的设计——简约之魅力”设计展，举办于德国不来梅设计中心

2005

— “迪特·拉姆斯 / 少，却更好”设计展，举办于日本京都的建仁寺

2007

— 迪特·拉姆斯以其一生的工作获得“德意志联邦共和国设计奖”（Design Prize of the Federal Republic of Germany）
— 获得雷蒙德·洛威基金会（Raymond Loewy Foundation）授予的“好彩设计奖”（Lucky Strike design Award）

2008

— 展览“少且多——迪特·拉姆斯的设计气质”，举办于日本大阪三得利美术馆（随后在东京和伦敦举办）

年份

— 事件

— 展览

— 迪特·拉姆斯设计

— 迪特·拉姆斯与他人联合设计

图书在版编目（CIP）数据

为存在而设计：迪特·拉姆斯的设计之道 /（英）苏菲·洛夫威尔著；傅圣迪，刘泉泉译. — 长沙：湖南美术出版社，2023.4
ISBN 978-7-5356-9964-0

Ⅰ. ①为… Ⅱ. ①苏… ②傅… ③刘… Ⅲ. ①工业设计－研究 Ⅳ. ①TB47

中国版本图书馆 CIP 数据核字 (2022) 第 241302 号

致 谢

作者希望在此感谢以下诸位为此作所付出的时间和提供的支持、灵感和耐心：马克·亚当斯（Mark Adams）、黑尔格·阿斯莫奈特（Helge Asmoneit）、拉尔斯·阿托夫（Lars Atorf）、迈克尔·迪图洛、深泽直人、康斯坦丁·格尔契奇、贾斯珀·哈根贝格（Jasper Hagenberg）、萨姆·赫奇、乔纳森·伊夫、霍斯特·考普（Horst Kaupp）、喜多俊之（Toshiyuki Kita）、克劳斯·克伦普、阿西亚·科尔纳茨基（Asia Kornacki）、英格博格·克拉赫特－拉姆斯、琼和德雷克·洛夫威尔（Joan and Derek Lovell）、奥兰多·洛夫威尔（Orlando Lovell）、安特耶·鲁布斯（Antje Lubs）、迪特里希·鲁布斯、苏珊·隆格伦（Susan Lundgren）、贾斯珀·莫里森、丹尼尔·纳尔逊、贝亚特·普赖斯（Beate Preis）、迪特·拉姆斯、彭尼·斯帕克（Penny Sparke）、布里特·西彭科滕和上木惠子（Keiko Ueiki）。还要感谢费顿出版社的萨拉·戈德史密斯（Sara Goldsmith）的精彩编辑，菲奥娜·希普赖特（Fiona Shipwright）对时间线的汇编，以及埃米莉亚·泰拉尼（Emilia Terragni）。

图片版权

来自博朗：18，31，34—37，40—43，56，59，61—64，73，80，242—248，255—256，262，285，290—291，297—301，308，373
来自迪特·拉姆斯：2，20，30，32—34，37—39，41—42，53—55，57—58，60—61，65—68，72，77—78，80，84—87，143—145，206—216，226—229，243，257—261，263—267，270—280，282—288，302—313，374
来自维索：194—195，201—205，211，219—225，230
来自弗洛里安·博姆：7 & 8，11 & 12，15 & 16，21 & 22，69—71，73—80，89—138，144，146—151，153—186，231 & 232，268，281，308—309，315—338，357 & 358，375 & 376

WEI CUNZAI ER SHEJI：DITE LAMUSI DE SHEJI ZHI DAO

为存在而设计：迪特·拉姆斯的设计之道

出 版 人：黄 啸
著　　者：［英］苏菲·洛夫威尔
译　　者：傅圣迪　刘泉泉
选题策划：后浪出版公司
出版统筹：吴兴元
编辑统筹：蒋天飞
特约编辑：樊璟怡　王凌霄
责任编辑：王管坤
营销推广：ONEBOOK
装帧制造：墨白空间·曾艺豪
出版发行：湖南美术出版社（长沙市东二环一段 622 号）
　　　　　后浪出版公司
内文制作：文明娟
印　　刷：天津图文方嘉印刷有限公司
开　　本：889 毫米 ×1194 毫米　1/16
字　　数：320 千字
印　　张：25.25
版　　次：2023 年 4 月第 1 版
书　　号：ISBN 978-7-5356-9964-0
印　　次：2023 年 4 月第 1 次印刷
定　　价：350.00 元

读者服务：reader@hinabook.com 188-1142-1266
投稿服务：onebook@hinabook.com 133-6631-2326
直销服务：buy@hinabook.com 133-6657-3072
网上订购：https://hinabook.tmall.com/（天猫官方直营店）

后浪出版咨询(北京)有限责任公司　投诉信箱：copyright@hinabook.com　fawu@hinabook.com
本书若有印装质量问题，请与本公司联系调换，电话：010-64072833